Burgkart
Praktische Schafhaltung

Max Burgkart

Praktische Schafhaltung

Dritte, überarbeitete und erweiterte Auflage

VERLAGSUNION AGRAR

BLV Verlagsgesellschaft München
DLG-Verlag Frankfurt (Main)
Landwirtschaftsverlag Münster-Hiltrup
Österreichischer Agrarverlag Wien
Bugra Suisse Wabern-Bern

CIP-Kurztitelaufnahme der Deutschen Bibliothek

Burgkart, Max:
Praktische Schafhaltung / Max Burgkart. –
3., überarb. und erw. Aufl.
München: BLV-Verl.-Ges.;
Frankfurt (Main): DLG-Verl.;
Münster-Hiltrup: Landwirtschaftsverl.;
Wien: Österreichischer Agrarverl.;
Wabern-Bern: Bugra Suisse, 1993
ISBN 3-405-14514-7
NE: HST

Gedruckt auf chlorfrei gebleichtem Papier.

Bildnachweis

F. Horneber, Abb. 149, 150, 152–154, 160, 161
B. Mittrach, Abb. 97 aus: Koller, Hammer, Mittrach, Süß: »Handbuch für landwirtschaftliches Bauen, Band 1, Rindviehställe«, BLV Verlagsgesellschaft
W. Thomann, Abb. 56, 63, 93, 167, 243
Alle anderen Abbildungen stammen vom Autor.

Zeichnungen: Hannes Limmer, München

BLV Verlagsgesellschaft mbH
8000 München 40
München Wien Zürich

Lektorat: Dr. W. Alsing
Herstellung: Hermann Maxant

Druck: G. J. Manz AG, Dillingen
Bindung: Conzella, Urban Meister, München

Printed in Germany · ISBN 3-405-14514-7

Inhaltsverzeichnis

Wir informieren Sie gerne kostenlos und unverbindlich über unser Verlagsprogramm.

Bitte kreuzen Sie Ihre Interessengebiete an:

- ❑ Landw. Fachbücher
- ❑ Bücher für Landw./Ausbildung/Schule
- ❑ Garten und Zimmerpflanzen
- ❑ Natur
- ❑ Heimtiere
- ❑ Angeln
- ❑ Jagd
- ❑ Reise
- ❑ Sport und Fitness
- ❑ Wandern, Bergsteigen, Alpinismus
- ❑ Pferde und Reiten
- ❑ Auto und Motorrad
- ❑ Gesundheit, Wohlbefinden, Medizin
- ❑ Essen und Trinken
- ❑ ____________________

____
Vorname

____
Name

____
Beruf

____
Straße

____
PLZ/Ort

Bitte ausreichend frankieren

Antwort/Postkarte

BLV
Verlagsgesellschaft mbH
Postfach 40 03 20

D-8000 München 40

Vorwort

»Biene, Fisch und Schaf
verdienen dem Herrn das Geld im Schlaf,
schlafe Er aber nicht zu lang,
sonst wird Ihm angst und bang!«

Volksmund

Dieser alte Schäferspruch will ganz einfach ausdrücken, daß auch beim Schaf zur rechten Zeit das Richtige zu tun sei, um Erfolg zu haben. Das bedeutet aber auch für jeden Schafhalter und diejenigen, die es werden wollen, daß neben dem Interesse nicht nur theoretische, sondern vor allem auch praktische Grundkenntnisse und zunehmend eigene Erfahrungen erforderlich sind, um rechtzeitig jeweils das für die Leistungsbereitschaft und das Wohlbefinden der Tiere Wesentliche möglichst richtig zu erkennen und auch zu erledigen.

Das Halten von Schafen hat in den vergangenen zwei Jahrzehnten wieder starkes Interesse gefunden. Die strukturelle Entwicklung zeigt gegenüber früher jedoch einen Rückgang der Hütehaltung und eine wesentliche Zunahme der Betriebe mit einer sog. Koppelschafhaltung auf. Diese Haltungsform findet sich heute in Betrieben unterschiedlichster Größe, vor allem in Zu- und Nebenerwerbsbetrieben als alternative Nutzungsform von absolutem Grünland oder sog. Restflächen in Ackerbaubetrieben.

Unter diesen Gesichtspunkten erschien es zweckmäßig, bekannte Grundkenntnisse sowie wissenschaftliche Ergebnisse mit eigenen langjährigen Erfahrungen zu ergänzen und in eine praxisgerechte, leitfadenartige Form zu bringen. Dieser Zielsetzung kam die Forderung des Verlages nach einer umfangreichen Illustration eines möglichst einfachen und kurz gefaßten Textes sehr entgegen. Denn vielfach kann die betont bildhafte Darstellung praktischer Verhältnisse zum besseren Verständnis beitragen.

Dieses Fachbuch wendet sich in erster Linie an den praktischen Schafhalter insbesondere mit Koppelhaltung, der entweder damit beginnt oder aber seine Produktionstechnik verbessern möchte. Daneben finden auch Studierende, Beratungs- und Lehrkräfte einen gründlichen, klaren Leitfaden zur Information über Grundlagen und praktische Gegebenheiten einer Schafhaltung vor.

Die Zahlen in eckigen Klammern verweisen auf die entsprechenden Fundstellen im Literaturverzeichnis.

An dieser Stelle möchte ich meinen Mitarbeitern für Anregungen und Unterstützung ganz herzlich danken. Dank gebührt auch meiner Familie für geduldigen Verzicht auf manche gemeinsame Freizeitgestaltung.

Max Burgkart

Vorwort zur 3. Auflage

Es ist sehr erfreulich, daß die Zielsetzung dieses Buches »soviel Praxis wie möglich, soviel Theorie wie nötig«, d.h. kurzgefaßter und allgemeinverständlicher Text ergänzt mit einer Vielzahl entsprechender Abbildungen, so großes Interesse gefunden hat. Damit ist es notwendig geworden, bereits nach relativ kurzer Zeit eine 3. Auflage herauszubringen. Darin wurden u.a. die gesetzlichen Bestimmungen und Statistiken aktualisiert sowie einige fachliche Kapitel unter Berücksichtigung neuer Erkenntnisse ergänzt bzw. durchgesehen.

Max Burgkart

1 Entwicklung und Bedeutung der Schafhaltung

Die Geschichte und die Entwicklung der Schafzucht ist annähernd so alt wie die der Menschheit selbst; denn das Schaf ist eines der ältesten, vielseitigsten und anpassungsfähigsten Nutztiere.
Diese Vielseitigkeit zeigt sich durch:
- Die verschiedenen Nutzungsrichtungen bzw. vielfältigen Produkte wie Fleisch, Wolle, Milch und Felle
- Den großen Bereich der nutzbaren Standortbedingungen, d. h. Haltung in extrem unterschiedlichen Bodenertrags- und Klimaverhältnissen

Unter den Nutztierarten hat das Schaf weltweit mit einem Gesamtbestand von annähernd 1,1 Mrd. Stück die größte Verbreitung.

1.1 Entwicklungsgeschichtlicher Überblick

Seit der letzten Eiszeit haben sich Wildschafe bzw. eine Vielfalt von Unterarten über weite Gebiete der nördlichen Erdkugel, d. h. zwischen nördlichem Wendekreis und nördlichem Polarkreis verbreitet. Sie unterscheiden sich von den ebenfalls weit verbreiteten Ziegen u. a. durch Drüsen (»Tränengruben«) unterhalb der Augenwinkel und zwischen den Klauen. Das Haarkleid und die Hornbildung sind dagegen kein eindeutiges Unterscheidungsmerkmal; denn es gibt Wollziegen (Angora), die die geschätzte Mohairwolle liefern.
Nach dem heutigen Stand der Domestikationsforschung zählen Schaf und Ziege mit zu den ältesten Haustieren, wie Knochenreste im Vorderen Orient (ca. 8000 v. Chr.) beweisen, so daß Vorder- und Mittelasien als erste Domestikationszentren für Schafe angenommen werden.
Die wesentlichsten Gründe dürften neben der verhältnismäßig leichten Zähmbarkeit die Deckung des zunehmenden Fleischbedarfes sowie die Verwendung von Tieren für kultische Handlungen (Opfertiere) gewesen sein. Als **Stammformen** der Hausschafe kommen in Frage:
- Der **Mufflon** mit seinem grannenartigen, groben Haarkleid und feiner Unterwolle im Winter als Vorfahre aller kurzschwänzigen Landschafe von der Heidschnucke bis zum Finnschaf
- Der **Arkal,** ein westasiatisches Steppenschaf als Stammform aller langschwänzigen Wollschafe, der Fettschwanzschafe, aber auch der feinwolligen Merinos

Die Wildformen des Hausschafes waren **Haarschafe.** Noch heute gibt es in trockenen heißen Klimagebieten ca. 60 Mio. Haarschafe. Die Wollbildung gilt als eines der wichtigsten Merkmale der Domestikation. Stammesgeschichtlich werden die Unterschiede so erklärt, daß sich – begünstigt durch Einflüsse der Domestikation – in verhältnismäßig kurzer Zeit erblich festgelegte Veränderungen (Mutationen) gegenüber den Wildformen eingestellt haben. Ein wesentliches Beispiel dafür sind die feinwolligen Hausschafe – später »Merinos« genannt. Wegen der hohen Wertschätzung feiner Wollen wurden derartige Schafe ausgelesen, zunehmend vermehrt und in verschiedene westliche Länder ausgeführt, z. B. nach Italien und Spanien, wo sie später die Grundlage der edlen Wollschafzucht bildeten. Von Spanien aus erfolgte nach der Auflösung der »Ausfuhrsperre« im 18. Jahrhundert eine rasche Ausbreitung über Frankreich nach Deutschland und Übersee (Australien, Südamerika, Südafrika).
Unter den für die Schafzucht günstigen Bedingungen der englischen Landwirtschaft entwickelten sich gegen Ende des 18. Jahrhunderts aus dem vorhandenen Bestand von **Landschafschlägen** speziell auf Fleischnutzung ausgerichtete Nutzungstypen, die sich zu zwei Gruppen von **Fleischschafrassen** zusammenfassen lassen und zwar:
- Kurzwollige, schwarzköpfige Fleischschafrassen, z. B. Southdown, Oxford-Down, Dorset-Down, Shropshire-Down, Hampshire Down, Suffolk, die aus Süd- und Mittelengland stammen [51]
- Langwollige, weißköpfige englische Fleischschafrassen, z. B. Lincoln Longwool, Border Leicester, Kent oder Romney Marsh

1.2 Volkswirtschaftliche Bedeutung der Schafhaltung

Zur *weltweit* insgesamt sehr unterschiedlichen Bedeutung der Schafhaltung zunächst einige Fakten:

- Über 50% des Weltschafbestandes, der ca. 1,18 Mrd. Tiere ausmacht, werden in den sog. Entwicklungsländern gehalten [25]
- Rund 56% der Weltwollproduktion (1989 insgesamt 3,2 Mio. t) werden in Australien, Neuseeland, Afrika und Südamerika mit etwa 540 Mio. Schafen erzeugt, Europa ist nur mit 10% beteiligt [25].
- 20,3% (1989: 1,3 Mio. t) der weltweiten Gesamtfleischproduktion (1989: 6,5 Mio. t) werden in Europa mit einem anteiligen Schafbestand von nur 12,8% erzeugt [25]

Die **Entwicklung** der Schafhaltung und ihre **Bedeutung** in Deutschland bzw. der Bundesrepublik Deutschland ist u. a. wie folgt gekennzeichnet:

- Der höchste Schafbestand mit 28 Mio. Tieren wurde im Jahre 1860 erreicht [34]
- Der starke Rückgang auf 9,7 Mio. [34] bis zur Jahrhundertwende war wesentlich bedingt durch den Preisverfall für Wolle als Folge preisgünstiger Importe aus Übersee einerseits und der zunehmenden Intensivierung der Landnutzung andererseits, so daß sich die bisher von Schafen genutzten Flächen stark verminderten
- Seit dem Tiefstand im Jahre 1965 (0,8 Mio. Tiere und 41 795 Schafhalter [56]) sind wieder eine Aufwärtsentwicklung (1990: 1,7 Mio. West / 1,5 Mio. Ost) und zunehmendes Interesse insbesondere in Zu- und Nebenerwerbsbetrieben festzustellen [57]
- Die Zahl der schafhaltenden Betriebe in der Bundesrepublik Deutschland betrug 1990 insgesamt 95 056, wovon ca. 62 000 auf die alten Bundesländer entfallen [57]
- Der Pro-Kopf-Verbrauch an Schaffleisch ist von 0,3 kg (1965) [56] auf derzeit 1,1 kg angestiegen, während er 1990 im Gebiet der neuen Bundesländer auf 0,5 kg im Jahr zurückging [57]

Eine wesentliche volkswirtschaftliche Bedeutung hat die Schafhaltung in der **Landschaftspflege.**

Im Jahre 1990 wurden insgesamt über 239 000 ha aus naturgegebenen, agrarstrukturellen oder wirtschaftlich-sozialen Gründen durch Schafe »gepflegt« [57]. Im Vergleich zu anderen Pflegemaßnahmen wie mechanisches und chemisches Offenhalten der Landschaft sowie Entwicklung und Ausweitung von Naturschutzgebieten hat die Schafhaltung im wesentlichen folgende Vorteile aufzuweisen:

- Schafe können zum Offenhalten und Pflege der Landschaft auch in den Gebieten eingesetzt werden, wo andere Nutzungsformen ausscheiden, z. B. an starken Hanglagen oder auf Standorten mit Grenzertragsböden
- Eine Kulturlandschaft wird langfristig durch Schafbeweidung relativ günstig in einem Zustand erhalten, der jederzeit ohne hohe Investition wieder eine andere Nutzungsform ermöglicht

Daneben dienen Schafherden in Form der Hütehaltung in einigen Gebieten speziell der Landschaftspflege, und zwar:

- In *Heidegebieten,* wo zur Erhaltung dieser Kulturlandschaft schon seit Jahrzehnten Heidschnucken eingesetzt werden, die sich besonders dafür eignen
- Auf *Dämmen* (Deiche, Teichwirtschaften), wo nachweislich durch die Beweidung mit Schafen zum einen eine Verdichtung der Grasnarbe und Festigung der Böschungen festgestellt werden konnte (Küstenschutz) und zum anderen der Befall mit Wühltieren speziell von Bisamratten in Teichwirtschaften sehr stark reduziert werden kann
- In *Forstbetrieben* zum systematischen Beweiden z. B. von Kulturen, um die gestiegenen Kosten für Pflegepersonal zu reduzieren und den Einsatz von chemischen Mitteln aus Gründen der Umweltbelastung zu vermeiden

Erwähnenswert ist in diesem Zusammenhang auch die Bedeutung der Schafhaltung im **Pflanzenschutz** und in der **Schädlingsbekämpfung** [41] durch:

- Vernichtung krankheitsbefallener Pflanzenteile als künftige Infektionsquellen durch gründliches Abweiden von Rübenfeldern nach der Ernte und des Getreideauflaufes
- Zertreten und Störung von Bodenschädlingen wie beispielsweise Engerlinge, Drahtwürmer und wühlende Boden-

schädlinge durch den »goldenen Huf« des Schafes, der intensiver wirkt als eine schwere Walze (»Trippelwalze«)

- Verbesserung des Pflanzenstandortes durch teilweises Festtreten des Bodens

2 Rechtliche Bestimmungen sowie Organisationen zur Förderung der Schafzucht und -haltung

2.1 Rechtliche Bestimmungen

2.1.1 Tierzuchtgesetz

Das **neue Tierzuchtgesetz** trat am 1. 1. 1990 in Kraft. Der Zweck des neuen Tierzuchtgesetzes ist nach § 1, die tierische Erzeugung im züchterischen Bereich so zu fördern, daß

- die Leistungsfähigkeit der Tiere unter Berücksichtigung der Vitalität erhalten und verbessert wird,
- die Wirtschaftlichkeit, insbesondere die Wettbewerbsfähigkeit, der tierischen Erzeugung verbessert wird,
- die von Tieren gewonnenen Erzeugnisse den an sie gestellten qualitativen Anforderungen entsprechen und
- eine genetische Vielfalt erhalten bleibt.

Nach § 2, Abs. 1 gilt ein Tier im Sinne des Gesetzes als **Zuchttier,** wenn

- es in einem Zuchtbuch eingetragen ist (eingetragenes Zuchttier),
- dessen Eltern und Großeltern in einem Zuchtbuch derselben Rasse eingetragen oder vermerkt sind und das Tier dort selbst entweder eingetragen oder vermerkt ist und eingetragen werden kann (reinrassiges Zuchttier) *oder*
- es in einem Zuchtregister eingetragen ist (registriertes Zuchttier).

Im Zuge der Harmonisierung des Marktes innerhalb der EG wurde der staatliche **Körzwang** für Zuchttiere aufgehoben. Für den Schafhalter oder -züchter ändert sich jedoch dadurch insofern wenig, als die Bewertung der äußeren Erscheinung von Zuchtböcken auf Auktionen durch eine Kommission nach wie vor durchgeführt und lediglich nun auf privatrechtlicher Basis von den Züchtervereinigungen abgewickelt wird.

Geändert hat sich jedoch, daß ein Schafhalter, der männliche und weibliche Tiere innerhalb seines Betriebes miteinander paart, von den gesetzlichen Bestimmungen in den Fällen nicht betroffen ist, wenn er die Paarung zur *Erzeugung von Schlachttieren* oder zur *Ergänzung seines betriebseigenen Elterntierbestandes* durchführt. Die dazu benutzten Elterntiere sind in diesem Fall im Sinne des Gesetzes keine Zuchttiere. Landesregierungen können jedoch mit Verordnung bestimmen, daß als Vatertiere nur Zuchttiere im Sinne des Gesetzes verwendet werden dürfen, was bisher noch nicht geschehen ist.

In § 2, Abs. 2 des neuen Tierzuchtgesetzes ist der **Zuchtwert** als der erbliche Einfluß von Tieren auf die Leistungen ihrer Nachkommen unter Berücksichtigung der Wirtschaftlichkeit definiert.

Gemäß der Verordnung über die Leistungsprüfungen und die Zuchtwertfeststellung bei Schafen vom 16. 5. 1991 (BGBl. Teil I, Nr. 31) müssen zur *Zuchtwertfeststellung* bei einem Schaf – je nach Zuchtrichtung – mindestens

- die Zuchtwertteile Fleisch- oder Milchleistung,
- die Zuchtwertteile Woll- oder Fellqualität,
- der Zuchtwertteil Zuchtleistung

festgestellt werden sowie bei einem Bock auch die äußere Erscheinung und, soweit ein rassebedingter Bedarf besteht, zusätzlich die Eignung zur Landschaftspflege beurteilt werden.

Folgende **Leistungsmerkmale** müssen mindestens erfaßt werden, und zwar für den Zuchtwertteil:

- *Fleischleistung:* Gewichtszunahme und Bemuskelung,
- *Milchleistung:* Fettmenge und Eiweißmenge,
- *Wollqualität:* Ausgeglichenheit, Farbe, Feinheit,
- *Fellqualität:* Farbe und Zeichnung,
- *Zuchtleistung:* Zahl der geborenen Lämmer und Zahl der bis zum Alter von 42 Tagen aufgezogenen Lämmer.

Die Zuchtwertteile Fleischleistung, Milchleistung und Zuchtleistung werden durch Lei-

stungsvergleich *innerhalb* der Population festgestellt. Dabei werden verwandtschaftliche Beziehungen berücksichtigt und Leistungsunterschiede, die nicht genetisch bedingt sind, so weit wie möglich ausgeschaltet.
Werden Leistungsmerkmale in einem *Index* zusammengefaßt, so werden die Zuchtwertteile entsprechend ihrer Bedeutung für die jeweilige Rasse so zusammengefaßt, daß sich ein Mittelwert von 100 und eine Standardabweichung von 20 ergibt.
§ 7 des Tierzuchtgesetzes befaßt sich mit der **Anerkennung von Züchtervereinigungen** und gibt den anerkannten Vereinigungen Befugnisse, die sich bis in den öffentlichen Bereich auswirken. Denn durch das ausschließliche Recht der Ausstellung des Abstammungsnachweises nehmen die Züchtervereinigungen Behördenfunktion wahr.

2.1.2 Vieh- und Fleischgesetz

Das Gesetz über den Verkehr mit Vieh und Fleisch (Vieh- und Fleischgesetz) vom 25. 4. 1951 (BGBl I, S. 272) und die hierzu erlassenen Durchführungsverordnungen (DVO) regeln die Vieh- und Fleischmärkte und sollen die Marktübersicht (Markttransparenz) verbessern.
Da Schlachtvieh zunehmend außerhalb der öffentlichen Märkte umgesetzt wird, haben nach § 1, Absatz 1 der 4. DVO zum Vieh- und Fleischgesetz vom 28. Mai 1976 (BGBl. 1976 I, S. 1320) die Inhaber von Betrieben, denen Rinder, Kälber, Schweine oder Schafe lebend oder geschlachtet *ohne Berührung* eines Schlachtviehmarktes mit amtlicher Notierung geliefert werden und die das Fleisch für eigene oder fremde Rechnung verkaufen oder es verarbeiten, Meldungen über gezahlte Preise und angelieferte Mengen zu erstatten. Mit der Verordnung zur Änderung vieh- und fleischrechtlicher Vorschriften vom 10. Nov. 1982 (BGBl. 1982, Teil I, S. 1512) wird mit Artikel 1 der Absatz 2 des § 1 der 4. DVO wie folgt geändert: »Die **Meldepflicht** bezieht sich nicht auf in Absatz 1 genanntes Vieh, das gemäß § 1 Absatz 2 Satz 2 des Fleischbeschaugesetzes in der Fassung der Bekanntmachung vom 28. September 1981 (BGBl I, S. 1045) **notgeschlachtet** wurde oder das eingeführt oder sonst in den Geltungsbereich dieser Verordnung verbracht worden ist.« Von dieser Meldepflicht sind zudem nach § 2 Betriebe ausgenommen, deren durchschnittliche wöchentliche Anlieferung geringer ist als 50 Schafe.
Die obengenannte Verordnung zur Änderung vieh- und fleischrechtlicher Vorschriften vom 10. Nov. 1982 bestimmt außerdem in Artikel 1 eine Änderung des § 3, Absatz 3 der 4. DVO, und zwar dahingehend: »**Schlachtgewicht** ist das Warmgewicht des geschlachteten und ausgeweideten Tieres, und zwar bei Schafen ausschließlich der Haut, des zwischen Hinterhauptbein und erstem Halswirbel abgetrennten Kopfes und der im Karpal- und Tarsalgelenk abgetrennten Gliedmaßen, einschließlich der Nieren und des Nierenfettes.«
Die Verordnung über **gesetzliche Handelsklassen** für Schaffleisch vom 27. Januar 1971 (BGBl I, S. 77) und die Änderungsverordnung vom 11. November 1977 (BGBl. I, S. 2139) haben folgenden Zweck:

- Die Grundlage für eine übersichtliche, nach dem Schlachtwert gestufte und damit aussagefähige Notierung für die verschiedenen Kategorien zu schaffen
- Die Voraussetzungen für eine Bezahlung nach dem tatsächlichen Schlachtwert zu erbringen
- Die Erzeuger über die Marktansprüche besser zu unterrichten

Nach § 1 der Verordnung (VO) wurden für **Schlachtkörper** die gesetzlichen Handelsklassen E, I, II und III eingeführt (s. Seite 142). Die Handelsklassen gelten derzeit noch für Schaffleisch der festgelegten *Kategorien,* d.h. Milchlamm (M), Mastlamm (L), Hammel (H), Schaffleisch (S) und Fleisch von Böcken (B), wobei bestimmte Unterscheidungsmerkmale zugrunde gelegt sind (s. Seite 142).
Zur Differenzierung hinsichtlich des **Schlachtwertes** wird bei allen Kategorien die Ausbildung der wertbestimmenden Körperpartien (Keule, Rücken, Bug und Kamm) bewertet. Die Bewertung von Fettansatz und Fettabdeckung als Merkmale ist in der Verordnung nicht zwingend vorgeschrieben, sondern für die Handelsklassen E und I als zusätzlich zulässig bezeichnet, wobei

unterschieden wird in gering (g), mittel (m) und stark (s). Für die Einschätzung des Schlachtwertes ist aber diese Bewertung insofern von großer Bedeutung, als eine verhältnismäßig enge Beziehung zwischen Fettgewebe- und Fleischanteil besteht.
»Schaffleisch« darf nach § 3 gewerbsmäßig nur nach den gesetzlichen Handelsklassen zum Verkauf vorrätig gehalten, angeboten, geliefert, verkauft oder sonst in den Verkehr gebracht werden und muß nach § 4 mit dem die Kategorie (M, L, H, S oder B) bezeichnenden Buchstaben *und* dem Buchstaben oder der Ziffer der Handelsklasse (E, I, II oder III) gekennzeichnet sein.
Die **Kennzeichnung** ist unmittelbar nach der Schlachtung im Anschluß an die Fleischbeschau vor Beginn des Kühlprozesses mit unverwischbarer und kochechter Farbe an der Innenseite der Keulen anzubringen.
Die VO bestimmt nach § 5 zudem, daß Börsen und Verwaltungen der öffentlichen Märkte, die Preisnotierungen für »Schaffleisch« vornehmen, verpflichtet sind, die gesetzlichen Handelsklassen zugrunde zu legen.

2.1.3 Fleischhygienegesetz

Im Gesetz zur Änderung des Fleischbeschaugesetzes vom 15. März 1960 (BGBl. I, S. 186) sowie den Ausführungsbestimmungen über die Untersuchung und gesundheitspolizeiliche Behandlung der Schlachttiere und des Fleisches bei Schlachtungen im Inland vom 3. Februar 1978 (BGBl. I, S. 202) wird u. a. bestimmt: Wer beschaupflichtige Tiere schlachtet oder schlachten lassen will, hat dies bei der zuständigen Behörde oder bei einer von dieser benannten Stelle oder Person mündlich oder schriftlich unter Angabe des für die Schlachtung in Aussicht genommenen Zeitpunktes anzumelden. Haustiere unterliegen nämlich, wenn ihr Fleisch zum Genuß für Menschen bestimmt ist, vor und nach der Schlachtung einer amtlichen Untersuchung (Schlachttier- und Fleischbeschau).
Die Neufassung des Fleischhygienegesetzes vom 13. April 1986 (BGBl. I, S. 398) bestimmt, daß

- bei **Notschlachtungen** nach § 1 die Schlachttierbeschau unterbleiben darf, d. h. wenn zu befürchten steht, daß das Tier bis zur Ankunft des zuständigen Beschauers sterben oder das Fleisch durch Verschlimmerung des krankhaften Zustandes wesentlich an Wert verlieren werde, oder wenn das Tier infolge eines Unglücksfalls sofort getötet werden muß;
  die Anmeldung zur Fleischbeschau hat jedoch sofort nach der Notschlachtung des betreffenden Tieres in dem Beschaubezirk stattzufinden, in dem die Tötung des Schlachttieres erfolgt ist
- bei **Hausschlachtungen** mit Wirkung vom 1. Februar 1987 grundsätzlich eine Lebend- und Schlachtkörper- bzw. Fleischbeschau gesetzlich vorgeschrieben ist. Nach § 2 kann auf Antrag die zuständige Behörde im Einzelfall eine Befreiung von der Lebendtierbeschau erteilen.

Die Durchführung der Schlachttier- und Fleischbeschau ist Aufgabe der zuständigen Behörden. Zu diesem Zweck werden Beschaubezirke gebildet, die eine lückenlose Durchführung gewährleisten. Die Schlachttier- und Fleischbeschau ist Tierärzten zu übertragen.
Hinsichtlich des **Ergebnisses einer Fleischbeschau** und Verwertungsart eines Schlachtkörpers wird wie folgt differenziert:

- Tauglich
- Minderwertig und bedingt tauglich (Freibank)
- Untauglich (Tierkörperverwertung).

Die **Kennzeichnung** erfolgt durch unterschiedliche Stempelformen, z. B. Rund = tauglich, aufgestelltes Dreieck = untauglich.

2.1.4 Absatzfondsgesetz

Es handelt sich dabei um das Gesetz über die Einrichtung eines zentralen Fonds zur Absatzförderung der deutschen Land-, Forst- und Ernährungswirtschaft in der Neufassung vom 8. November 1976 (BGBl. I, S. 3109), das der Erschließung und Pflege von Märkten für Produkte der deutschen Land-, Forst- und Ernährungswirtschaft im In- und Ausland dient.
Zur Durchführung seiner Aufgaben bedient

sich der Absatzfonds einer zentralen Einrichtung der Wirtschaft, der **C**entralen **M**arketinggesellschaft der deutschen **A**grarwirtschaft (CMA) mit Sitz in Bonn. Nach § 10 erfolgt die Finanzierung u. a. durch **Beiträge** von Betrieben der Land-, Forst- und Ernährungswirtschaft. So führen beispielsweise nach Absatz 9 Betriebe, die für gewerbliche Zwecke geschlachtetes Vieh der Fleischbeschau zuführen, bestimmte Beiträge ab: DM 2,80 je Rind, DM 1,– je Schwein und DM 0,30 je Schaf, es sei denn, der ganze Tierkörper wird bei der fleischbeschaurechtlichen Beurteilung beanstandet.

Die CMA hat bereits vor Jahren die zu erwartenden Marktprobleme und -chancen erkannt und eine Strategie entwickelt, die eine bessere Vermarktung von deutschem frischen Lammfleisch sichern soll. In Zusammenarbeit mit Partnern der deutschen Schafwirtschaft wurde von der CMA das Programm »Deutsches Frisch-Lamm« entwickelt und praktisch erprobt.

Mit Ausschlachtungsschauen, Messen und Ausstellungen sowie Seminaren werden Erzeuger, Vermarkter und das Metzgerhandwerk mit den Marktproblemen und den verschiedenen Vermarktungsmöglichkeiten vertraut gemacht.

2.1.5 Futtermittelgesetz

Der **Zweck** des Futtermittelgesetzes vom 2. Juli 1975 (BGBl. Teil I, S. 1745) ist laut § 1:

- Die tierische Erzeugung so zu fördern, daß zum einen die Leistungsfähigkeit der Nutztiere erhalten und verbessert wird und zum anderen die von Nutztieren gewonnenen Erzeugnisse den an sie gestellten qualitativen, insbesondere den lebensmittelrechtlichen Anforderungen entsprechen
- Sicherzustellen, daß durch Futtermittel die Gesundheit von Tieren nicht beeinträchtigt wird
- Vor Täuschung im Verkehr mit Futtermitteln, Zusatzstoffen und Vormischungen zu schützen
- Rechtsakte von Organen der Europäischen Gemeinschaften im Bereich des Futtermittelrechts durchzuführen

Die gesetzliche Bestimmung, daß die von Nutztieren gewonnenen Erzeugnisse insbesondere den lebensmittelrechtlichen Anforderungen entsprechen müssen, gewinnt zunehmend an Bedeutung, da der **Tierhalter regreßpflichtig** gemacht werden kann, wenn auf Grund von Rückstandsuntersuchungen beispielsweise im Fleisch gesundheitsschädigende Rückstände ermittelt werden.

Außerdem erteilt dieses Gesetz in § 4 dem Bundesminister für ELF Ermächtigungen, z.B. die **Anforderungen an Futtermittel** hinsichtlich ihres Gehaltes an bestimmten Inhaltsstoffen, ihres Energiewertes, ihrer Beschaffenheit und Zusammensetzung festzusetzen. Nach § 7 dieses Gesetzes ist es zudem verboten:

- Futtermittel, Zusatzstoffe oder Vormischungen unter irreführender Bezeichnung, Angabe oder Aufmachung in den Verkehr zu bringen oder für sie mit irreführenden Aussagen, insbesondere leistungsbezogene oder gesundheitliche Wirkungen zu werben
- Im Verkehr mit Futtermitteln, Zusatzstoffen oder Vormischungen oder in der Werbung für sie Aussagen zu verwenden, die sich auf die Beseitigung oder Linderung von Krankheiten oder auf die Verhütung solcher Krankheiten, die nicht Folge mangelhafter Ernährung sind, beziehen. Letzteres bezieht sich jedoch nicht auf Aussagen, soweit diese der Zweckbestimmung dieser Stoffe entsprechen

Macht der Veräußerer bei der Abgabe von Futtermitteln keine Angaben über die Beschaffenheit, so übernimmt er damit die Gewähr für die handelsübliche Reinheit und Unverdorbenheit.

Die Einhaltung der Vorschriften dieses Gesetzes, der auf Grund dieses Gesetzes erlassenen Rechtsverordnungen und der erteilten Auflagen werden nach § 19, Absatz 1 durch die nach Landesrecht zuständigen Behörden überwacht, wobei u. a. nach Absatz 1 Proben ohne Entgelt gegen Empfangsbescheinigung entnommen werden können. Diese Proben werden in staatlichen Untersuchungsanstalten auf die laut Normtyp vorgeschriebenen bzw. auf die deklarierten Inhalts-, Zusatz- und Wirkstoffe hin überprüft.

Aufgrund der Futtermittelverordnung vom 8. April 1981 (BGBl. I, S. 352) müssen nach § 21 auf einem **Sackanhänger** oder Aufkleber bzw. auf den Warenbegleitpapieren bei losem Bezug von Mischfuttermitteln eine Reihe von Angaben gemacht werden.

So dürfen seit 1985 (§ 11 der ÄVO) Mischfuttermittel nur in den Verkehr gebracht werden, wenn angegeben sind:

- Die **Bezeichnung**, d. h. ob das Mischfuttermittel als Alleinfuttermittel oder als Ergänzungsfuttermittel verwendet werden soll *und* für welche Tierart
- Die Gehalte an **Inhaltsstoffen** wie Rohprotein, Rohfaser, d. h. Stoffe, die den Futterwert erheblich beeinflussen
- Die komplette **Gemengteilangabe**
- Das **Nettogewicht**
- Das **Herstellungsdatum** (Monat, Jahr)
- Hinweise für die sachgerechte Verwendung, d. h. **Fütterungshinweise**
- **Name** und **Anschrift** des für das Inverkehrbringen Verantwortlichen

Neben diesen vorgeschriebenen Angaben *dürfen* (zusätzlich) angegeben werden: Warenzeichen oder Handelsmarke, Handelsbezeichnung (z. B. Lämmerkorn, Mastalleinfutter), Haltbarkeitsdauer oder Endtermin der Haltbarkeit z. B. für Zusatzstoffe wie Vitamine.

2.1.6 Tierschutzgesetz

Das Tierschutzgesetz vom 12. August 1986 (BGBl. I, S. 1309) dient nach § 1 dem Schutz des Lebens und Wohlbefindens des Tieres. Niemand darf einem Tier ohne vernünftigen Grund Schmerzen, Leiden oder Schäden zufügen.

Die **Tierhaltung** ist in § 2 angesprochen. In Absatz 1 und 2 ist bestimmt:

- Wer ein Tier hält, betreut oder zu betreuen hat, muß dem Tier angemessene artgemäße Nahrung und Pflege sowie eine verhaltensgerechte Unterbringung gewähren
- Darf das artgemäße Bewegungsbedürfnis eines Tieres nicht dauernd und nicht so einschränken, daß dem Tier vermeidbare Schmerzen, Leiden oder Schäden zugefügt werden

Nach § 16a können Tiere, die nach dem Gutachten des beamteten Tierarztes in Haltung, Pflege und Unterbringung erheblich vernachlässigt sind, von der zuständigen Behörde dem Halter fortgenommen und so lange auf dessen Kosten anderweitig pfleglich untergebracht werden, bis eine ordnungsgemäße Haltung, Pflege und Unterbringung der Tiere durch den Halter gewährleistet ist.

Nach § 4, Absatz 1 darf ein Wirbeltier nur unter **Betäubung** oder sonst, soweit nach den gegebenen Umständen zumutbar, nur unter Vermeidung von Schmerzen getötet werden. Für die Schafhaltung wichtig ist u. a., daß nach § 5, Absatz 1 an einem Wirbeltier ohne Betäubung ein mit Schmerzen verbundener Eingriff nicht vorgenommen werden darf. Eine Betäubung ist nach Absatz 2 und 3 nicht erforderlich:

- Wenn bei vergleichbaren Eingriffen am Menschen eine Betäubung unterbleibt
- Wenn die Betäubung im Einzelfall nach tierärztlichem Urteil nicht durchführbar erscheint
- Für das Kastrieren von unter zwei Monate alten männlichen Schafen, sofern kein von der normalen anatomischen Beschaffenheit abweichender Befund vorliegt (s. Seite 68)
- Für das Kürzen des Schwanzes von unter acht Tagen alten Lämmern (blutige Methode)
- Für das Kürzen des Schwanzes von Lämmern bis zu einem Alter von 8 Tagen mittels elastischer Ringe (s. Seite 68), d. h. unblutige Methode

Aufgrund des Tierschutzgesetzes wurde am 6. Juni 1974 eine Verordnung über das **Halten von Hunden** im Freien erlassen (BGBl. I, S. 1265), worunter nach § 1, Absatz 1 zu verstehen ist: Anbinde- und Zwingerhaltung, Haltung auf Freianlagen und in Schuppen, Scheunen, nichtbenutzten Stallungen, Lagerhallen oder ähnlichen Einrichtungen. Diese Verordnung findet *keine* Anwendung auf Hütehunde während der Begleitung der Herden.

In der **Anbindehaltung** von Hunden muß:

- Ein entsprechend wärmegedämmter, trockener und ungezieferfreier Schutzraum (bzw. eine Hundehütte) zur Verfügung stehen (§ 2)

- Ein nicht einschneidendes Halsband verwendet werden (§ 3)
- Die Anbindung (leichte Kette, Seil o. ä.) mit zwei drehbaren Wirbeln versehen sein; sie darf nur an einer mindestens 6 m langen Laufvorrichtung (Laufseil, -draht, -stange) angebracht werden (§ 3)

In der **Zwingerhaltung** (§ 4) ist u. a. eine Grundfläche ohne Schutzhütte von mindestens 6 m^2 erforderlich; für jeden weiteren in demselben Zwinger gehaltenen Hund, ausgenommen Welpen beim Muttertier, sind der Grundfläche 3 m^2 hinzuzurechnen. Eine wärmegedämmte Liegefläche außerhalb des Schutzraumes muß vor allem dann vorhanden sein, wenn der Boden des Zwingers nicht selbst aus wärmedämmendem Material besteht.

2.1.7 Tierseuchengesetz

In der Bekanntmachung der Neufassung des Tierseuchengesetzes vom 28. März 1980 (BGBl. I, S. 386) heißt es in § 1, Absatz 1: »Dieses Gesetz regelt die Bekämpfung von Seuchen, die bei Haustieren oder Süßwasserfischen auftreten oder bei anderen Tieren auftreten und auf Haustiere oder Süßwasserfische übertragen werden können (Tierseuchen).«
Nach § 1, Absatz 2 sind Haustiere im Sinne des Gesetzes »von Menschen gehaltene Tiere einschließlich der Bienen, jedoch ausschließlich der Fische«.
Das Tierseuchengesetz dient der Abwehr einer Einschleppung von Tierseuchen, und zwar auf Grund des § 6, Absatz 1: »Die Einfuhr und Durchfuhr von seuchenkranken Tieren und von verdächtigen Tieren sowie von Erzeugnissen und Rohstoffen solcher Tiere sind verboten.«
In Abschnitt II sind zur Bekämpfung von Tierseuchen im Inland allgemeine Vorschriften erlassen, insbesondere die **Anzeigepflicht.** In § 9, Absatz 1 heißt es dazu: »Bricht eine anzeigenpflichtige Seuche aus oder zeigen sich Erscheinungen, die den Ausbruch einer solchen Seuche befürchten lassen, so hat der *Besitzer* der betroffenen Tiere unverzüglich der zuständigen Behörde oder dem beamteten Tierarzt Anzeige zu machen und die kranken Tiere von Orten, an denen die Gefahr der Ansteckung fremder Tiere besteht, fernzuhalten.« Absatz 2 bestimmt weiterhin: »Die gleichen Pflichten hat, wer in *Vertretung des Besitzers* den Betrieb leitet, wer mit der Aufsicht über Tiere anstelle des Besitzers beauftragt ist, wer als Hirte, Schäfer ... oder in vergleichbarer Tätigkeit Tiere in Obhut hat ...« Absatz 3 bestimmt: »Zur unverzüglichen Anzeige sind auch *Tierärzte* und *Leiter tierärztlicher* und sonstiger *öffentlicher* und *privater Untersuchungsstellen* sowie *alle Personen* verpflichtet, die sich mit der Ausübung der Tierheilkunde ... oder gewerbsmäßig mit der Kastration von Tieren beschäftigen, desgleichen *Fleischbeschauer* ... sowie solche, die sich gewerbsmäßig mit der Bearbeitung, Verwertung oder Beseitigung geschlachteter, getöteter oder verendeter Tiere oder tierischer Bestandteile beschäftigen, wenn sie, bevor ein behördliches Einschreiten stattgefunden hat, von dem Ausbruch einer der Anzeigepflicht unterliegenden Seuche (§ 10) oder von Erscheinungen, die den Ausbruch einer solcher Seuche befürchten lassen, Kenntnis erhalten.«
Nach § 10, Absatz 1 sind die **anzeigepflichtigen Seuchen des Schafes:** Milzbrand, Rauschbrand, Tollwut, Maul- und Klauenseuche, Pockenseuche, Blauzungen-, Lumpy-Skin-, Traberkrankheit, Brucellose.
Kapitel III befaßt sich mit den **Straf- und Bußgeldvorschriften.** Nach § 74, Absatz 1: »Mit Freiheitsstrafe bis zu zwei Jahren oder mit Geldstrafe wird bestraft, wer ... entgegen § 6, Absatz 2 oder 4 lebende Tierseuchenerreger oder Impfstoffe, die Tierseuchenerreger enthalten, einführt.« »**Ordnungswidrig handelt** (§ 76, Absatz 1), wer vorsätzlich oder fahrlässig entgegen § 9 die ihm obliegende Anzeige nicht oder nicht unverzüglich erstattet oder ein krankes oder ein verdächtiges Tier nicht von Orten, an denen die Gefahr der Ansteckung fremder Tiere besteht, fernhält.« »Die Ordnungswidrigkeit kann mit einer Geldbuße bis zu dreißigtausend Deutsche Mark geahndet werden.«
Nach § 66 wird u. a. »eine **Entschädigung** in Geld geleistet für Tiere, die auf behördliche Anordnung getötet worden oder nach Anordnung der Tötung verendet sind«. Der

Entschädigung wird nach § 67 der gemeine Wert des Tieres zugrunde gelegt. Er darf bei Schafen den Höchstsatz von DM 1500,– nicht überschreiten.
§ 69 bestimmt: »Der *Anspruch auf Entschädigung* entfällt, wenn der Besitzer der Tiere oder sein Vertreter im Zusammenhang mit dem die Entschädigung auslösenden Seuchenfall die nach § 9 vorgeschriebene Anzeige schuldhaft nicht oder nicht unverzüglich erstattet hat.«
Im Gegensatz zu den anzeigepflichtigen Seuchen soll durch die »Verordnung über **meldepflichtige Krankheiten«** vom 29. April 1970 (BGBl I, S. 443) geändert durch VO vom 18. 11. 1979 (BGBl I, S. 3197) ein Überblick über die Ausbreitung bestimmter, vom Staat nicht bekämpfter Infektionskrankheiten erreicht werden.
Nach § 1 besteht für nachstehende Krankheiten des Schafes eine *Meldepflicht:* Leptospirose, Listeriose, Maedi, Q-Fieber, Toxoplasmose, Virusabort, Visna.
Nach § 2 sind »zur Meldung verpflichtet die Leiter der Staatlichen Veterinäruntersuchungsämter, der Tiergesundheitsämter oder sonstiger öffentlicher oder privater Untersuchungsstellen und Tierärzte, die in Ausübung ihres Berufes eine in § 1 genannte Krankheit feststellen«. Nach Absatz 2 ist die Meldung unverzüglich der nach Landesrecht zuständigen Stelle zu erstatten.
Nach dem Viehseuchengesetz in der Fassung der Bekanntmachung vom 23. Februar 1977 (BGBl. I, S. 313) hat der **Wanderschäfer** zu beachten, daß das **Treiben von Wanderschafherden** der Genehmigung bedarf. Die Genehmigung ist von dem Führer der Herde *vor* Beginn des Treibens unter Angabe der Kopfzahl der Herde und des Triebweges bei der Kreisverwaltungsbehörde einzuholen, in deren Bereich das Treiben beginnt. Sie darf nur erteilt werden, wenn das Veterinäramt die Seuchenfreiheit der Wanderherde bescheinigt hat. In der Genehmigung ist der Triebweg festzulegen. Über die Genehmigung ist die Kreisverwaltungsbehörde zu verständigen, in deren Bereich der Bestimmungsort des Triebes liegt.
Der Führer der Herde hat über Zu- und Abgang der Herde Buch zu führen (Kontrollbuch); er hat dieses Buch mit der Genehmigung und der Bescheinigung des Veterinäramtes stets bei sich zu führen und auf Verlangen der Polizei und dem Veterinäramt zur Einsicht vorzulegen. Die Ankunft einer Wanderschafherde am Bestimmungsort ist vom Führer der Herde binnen 24 Stunden der Gemeinde unter Vorlage des Kontrollbuches anzuzeigen. Die Gemeinde hat unverzüglich das Veterinäramt zu verständigen.

2.1.8 Tierkörperbeseitigungsgesetz

Im Tierkörperbeseitigungsgesetz vom 2. September 1975 (BGBl. I, S. 2313) ist bestimmt, daß Tierkörper und Tierkörperteile in Tierkörperbeseitigungsanstalten unschädlich zu beseitigen sind, und zwar so, daß die Gesundheit von Mensch und Tier auf keinen Fall durch Erreger übertragbarer Krankheiten oder giftige Stoffe gefährdet werden kann.
Der Tierbesitzer hat der Tierkörperbeseitigungsanstalt unverzüglich Anzeige zu erstatten, wenn ein Tier gefallen oder nicht zum Zwecke des Genusses für den Menschen getötet worden ist. Die Beseitigungsanstalt hat dafür zu sorgen, daß die Tierkörper und -teile möglichst bald abgeholt werden, wofür dem Tierbesitzer keine Kosten auferlegt werden dürfen.
Nach § 5, Absatz 2 können nur einzelne Körper von unter vier Wochen alten Schaflämmern auf eigenem Gelände, jedoch nicht in Wasserschutzgebieten und nicht in unmittelbarer Nähe öffentlicher Wege und Plätze, vergraben werden. Dies muß so geschehen, daß der Tierkörper mit einer ausreichenden, mindestens 50 Zentimeter starken Erdschicht, gemessen vom Rande der Grube an, bedeckt ist.

2.2 Organisationen und Einrichtungen zur Förderung der Schafzucht und -haltung

2.2.1 Züchter- und Schafhaltervereinigungen

Züchtervereinigungen sind Zusammenschlüsse von Herdbuchzüchtern, die in Bayern als Herdbuchgesellschaft und in den übrigen Bundesländern als Landesschafzuchtverband bezeichnet werden. Ihr Zweck ist nicht auf einen wirtschaftlichen Geschäftsbetrieb gerichtet, sondern fördert nur die jeweils anerkannten Rassen. Zuständig für die Anerkennung einer Züchtervereinigung ist die für deren Sitz zuständige Behörde (s. Seite 21).

Die Voraussetzung für eine **Anerkennung** ist nach dem Tierzuchtgesetz u. a., daß:

- Das Zuchtprogramm geeignet ist, die tierische Erzeugung zu fördern
- Das für eine einwandfreie züchterische Arbeit erforderliche Personal und die hierfür erforderlichen Einrichtungen vorhanden sind
- Die Tiere dauerhaft so gekennzeichnet werden, daß ihre Identität mit Sicherheit festgestellt werden kann
- Das Zuchtbuch ordnungsgemäß geführt wird
- Jedes Tier, das die Anforderungen für seine Eintragung erfüllt, in das Zuchtbuch eingetragen wird
- Nach der Rechtsgrundlage der Züchtervereinigung jeder Züchter in ihrem sachlichen und räumlichen Tätigkeitsbereich, der die Voraussetzungen einwandfreier züchterischer Arbeit erfüllt, ein Recht auf Mitgliedschaft hat

Neben den Züchtervereinigungen bestehen in den einzelnen Bundesländern **Landesverbände für Schafhalter** als gemeinnützige Berufsverbände ohne öffentlich-rechtlichen Charakter, deren Zweck nicht auf einen wirtschaftlichen Geschäftsbetrieb gerichtet ist. Der Zweck dieser Verbände ist, durch wirtschaftliche, beratungsmäßige und züchterische Förderung der Schafhaltung sowie durch Förderung der Verwertung der Erzeugnisse aus der Schafhaltung im jeweiligen Verbandsgebiet seinen Mitgliedern zu dienen und alle Interessen der Schafhaltung zu vertreten.

Die 15 Landesverbände mit insgesamt 15 129 Mitgliedern [57] sind in der **Vereinigung Deutscher Landesschafzuchtverbände** (VDL) e.V. Bonn zusammengeschlossen.

Der Verein bezweckt als landwirtschaftliche Organisation und als Arbeitsgemeinschaft der Landesschafzuchtverbände ausschließlich und unmittelbar die gemeinnützige Förderung der Schafzucht und -haltung im Bundesgebiet.

Seine Tätigkeit bezieht sich grundsätzlich auf Arbeitsgebiete, die einer einheitlichen Regelung für das gesamte Bundesgebiet bedürfen.

Zu den **Aufgaben** der Vereinigung gehören insbesondere:

- Die Beratung der obersten Bundesbehörden, der landwirtschaftlichen Zentralorganisationen und der sonstigen Wirtschaftsverbände und Einrichtungen im Rahmen der Schafzucht und -haltung und der Verwertung ihrer Erzeugnisse
- Beratende Mitwirkung bei der Ausarbeitung und Durchführung einheitlicher Bestimmungen für die Zuchtbuchführung, das Anerkennungs- und Ausstellungswesen, die Leistungsprüfungen, z. B. weitgehende Koordinierung der Durchführungsverfahren für die Stationsprüfung auf Mastleistung und Schlachtwertermittlung
- Vereinheitlichen des Ausbildungswesens der in der Schafzucht tätigen Personen
- Mitwirkung und Unterstützung bei wissenschaftlichen Forschungs- und Versuchsaufgaben
- Vertretung der deutschen Schafzucht und Schafhaltung im Ausland

2.2.2 Erzeugerringe und Erzeugergemeinschaften

Zur laufenden Verbesserung und wirtschaftlicherer Erzeugung sowie Zusammenfassung des Angebotes zu größeren einheitlichen Mengen von Mastlämmern haben sich die Schafhalter in Selbsthilfeeinrichtungen, den Erzeugerringen und Erzeugergemeinschaften zusammengeschlossen.

Grundlage für die Arbeit der **Erzeugerringe**

sind Leistungs- und Qualitätsprüfungen, u. a. durch laufende Wiegung der Masttiere und Beratung hinsichtlich des Produktionsmanagements und insbesondere Fütterungsmaßnahmen unter Berücksichtigung der jeweiligen Betriebsverhältnisse, um eine marktgerechte Lammfleischqualität bei möglichst kostengünstiger Erzeugung zu erreichen.

Eine Mitgliedschaft bei einem Erzeugerring bedeutet:

- Kenntnis und Kontrolle sowie mögliche Senkung der Erzeugungskosten
- Laufende qualitative Verbesserung der erzeugten Mastlämmer

Im Jahre 1966 [56] wurden folgende Erzeugerringe gegründet:

Erzeugerring für Mastlämmer e. V. Hannover
Erzeugerring für Mastlämmer e. V. München
Westfälischer Erzeugerring e. V. Paderborn

Mit dem Inkrafttreten des »Gesetzes zur Anpassung der landwirtschaftlichen Erzeugung an die Erfordernisse des Marktes (Marktstrukturgesetz)« im Jahre 1969 haben sich in der Regel auf der Grundlage der Erzeugerringe die **Erzeugergemeinschaften** für Fleisch und Wolle gebildet.

Die Zielsetzung dabei ist:

- Zusammenfassen des zersplitterten Angebotes, insbesondere der zahlreichen kleineren Betriebe
- Ein möglichst gemeinsames Andienen größerer und einheitlicher Mengen
- Bessere Marktstellung gegenüber den Partnern der abnehmenden Hand und damit für den einzelnen Erzeuger
- Bessere Erzeugerpreise für Produkte einheitlicher Qualität
- Senkung der Erfassungs- und Vermarktungskosten

Sind Erzeugergemeinschaften von der jeweils zuständigen Landesbehörde aufgrund des Nachweises bestimmter Auflagen (u. a. Mindestumfang an Produktion, Andienungspflicht, Einhaltung bestimmter Erzeugungs- und Qualitätsregeln) anerkannt, so werden diese nach Maßgabe des Marktstrukturgesetzes durch Start- und Investitionsbeihilfen gefördert.

Bestehende Erzeugergemeinschaften für Fleisch sind z. Z.:

- Erzeugergemeinschaft für Lämmer und Jungmasthammel, Landesverband Rheinischer Schafzüchter e. V. Bonn (gegründet 1971)
- Erzeugergemeinschaft bayerischer Schafhalter e. V. München (gegründet 1974)

Als Gemeinschaften für Wolle bestehen [62]:

- Bayerische Wollerzeugergemeinschaft e. V., München
- Woll-Erzeugergemeinschaft Niedersachsen e. V., Hannover
- Erzeugergemeinschaft für Wolle Nordrhein-Westfalen, Bonn

2.2.3 Schafgesundheitsdienst

Zur Gesunderhaltung sowie gezielten Krankheits- und Seuchenbekämpfung sind laufende Überwachung und Betreuung der Schafherden u. a. auf der Grundlage von Betreuungsverträgen von wesentlicher Bedeutung. Deshalb haben die Landesverbände schon seit Jahren Gesundheitsdienste eingerichtet, wobei neben Fachabteilungen und Außenstellen auch staatliche Untersuchungsämter mitwirken, und zwar:

- Bei der Durchführung vorbeugender Maßnahmen
- Durch Untersuchung von Kotproben und eingegangener Tiere
- Durch Erstellen von Bekämpfungsprogrammen unter Berücksichtigung der örtlichen und regionalen Verhältnisse
- Durch Fortbildung von Tierärzten und Schafhaltern u. a. über freiwillige Bekämpfungsverfahren oder Aufklärung über noch unbekannte Krankheiten

Die Anschriften der in den einzelnen Bundesländern zuständigen Stellen sind im Anhang (Seite 173) enthalten [62].

2.2.4 »Deutsche Wollverwertung« (DWV)

Die Schafzuchtverbände haben als Selbsthilfeeinrichtung die »Deutsche Wollverwertung GmbH« (DWV) geschaffen, deren Gesellschafter sie sind. Damit wird erreicht, daß alle Schafhalter, die bei dem für sie zuständigen Landesschafzuchtverband Mitglied sind, auch an dem gemeinnützigen Unternehmen mittelbar beteiligt sind.

Die **Hauptaufgabe** der DWV ist es, die erfaßten Wollen entsprechend ihrer Qualität auf dem Weg über Auktionen oder durch Weiterverarbeitung zum jeweils höchstmöglichen Preis für die Mitglieder zu verkaufen. Durch die strukturelle Änderung bei den schafhaltenden Betrieben erhält die DWV neben den auf der Auktion zum Verkauf kommenden Großlosen viele Kleinposten. Diese Wollen sind in der angelieferten Form nicht, oder wenn, dann nur zu schlechten Preisen zu verkaufen.

Aufgrund dieser Tatsache ergab sich zwangsläufig für die DWV die Notwendigkeit, die Funktion des **Wollhandels** selbst zu übernehmen und die angebotenen Wollen zusätzlich zu den Stützungskäufen auf den Auktionen selbst aufzunehmen. Die DWV läßt diese Wollen zu Wolltypen weiterverarbeiten und dann als Waschwollen oder aber als Kammzüge dem Wollhandel anbieten. Dadurch hat der Schafhalter den Vorteil einer *Preisstützung* auf Marktniveau und gleichzeitig die Sicherheit, daß seine Wolle auf jeden Fall abgenommen wird, unabhängig von der jeweiligen Marktlage.

Zur Verringerung der Transportkosten u. a. für Kleinposten betreibt die DWV in Zusammenarbeit mit den Wollerzeugergemeinschaften eine große Anzahl von **Wollsammelstellen.**

Die **Anschriften** der DWV und ihrer Filialen sind:

Deutsche Wollverwertung GmbH,
Finningerstr. 60, 7910 Neu-Ulm

DWV-Niederlassung Paderborn,
Wollmarktstr. 115
4790 Paderborn/Westfalen

DWV-Niederlassung Husum,
Am Dornbusch, 2250 Nildstedt/Husum

2.2.5 Staatliche Einrichtungen

Eine Reihe staatlicher Einrichtungen des Bundes und der Länder tragen ebenfalls zur Förderung der Schafproduktion bei. So ist das Tierzuchtreferat im **Bundesministerium** für Ernährung, Landwirtschaft und Forsten u. a. zuständig für:

- Fragen der Gesetzgebung auf EG- und Bundesebene
- Bundeseinheitliche Förderungs- und Koordinationsmaßnahmen

Die Tierzuchtabteilungen bzw. Referate für Schafzucht der **Länder** befassen sich u. a. mit:

- Grundsätzlichen Fragen der Fachberatung
- Der Dienst- und Fachaufsicht nachgeordneter Behörden und Fachkräfte (z. B. Fachberater für Schafzucht)
- Gezielten Förderungsmaßnahmen (beispielsweise Förderung von Selbsthilfeeinrichtungen, Prämien für Tierschauen, Zuchtprämien)
- Anerkennung von Züchtervereinigungen und Erzeugergemeinschaften
- Durchführung von Körungen

Während in den Bundesländern Baden-Württemberg, Bayern und Hessen die Förderung der tierischen Erzeugung unmittelbar von der staatlichen **Landwirtschaftsverwaltung** wahrgenommen wird, wird in den übrigen Bundesländern die Tierzuchtförderung mit Ausnahme der finanziellen Förderungsmaßnahmen von Selbstverwaltungskörperschaften des öffentlichen Rechts, den **Landwirtschaftskammern,** durchgeführt.

Zu deren wesentlichen Aufgaben zählen hier u. a.:

- Körwesen und Leistungsprüfungen
- Mitwirkung bei der Gründung und Anerkennung von Erzeugergemeinschaften nach dem Marktstrukturgesetz

Den Fachabteilungen in den Länderministerien und Kammern sind nachgeordnet: die **Ämter für Landwirtschaft und die Tierzuchtämter,** von denen u. a. folgende Aufgaben durchgeführt werden:

- Vollzug von tierzuchtrechtlichen Bestimmungen
- Durchführen von Körungen und Förderungsmaßnahmen
- Beratung in einschlägigen Fragen der Zucht, Fütterung und Haltung
- Amtliche Futtermittelüberwachung

Neben den Fachabteilungen und nachgeordneten Dienststellen bestehen auf Bundes- und Landesebene eine Reihe von **Forschungs-, Lehr-, Versuchs-** und **Mastprüfungsanstalten,** die sich u. a. mit folgenden Aufgaben befassen:

- Angewandte Forschung auf den Gebieten der Zucht, Tierernährung, Futterkonservierung, Verfahrenstechnik und des Stallbaues
- Methodik, Durchführung und Auswertung von Leistungsprüfungen und der Zuchtwertschätzung
- Beratung durch Vermittlung der Forschungsergebnisse an die Beratungskräfte und die Praxis
- Durchführung von Aus- und Fortbildungslehrgängen insbesondere im Rahmen der überbetrieblichen Ausbildung von Auszubildenden und Meisteranwärtern zum Tierwirt, Fachrichtung Schafe

3 Betriebsformen der Schafhaltung

Die Schafhaltung ist als Folge unterschiedlicher natürlicher Standortbedingungen und wirtschaftlicher Verhältnisse durch eine Vielfalt von Betriebsformen gekennzeichnet, die von der Kleinschafhaltung bis hin zur Großherdenhaltung reichen, und sich im wesentlichen in ihrer Haltungsform unterscheiden, d. h. zum einen die *Hütehaltung* und zum anderen die *Koppelhaltung*.

In Tab. 1 ist die Struktur der Haltungsformen in den alten Bundesländern für die Jahre 1968 [56] und 1990 [57] dargestellt. Die Entwicklung zeigt u. a., daß die Betriebe mit Hütehaltung anteilmäßig in Gegensatz zu den Koppelhaltungsbetrieben auf 3,2% zurückgegangen sind; insbesondere Wanderschafhaltung und Gutsschäfereien mit angestelltem Personal folgen diesem Trend. Dabei wurde jedoch gleichzeitig durch eine Bestandsaufstockung auf 842 000 Tiere (1990) die durchschnittliche Herdengröße je Betrieb von 216 auf 400 Mutterschafe im Jahr 1990 erhöht. Dadurch wurden vor allem die Arbeitsproduktivität je Arbeitskraft und das Betriebseinkommen gesteigert. Außerdem geht aus der Tab. 1 hervor, daß im Jahre 1990 in nur noch 3,2% der schafhaltenden Betriebe 48% des gesamten Schafbestandes gehalten wurden.

In den neuen Bundesländern entfielen 1990 auf 1229 Hütehaltungen 1,14 Mio. Schafe und auf 13 040 Koppelbetriebe 247 000 Tiere [57].

3.1 Hütehaltung

Eine ordnungsgemäße Hütehaltung erfordert vom Schafhalter ein hohes Maß an Kenntnissen und Erfahrungen insbesondere in der sog. Hütetechnik. Das bedeutet für den Schäfer im wesentlichen:

- Richtige Führung der Herde, um u. a. Flurschäden zu vermeiden
- Beachtung bestimmter Hüteregeln, um durch Abwechslung im Futterangebot nicht nur die Freßlust der Tiere anzuregen, sondern durch richtigen und rechtzeitigen Futterwechsel einer Erkrankung (z. B. Blähen, Verdauungsstörungen) von Tieren oder gar Verlusten vorzubeugen.

3.1.1 Standortgebundene Herdenhaltung

Unter dem Sammelbegriff »Standortgebundene Herdenhaltung« sind nach den Erhebungen der VDL [57] (Seite 18) die Guts-, Gemeinde-, Genossenschafts- und Deichschäfereien sowie Familienbetriebe mit überwiegend eigenen Futterflächen zusammengefaßt.

Die **Gutsschäfereien** sind vor allem wegen der relativ hohen Lohnkosten für angestellte Schäfer stark rückläufig. Die Form der **Bezirksschäferei** hat noch in Nordrhein-Westfalen und Hessen eine gewisse Bedeutung.

Die **Deichschäfereien** im Küstengebiet haben auf Grund ihrer Bedeutung für den Küstenschutz stark zugenommen. Gegenüber 1968 hat sich die Zahl der Betriebe bzw. die Zahl der Herden auf 311 – also um 150% – und die Zahl der Schafe in diesen Betrieben auf 93 000 – um 173% – erhöht.

Die Bedeutung einer Beweidung der Deiche wurde in zunehmendem Maße erkannt; denn die Erfahrungen haben eindeutig gezeigt, daß diejenigen Deiche, die langjährig mit Schafen bereits beweidet wurden, in der Regel den Sturmfluten standgehalten haben. Dies ist im wesentlichen darauf zurückzuführen, daß das Gras auf den dem Meer abgewandten begrünten »Böschungen« durch den vergleichsweise tiefen »Biß« der Schafe eine sehr starke Bestockung und damit eine dichtere Grasnarbe aufweisen. Zudem erhalten sie durch den Tritt der Schafe eine Verdichtung.

Standortgebundene Herdenhaltungen nutzen je nach Jahreszeit entweder betriebseigene (Abb. 1) oder oft auch Pachtflächen bzw. absolute Schafweiden (Abb. 2 und 3) in regional begrenztem Umkreis ihres eigenen Betriebes, z. B. innerhalb der Gemeindegemarkungen oder auf Bezirksebene.

Die Möglichkeit einer zeitweiligen Haltung von größeren Herden in Koppeln (Abb. 4) bringt eine wesentliche Entlastung für den Schäfer z.B. im Krankheitsfall oder zur Erledigung von dringenden Angelegenheiten.

Tabelle 1 Entwicklung der Haltungsformen in den alten Bundesländern [56, 57]

Haltungsform	1968				1990			
	Herden absolut	%	Schafe absolut (in 1000)	%	Herden absolut	%	Schafe absolut (in 1000)	%
Hütehaltung: insgesamt	3071	7,5	664	80,1	2107	**3,2**	842	**48,1**
davon: standortgebundene Herdenhaltung	1893	4,6	415	50,1	1214	1,9	434	24,8
Wanderschafhaltung	1178	2,9	248	29,9	893	1,3	408	23,3
Koppelhaltung: insgesamt	37981	92,5	165	19,9	62892	**96,8**	908	**51,9**
davon: bäuerliche Koppelhaltung	9364	22,8	108	13,0	39428	60,7	844	48,3
Kleinschafhaltung (1–4 Tiere)	28567	69,7	57	6,9	23464	36,1	64	3,6
Herden bzw. Schafe insgesamt	41002		829		64999		1750	

Abb. 1 Die Merinolandschafherde einer Gutsschäferei auf dem täglichen Weg vom Stall zur Beweidung betriebseigener Futterflächen.

Abb. 2 Die Nutzung von Wegrändern und sog. Ödländereien erfordert eine sichere Herdenführung, um Flurschäden zu vermeiden.

Abb. 3 Bereits im zeitigen Frühjahr werden absolute Grünlandflächen wie extreme Hanglagen oder Obstanlagen genutzt bzw. gepflegt.

Abb. 4 Die Möglichkeit einer zeitweiligen stallnahen Koppelhaltung kann den Schäfer entlasten.

3.1.2 Wanderschafhaltung

Bei dieser Betriebsform ziehen – wie der Name bereits sagt – Schafherden je nach Jahreszeit und Futteranfall nicht nur regional begrenzt, sondern über größere Entfernungen. Diese Haltungsform ist vor allem noch im süd- und südwestdeutschen Raum verbreitet, wenngleich aus verschiedenen Gründen ein gewisser Rückgang festzustellen ist, u. a. wegen zu geringem Schäfernachwuchs, Mangel an Weideflächen und zunehmenden Schwierigkeiten auf dem Triebweg. Die noch bestehenden Herden wurden jedoch in letzter Zeit verstärkt aufgestockt und erreichten 1979 eine mittlere Größe von ca. 400 Mutterschafen zuzüglich Nachzucht je Herde.

In der Wanderschafhaltung unterscheidet man während des Jahresablaufes verschiedene Arten von Weiden, und zwar im wesentlichen:

- **Vorsommerweiden** für die Zeit zwischen Mitte April und Mitte August. Dabei handelt es sich in der Regel um absolute Schafweiden, d. h. absolutes Grünland, Öd- und Unland, das weder von einer anderen Tiergattung genutzt werden kann noch für eine Aufforstung geeignet ist. Derartige Flächen liegen u. a. im Gebiet des fränkischen und schwäbischen Juras (Abb. 5)
- **Sommerweiden** sind u. a. Truppenübungsplätze und Deiche. In zunehmendem Maße werden Schafherden auch zur Nutzung von sog. Brachflächen (Abb. 6) in Mittelgebirgslagen und auf Grenzertragsböden eingesetzt, z. B. im Spessart, in der Rhön und im Bayerischen Wald zur Offenhaltung der Kulturlandschaft in den Erholungsgebieten (Abb. 7). Daneben werden Herden beispielsweise im Harz von den Forstverwaltungen mit gutem Erfolg bei sachgerechter Hütetechnik zur Pflege von Forstkulturen herangezogen
- **Herbstweiden** von Mitte August bis 11. November (Martini) sind im wesentlichen Ackerweiden, d. h. Getreideauswuchs und abgeerntete Hackfruchtflächen
- **Winterweiden** finden sich in klimatisch günstigen Flußtälern (z. B. Main- oder Rheintal) oder an Seen (z. B. Bodensee), wobei es sich in der Regel um gepachtete Grünlandflächen handelt (Abb. 8)

Beim wandernden Wechsel u. a. von der Vorsommer- zu den Winterweiden haben die Schafhalter nicht nur zeitliche, sondern insbesondere veterinärpolizeiliche Bestimmungen (Seite 17) zu beachten und und eine Triebgenehmigung einzuholen.

In der Regel steht der typischen Wanderschafhaltung – außer kurzzeitig gepachteten Scheunen im Winter – kein eigener Stall während der übrigen Jahreszeit zur Verfügung, so daß die Herde zumindest die Nacht über oder teilweise im Sommer auch während der Mittagsstunden in einem **Pferch** untergebracht werden muß. Bei der Wahl und hinsichtlich der Größe des Pferchplatzes sollte beachtet werden, daß:

- Die Flächen nicht vernäßt, sondern möglichst trocken sind
- Alte Bäume bei stürmischer Witterung gemieden werden
- Der Pferchplatz nicht an stark befahrenen Verkehrswegen liegt, d. h. ein hohes Maß an Ruhe für die Schafe gegeben ist
- Der Platzbedarf je Schaf und Nacht etwa 1–1,4 m^2 beträgt

Neben einem konventionellen Pferch aus festen Hürden (Abb. 9) werden zunehmend geeignete Elektroknotengitter (Abb. 10) verwendet. Dies erfolgt vor allem wegen des geringeren Gewichtes (Transport) sowie wegen der verhältnismäßig leichteren Möglichkeit des Umsetzens. Dabei ist jedoch regelmäßig zu überprüfen, ob die Weidezaungeräte entsprechend funktionieren bzw. eine noch ausreichende Schlagstärke abgeben.

Ein Pferch dient neben einem vorübergehenden Zusammenhalten der Herde ohne ständige Beaufsichtigung auch einem gewissen Schutz. Tragische Beispiele haben jedoch gezeigt, daß »wildernde« Hunde trotzdem eindringen und eine Panik auslösen können, so daß es für die Herde dann keinen »Halt« mehr gibt.

Abb. 5 Vorsommerweide im schwäbischen Jura zur Offenhaltung der Kulturlandschaft.

Abb. 6 Das Offenhalten durch Mulchen ist kein Ersatz für eine Beweidung durch Schafe.

Abb. 7 Sommerweide und gleichzeitig Landschaftspflege im Spessart.

Abb. 8 Winterweide im klimatisch günstigen Maingebiet.

Abb. 9 Sachgemäßer Pferch aus Hürden, der nur mit Spezialkenntnissen zu erstellen ist.

Abb. 10 Ein Pferch mit einem Elektroknotengitter ist relativ leicht zu versetzen.

3.2 Koppelschafhaltung

Unter Koppelschafhaltung versteht man ganz allgemein das Halten von Schafen unterschiedlicher Herdengröße in eingezäunten Weideflächen ohne ständige Beaufsichtigung. Das zunehmende Interesse an dieser Haltungsform ist u. a. darin begründet, daß vorhandene Futterflächen – insbesondere absolutes, nicht umbruchfähiges Grünland – ohne allzu hohen Kapital- und Arbeitsaufwand sinnvoll genutzt werden kann.

3.2.1 Standort

Die Koppelschafhaltung findet ihren Standort in Betrieben verschiedenster Größe und Struktur, d. h. in Neben- und Zuerwerbsbetrieben gleichermaßen wie in landwirtschaftlichen Vollerwerbs- und Spezialbetrieben (z. B. Teichwirtschaften). Denn die Bestandsgröße wird im Gegensatz zur Großherdenhaltung durch die vorhandene Futterfläche (Weide, Winterfuttergewinnung) bestimmt und nicht durch die Notwendigkeit, eine Spezialkraft (Schäfer) durch eine maximale Herdengröße (300 bis 450 Schafe) auslasten zu müssen.

3.2.2 Formen der Koppelschafhaltung

Als wesentliche und bereits praktizierte Formen der Koppelschafhaltung können folgende unterschieden werden:

- Nutzung von absolutem, überdurchschnittlich ertragreichem Grünland durch Schafe, z. B. Beweidung von Restflächen in Ackerbaubetrieben mit starker Hanglage (Abb. 11) oder Grünland innerhalb von Geflügelzuchtanlagen (Abb. 12) bzw. ausgedehnten Obstanlagen (Abb. 13)
- Wechselweises Weiden von Schafen auf Grünland mit fester Außeneinzäunung und auf Feldfutterflächen (Zwischenfrüchte, Feldgrasschläge etc.) bzw. auch Weiden im hochalpinen Raum (Abb. 14) mit beweglicher Einzäunung, z. B. Verwendung eines mehrdrähtigen Elektrozaunes oder Elektroknotengitters
- Gemeinsame oder aufeinanderfolgende Nutzung von Weideflächen durch Schafe und andere Tiergattungen wie Pferde oder Rinder (Abb. 15)
- Nutzung und Pflege von Dämmen in Teichwirtschaften (Abb. 16) durch Schafe, wobei mehrjährige Erfahrungen gezeigt haben, daß die Dämme von den Schafen bis zur Wassergrenze beweidet werden und nur eine einmalige Nachmahd notwendig ist. Außerdem wurde festgestellt, daß eine Wühlmausplage so gut wie auszuschließen ist, da die Mäuse den Tritt der Schafe (Erschütterung, Verfestigung der Dämme) nicht vertragen. Während der Weidezeit (Vegetationsperiode) werden auch kaum noch Bisamratten festgestellt, da diese ebenfalls durch den Tritt der Schafe ständig gestört werden. Zu beachten ist allerdings, daß neu errichtete Teichdämme zumindest die ersten 1–2 Jahre noch nicht beweidet werden sollten, da sich die Grasnarbe erst etwas festigen muß.

3.3 Ganzjährige Stallhaltung

Diese spezielle Haltungsform mit intensiver Lammfleischproduktion wird bisher nur vereinzelt und dann meist in Ackerbaugebieten durchgeführt. Die Gründe dafür sind:

- Produzierender Einsatz freier familieneigener Arbeitskräfte insbesondere während der Wintermonate (Ablammung und Aufzucht)
- Benutzung vorhandener Altgebäude wie Holzscheunen etc. (s. Stallgebäude Seite 76) mit unterschiedlichem Technisierungsgrad der regelmäßig anfallenden Arbeiten, z. B. der Fütterung (s. Seite 88) bei entsprechenden Bestandsgrößen
- Verwertung von »Feldfutter« unterschiedlichster Art (geeignete Zwischenfrüchte, Rübenblatt) sowie Futtergetreide und Stroh bei vereinfachter Fruchtfolge
- Nutzung des Dünger- und Humuswerts des Schafmistes, um langfristig die Leistungsfähigkeit und insbesondere Gesundheit der Ackerflächen zu erhalten

Diese spezielle Haltungsform kann möglicherweise an Interesse gewinnen.

Abb. 11 Nutzung einer hofnahen Restfläche in Hanglage.

Abb. 12 Nutzung von Grünflächen in einer Geflügelzuchtanlage.

Abb. 13 Koppelhaltung in ausgedehnten Obstanlagen.

Abb. 14 »Koppelhaltung« während der Sommermonate im hochalpinen Raum.

Abb. 15 Schafe und Pferde ergänzen sich auf der Koppel sehr gut.

Abb. 16 Teichwirtschaften nutzen die Schafe u. a. zur Pflege der Dämme.

4 Wirtschaftlichkeit der Schafhaltung

4.1 Voraussetzungen und Faktoren

Der Erfolg in der Schafhaltung wird im wesentlichen von den drei Faktoren **Mensch, Tier** und **Umweltgestaltung** bestimmt. Es sollten also folgende Voraussetzungen gewährleistet sein:

- Interesse, theoretische und praktische Grundkenntnisse sowie zunehmende Erfahrungen des Schafhalters
- Leistungsfähige Muttertiere, die fruchtbar sind, mit hoher Aufzuchtleistung, futterdankbar und widerstandsfähig (s. Rassen Seite 30) und Vatertiere mit überdurchschnittlichem Zuchtwert sowie entsprechender Geschlechtsaktivität und Befruchtungsfähigkeit
- Ausreichendes, richtiges Futterangebot im Jahresablauf unter besonderer Berücksichtigung des Zuchtstadiums wie Paarung, Hochträchtigkeit und Säugezeit (s. Fütterung Seite 124)
- Gesunderhaltung des Bestandes durch regelmäßige Überwachung, rechtzeitige Vorbeuge und sachgerechte Behandlung (s. Gesundheitsmaßnahmen Seite 152)

In der **Hütehaltung** wird daneben speziell die Wirtschaftlichkeit bestimmt durch:

- Den *Herdenumfang,* der in einer Hütehaltung bei mind. 500 Mutterschafen liegen muß, um im Haupterwerb ein ausreichendes Vergleichseinkommen zu erzielen.
- Den *Standort*, d. h. klimatische Gegebenheiten und Weidemöglichkeiten (s. Seite 24), weil dadurch vor allem die Dauer der Winterstallhaltung als zusätzlicher Kostenfaktor beeinflußt wird
- Die *Herdenleistung* bzw. das Aufzuchtergebnis, d. h. die Zahl der je Mutterschaf des Durchschnittsbestandes und Jahr aufgezogenen Lämmer (s. Seite 36)

In der **Koppelschafhaltung** ist u. a. mit folgenden betriebswirtschaftlichen Ansprüchen [32] zu rechnen, und zwar:

- *Tiergebundener Arbeitszeitbedarf* (AKh), der in Beständen über 50 Mutterschafen bei 3–4 AKh/Mutterschaf und Jahr und bei kleineren Beständen etwas höher liegt
- *Flächengebundener Arbeitszeitbedarf* (AKh), der je Mutterschaf 3–5 AKh beträgt, so daß sich ein Gesamtarbeitsbedarf von 6–9 AKh/Mutterschaf einschließlich Nachzucht ergibt

4.2 Wirtschaftliche Kennwerte

Tab. 2 stellt zur Berechnung des möglichen Wirtschaftsergebnisses drei Schafhaltungsformen [17] zum Vergleich gegenüber. Dabei ist jedoch darauf hinzuweisen, daß Preise für die einzelnen Futtermitteln bzw. die Kilostärkeeinheit (KStE) sowie die Verkauferlöse/kg Lebendgewicht regional und zeitlich unterschiedlich sein können. Ein interessierter Schafhalter kann jedoch durch Einsetzen der jeweils zutreffenden Preise bzw. Erlöse durchaus eine für ihn befriedigende betriebsspezifische Berechnung anstellen.

Der **Deckungsbeitrag** (Punkt 6) ist ein Erfolgsmaßstab für die Wettbewerbskraft und errechnet sich aus der Marktleistung abzüglich der veränderlichen Kosten.

Die **Faktorenverwertung** (Punkt 7) für die Fläche mittleren Ertrages sowie für die Arbeit zeigt einen verhältnismäßig großen Spielraum.

Das Betriebsergebnis bzw. der **Deckungsbeitrag je Mutterschaf** wird aber nicht nur durch die Höhe der veränderlichen Kosten (Punkt 5) beeinflußt, sondern insbesondere durch die Mehr- oder Mindererlöse/kg Lebendgewicht und durch ein über- oder unterdurchschnittliches Aufzuchtergebnis je Mutterschaf.

Berücksichtigt man die zudem nach der EG-Marktordnung für 1991 gewährte Mutterschafprämie von DM 48,07 sowie möglicherweise die Sonderprämie in benachteiligten Gebieten von DM 12,95, dann erhöht sich der Deckungsbeitrag von DM 90,80 in der Koppelschafhaltung um DM 61,02 auf insgesamt DM 151,82.

Desgleichen erhöht sich dieser z. B. um DM 13,10, wenn sich das Aufzuchtergebnis um 0,10 Lämmer/Mutterschaf von 140 auf 150 % verbessert (s. Tab. 2, Punkt 8).

Tabelle 2 Wirtschaftliche Kennwerte ausgewählter Schafhaltungsverfahren nach P. BACH [17]

	Wanderschafhaltung		stationäre Hütehaltung		Koppelschafhaltung	
1. Rahmendaten						
Ablammtermin	Sommer		60% Frühjahr, 40% Herbst		Frühjahr	
Aufzuchtergebnis	120%		140%		140%	
Nutzungsdauer der Mutterschafe	5 Jahre		5 Jahre		5 Jahre	
Bestandsergänzung – Muttertiere	eigene Nachzucht		eigene Nachzucht		eigene Nachzucht	
Weidetage / Stallhaltungstage	305/60 Tage		245/120 Tage		245/120 Tage	
Tägliche Zunahme der Mastlämmer	160 g		Stallmastperiode 300 g	Weideperiode 200 g	200 g	
2. Marktleistung		DM	DM	DM		DM
Lämmerertrag unter Berücksichtigung von 5% Nüchterungsabzug einschließlich Mehrwertsteuer, abzüglich Vermarktungskosten	50,00 kg (à 3,70)	185,00	54,00 kg (à 4,00)	216,00	54,00 kg (à 3,80)	205,20
Anteil aus Altschafverkauf	13,00 kg (à 2,00)	26,00	13,00 kg (à 2,00)	26,00	13,00 kg (à 2,00)	26,00
Wollertrag	4,50 kg (à 2,80)	12,60	4,50 kg (à 2,80)	12,60	4,50 kg (à 2,30)	10,40
3. Summe Marktleistung		223,60		254,60		241,60
4. veränderliche Kosten						
Kraftfutter an Mutterschaf, Bock, Jungschaf	30 kStE (à 0,70)	21,00	35 kStE (à 0,70)	24,50	32 kStE (à 0,70)	22,40
Kraftfutter an Mastlämmer	10 kStE (à 0,70)	7,00	30 kStE (à 0,70)	21,00	10 kStE (à 0,70)	7,00
Grundfutter an Mutterschaf, Bock, Jungschaf (Weideperiode)	202 kStE (à 0,10)	20,20	201 kStE (à 0,10)	20,10	196 kStE (à 0,15)	29,40
Grundfutter an Mastlämmer (Weideperiode)	77 kStE (à 0,10)	7,70	57 kStE (à 0,10)	5,70	92 kStE (à 0,15)	13,80
Grundfutter an Mutterschaf, Bock, Jungschaf (Stallhaltungsperiode)	62 kStE (à 0,35)	21,70	72 kStE (à 0,30)	21,60	68 kStE (à 0,35)	23,80
Grundfutter an Mastlämmer (Stallhaltungsperiode)	37 kStE (à 0,35)	13,00	37 kStE (à 0,30)	11,10	3 kStE (à 0,35)	1,10
Wasser, Strom, Stroh, Geräte		6,60		6,60		6,60
Schur, Hundehaltung		8,50		8,50		3,50
Medikamente, Tierarzt, Parasitenbekämpfung		11,00		11,00		11,00
Risikoversicherung, Tierausfall		15,00		13,00		13,00
Sonstiges (Beiträge, Abgaben, Tiertransport, Genehmigungen usw.)		8,50		3,20		2,10
Zinsanspruch des Tierkapitals	6% von 225 DM	13,50		13,50		13,50
Zinsanspruch des Umlaufvermögens		3,50		3,90		3,60
5. Summe der veränderlichen Kosten		157,20		163,70		150,80
6. Deckungsbeitrag/Mutterschaf		66,40		90,90		90,80
EG-Marktordnungsprämie[1]) 1991 = 48,07 DM/Mutterschaf)		48,07		48,07		48,07
7. Faktorenverwertung Fläche (2500–3500 kStE/ha) DM/ha	Kennwert nicht aussagekräftig		1070 bis 1500		940 bis 1315	
(einschließlich Marktordnungsprämie) Arbeit DM/AKh		8,10 bis 17,10		11,30 bis 19,40		13,50 bis 22,60
8. Bedingt veränderliche Kosten Zäune, Zaununterhaltung, Pferch		1,20		3,60		9,80
Gebäude, bauliche Anlagen, technische Einrichtungen		2,40		4,80		4,80
9. Änderung des Deckungsbeitrages/Mutterschaf						
Lämmerpreis ± 10,– DM/100 kg Lebendgewicht DM		± 5,00		± 5,40		± 5,40
Aufzuchtergebnis ± 0,10 Lämmer/Mutterschaf DM		± 15,70		± 14,85		± 15,30

[1]) Wird jährlich neu festgesetzt in Abhängigkeit von der Differenz zwischen EG-Grundpreis und Marktpreisen.

5 Schafrassen

5.1 Einteilung und Leistungskriterien

Die Schafrassen in der Bundesrepublik Deutschland lassen sich aufgrund verschiedener Nutzungsrichtungen bzw. Zuchtziele und sehr unterschiedlicher Produktionsbedingungen in folgende drei Gruppen einteilen: Fleischwoll-, Fleisch- und Landschafe. In der Tab. 3 sind die wichtigsten Rassen, deren Anteil am Gesamtschafbestand (1990: 3,2 Mio. [57]) sowie einige Leistungskriterien zum besseren Vergleich zusammengestellt.
Die Ablammergebnisse geben den Bereich gut geführter Betriebe wieder, während die obere Grenze von Spitzenbetrieben – z. B. Herdbuchzuchten – durchaus überschritten wird. Außerdem muß darauf hingewiesen werden, daß überdurchschnittliche Ablamm- und Aufzuchtleistungen wesentlich von der Umwelt, d. h. von der Fütterung und Streßbelastung, abhängen. Mutterschafe, die grundsätzlich in kleineren Beständen z. B. in einer Koppelschafhaltung stehen, können durchaus höhere Leistungen erbringen im Vergleich zu Tieren der gleichen Rasse, aber beispielsweise in einer Wanderschafherde.

5.2 Fleischwollschafe

5.2.1 Das Merinolandschaf

Im **Zuchtziel** steht heute ein mittelgroßes bis rahmiges Schaf mit einem möglichst langen, straffen und breiten Rücken bei entsprechender Brust- und Flankentiefe. Auf eine Verbesserung sowohl der Innen- als auch der Außenkeule wird zunehmend geachtet (Abb. 17).
Als **besondere Eigenschaften** sind zu erwähnen: Widerstands-, Marsch- und Pferchfähigkeit (Abb. 9 und 10, Seite 25) sowie asaisonales Brunstverhalten. Das bedeutet, daß die Mutterschafe nicht nur zu einer bestimmten Jahreszeit (Herbst) trächtig werden können, sondern kontinuierliche Lämmerproduktion ermöglichen.
Das Merinolandschaf ist in erster Linie im süddeutschen Raum verbreitet. Aufgrund seiner Anpassungsfähigkeit und Futterdankbarkeit ist es für alle Haltungssysteme (Hüte- und Koppelhaltung sowie ganzjährige Stallhaltung) geeignet. Bei überdurchschnittlichen Fütterungs- und Haltungsbedingungen bringt das Merinolandschaf eine sehr gute Ablamm- und Mastleistung sowie marktgerechte Schlachtkörperqualität aufgrund des über 25jährigen Umzüchtungsprozesses vom »Woll-Fleisch«- zu einem »Fleisch-Woll«-Schaf.

5.2.2 Das Merinolangwollschaf

Das **Zuchtziel** ist ein mittelgroßes Schaf mit langem Rücken bei entsprechender Brust- und Flankentiefe. Bisheriger Schwerpunkt der Selektion war höchstmöglicher Wollertrag, wobei Faltenbildungen am Hals und Körper züchterisch toleriert wurden.
Besondere Eigenschaften sind Widerstands-, Marsch- und Pferchfähigkeit sowie asaisonales Brunstverhalten, gute Fruchtbarkeit und Fleischleistung.
Diese Rasse war 1990 [57] in den neuen Bundesländern mit 44% des dortigen Schafbestandes (1,4 Mio.) die bedeutendste Rasse.

5.2.3 Das Merinofleischschaf

Das **Zuchtziel** ist eine volle Bemuskelung der Keulen, ein langer, breiter Rücken mit guter Rippenwölbung (Abb. 18).
Besondere Eigenschaften sind die dichte, sehr feine Merino-Wolle, weshalb diese Rasse besonders für regenärmere Regionen und Höhenlagen mit auch größeren Differenzen der Jahrestemperaturen geeignet ist. Erwähnenswert sind Frühreife und das asaisonale Brunstverhalten.
Das Merinofleischschaf hatte 1990 einen Anteil von 41% am Schafbestand der neuen Bundesländer.

Tabelle 3 Leistungskriterien der Schafrassen in der Bundesrepublik Deutschland

deutsche Schafrassen nach Rassengruppen	Anteil am Gesamtschafbestand %	Körpergewicht von Mutterschafen[1]) kg	Ablammergebnis je Lammung %	jährliche Wollmenge/ Mutterschaf[1]) kg	Wollhaardurchmesser µm[2])	Reinwollgehalt[3]) %
Fleischwollschafe:						
Merinolandschaf	20,2	70–90	120–160	4,0–5,0	27–29	47
Merinofleischschaf	19,1	70–90	140–160	4,0–5,5	23–26	40
Merinolangwollschaf	20,0	70–80	140–160	8,0–12,0	30–34	55
Fleischschafe:						
Schwarzköpfiges Fleischschaf	13,7	65–80	120–170	4,0–4,5	30–36	55
Weißköpfiges Fleischschaf	2,9	70–90	150–200	5,0–6,5	36–40	65
Texelschaf	6,6	60–80	130–200	3,5–4,5	32–36	60
Blauköpfiges Fleischschaf	0,3	70–80	150–200	4,0–4,5	30–35	55
Ostfriesisches Milchschaf:	5,2	60–75	200–230	3,5–4,5	30–37	60
Landschafe:						
Heidschnucke	1,2	40–45	100–120	1,5–2,5	44–60	58
Bergschaf	0,8	55–70	150–200	4,5–5,5	36–44	62
Rhönschaf	0,4	55–60	120–150	3,5–4,5	32–37	52

[1]) Körpergewichte und Wollmenge der Zuchtböcke liegen ca. 40% über den für Mutterschafe angegebenen Werten
[2]) 1 µm (Mikrometer) entspricht 1/1000 mm
[3]) Der Reinwollgehalt (Rendement) ist der Gehalt an chemisch reiner Wolle in Prozent des Schweißwollgewichtes

Abb. 17 Merinolandschafbock mit sehr hohem Zuchtwert in Mastleistung und Schlachtwert.

Abb. 18 Typischer Bock des Merinofleischschafes mit bester Rücken- und Keulenausbildung.

5.3 Fleischschafe

5.3.1 Das schwarzköpfige Fleischschaf

Das Verbreitungsgebiet ist Nordwestdeutschland, insbesondere Westfalen und Rheinland, aber auch Hessen und Niedersachsen; kleinere Herden sind auch in Bayern anzutreffen.
Das **Zuchtziel** dieser anteilmäßig zweitstärksten Rasse ist ein mittelrahmiges Schaf mit tiefer breiter Brust und möglichst langer Mittelhand bei guter Keulenausbildung (Abb. 19).
Besondere Eigenschaften sind u. a. die ausgeprägt guten Fleischformen bei den Mastlämmern und die Marsch- und Pferchfähigkeit, weshalb diese Rasse für Hüte- und Koppelhaltung (Abb. 20) gleichermaßen geeignet ist.
Zur Produktion von quelligen Kreuzungslämmern in Merinolandschafherden werden heute schwarzköpfige Fleischschafböcke (weil marschfähig) bevorzugt verwendet. Eine verhältnismäßig lange Brunstsaison erlaubt ein Verteilen der Ablammungen.

5.3.2 Das weißköpfige Fleischschaf

Seine Verbreitung ist schwerpunktmäßig das norddeutsche Küstengebiet in Deichschäfereien und Koppelschafhaltungen.
Das **Zuchtziel** ist ein mittelgroßes Fleischschaf mit kurzem, nicht zu stark bewolltem Kopf und dunklem Flotzmaul. Der Rumpf soll lang und breit sein bei entsprechender Brust- und Flankentiefe (Abb. 21).
Besondere Eigenschaften sind u. a. Widerstandsfähigkeit, Frühreife und Fruchtbarkeit bei nur saisonalem Brunstzyklus (Herbstmonate).

5.3.3 Das Texelschaf

Das Texelschaf stammt von der holländischen Insel Texel und hat sich in den letzten 10–15 Jahren über Norddeutschland bis in den süddeutschen Raum zunehmend verbreitet.
Das **Zuchtziel** ist ein mittel- bis großrahmiges Fleischschaf mit nicht zu breitem, unbewolltem Kopf, breit im Rücken und der Brust sowie voller Innen- und Außenkeule (Abb. 22).
Besondere Eigenschaften sind u. a. die Widerstandsfähigkeit und Frühreife, vereint mit hervorragender Fleischfülle- und Schlachtkörperqualität. Das Brunstverhalten ist streng saisonal (Herbstmonate). Texelschafe brauchen möglichst auch im Winter Auslauf und sind nur für die Koppelschafhaltung geeignet. Denn im Gegensatz zum Herdentrieb z. B. des Merinolandschafes zeigen Texelschafe eine individuelle, gleichmäßige Verteilung über die Weide (s. Abb. 11, Seite 27).
Neben der Reinzucht werden Böcke dieser Rasse auch teilweise zu Kreuzungen mit Landschafrassen herangezogen, wodurch ein bedeutender Kreuzungseffekt hinsichtlich Fleischfülle der Mastlämmer erreicht werden kann.

5.3.4 Das blauköpfige Fleischschaf

Tiere der Rasse »Bleu du Maine« wurden vor einigen Jahren aus Frankreich importiert und werden in verschiedenen Bundesländern bereits züchterisch bearbeitet.
Die **besonderen Eigenschaften** der blauköpfigen Fleischschafe (Abb. 23) sind hohe Fruchtbarkeit und sehr gute Schlachtkörperqualitäten der Lämmer. Mutterschafe dieser Rasse sind in ihrem Brunstverhalten teilweise auch asaisonal.

5.3.5 Suffolk

Diese Fleischschafrasse ist ursprünglich eine englische Rasse und wegen ihrer Leistungsfähigkeit weltweit verbreitet. Sie wird zunehmend zur Erzeugung von Kreuzungslämmern herangezogen.
Die **besonderen Eigenschaften** sind u.a. der breite, verhältnismäßig lange Rumpf mit sehr guter Fleischleistung, Frühreife und Fruchtbarkeit sowie die Eignung für Koppel- und Hütehaltung. Das Brunstverhalten der Mutterschafe ist z.T. auch asaisonal (Abb. 24).

Abb. 19 Bock des schwarzköpfigen Fleischschafes.

Abb. 20 Schwarzköpfige Fleischschafe in Hütehaltung auf einer Kleegrasweide.

Abb. 21 Weißköpfige Fleischschafe ohne Jahreswolle.

Abb. 22 Bock des Texelschafes.

Abb. 23 Bock des blauköpfigen Fleischschafes.

Abb. 24 Suffolkherde in einer Koppelhaltung.

5.4 Das ostfriesische Milchschaf

Das Milchschaf (Abb. 25) wird manchmal auch als »die Kuh des kleinen Mannes« bezeichnet und ist vorwiegend in Nordwestdeutschland verbreitet. Es wird in Einzel- und Koppelhaltung gezüchtet.
Die **besonderen Eigenschaften** sind Frühreife, Frohwüchsigkeit, sehr hohe Ablamm- und Aufzuchtleistung sowie eine Milchleistung, die je nach Laktationsdauer bzw. Melkzeitraum (250–300 Melktage) zwischen 500 und 900 kg liegt, und zwar bei einem Gehalt von 5,5–7,0% Milchfett und 4,0–6,0% Milcheiweiß. In die Zuchtwertberechnung geht jedoch nur eine auf 150 Laktationstage standardisierte Leistung ein, um den zwischen den geprüften Tieren unterschiedlich langen Prüfungsabschnitten gerecht zu werden. Voraussetzung für hohe Leistungen sind jedoch gute Fütterungs- und Haltungsbedingungen.

5.5 Landschafe

Landschafrassen haben in erster Linie in geologisch und klimatisch speziellen Gebieten eine gewisse Bedeutung.

5.5.1 Die Heidschnucke

Es sind zwei Arten zu unterscheiden, und zwar die graue gehörnte (Abb. 26) und die weiße hornlose Heidschnucke (Abb. 27). In größeren Herden werden Heidschnucken noch in den Moor- und Heidelandschaften in Niedersachsen und Oldenburg gehalten, aber auch in Kleinbeständen (Koppelhaltung) im übrigen Bundesgebiet.
Die **besonderen Leistungen** sind der ausgeprägte Landschafcharakter, Widerstandsfähigkeit und insbesondere Genügsamkeit. Bekannt und geschätzt ist der wildbretähnliche Fleischgeschmack.

5.5.2 Das Rhönschaf

Der Standort des Rhönschafes (Abb. 28) sind vor allem die rauhen Mittelgebirgslagen in Bayern und Hessen.
Die **besonderen Eigenschaften** sind Futterdankbarkeit, Marsch- und Pferchfähigkeit sowie große Widerstandsfähigkeit. Der Kopf ist unbewollt und schwarzhaarig, die Röhrbeine dagegen weiß.

5.5.3 Das Coburger Fuchsschaf

Diese Rasse (Abb. 29) wird nur noch in kleinen Beständen in Oberfranken gehalten. Der schmale, bis hinter die Ohren unbewollte Kopf und die feinknochigen Beine sind rotbraun gefärbt. Die Wolle zeigt im Innern des Vlieses einen rotbraunen Schimmer.
Als **besondere Eigenschaften** sind die Leistungsfähigkeit dieser Rasse neben seiner großen Genügsamkeit und guten Futterverwertung bemerkenswert. Die Lämmer werden rotbraun geboren, und erst nach etwa 6 Monaten wird ihre Wolle weiß.

5.5.4 Das Bergschaf

Es werden zwei Richtungen züchterisch bearbeitet: die weißen (Abb. 30) und braunen Bergschafe.
Die größere Bedeutung und Zahl umfaßt das weiße Bergschaf.
Im **Zuchtziel** steht ein mittelrahmiges langes Schaf mit hornlosem ramsigem Kopf und langen Hängeohren.
Die **besonderen Eigenschaften** dieser bodenständigen Rasse sind u. a. Anpassung an die rauhe Haltung im Hochgebirge sowie Steig- und Trittsicherheit. Die grobe, schlichthaarige Wolle (ca. 15–20 cm lang) bringt eine Unempfindlichkeit gegenüber hohen Niederschlägen mit sich. Das Bergschaf findet vor allem wegen des ausgeprägt asaisonalen Brunstverhaltens (ganzjährige Paarungsbereitschaft) und sehr guten Muttereigenschaften auch außerhalb des Alpenraumes zunehmend Beachtung.
Das Deutsche Bergschaf wird aber nicht nur in Reinzucht verwendet, sondern auch in Kreuzungsprogrammen (s. Seite 44), um vor allem eine Verkürzung der Zwischenlammzeiten und Verbesserung der Muttereigenschaften bei F_1-Tieren zu erreichen.

Abb. 25 Ostfriesisches Milchschaf.

Abb. 26 Graue gehörnte Heidschnucke.

Abb. 27 Weiße hornlose Heidschnucke.

Abb. 28 Rhönschaf.

Abb. 29 Coburger Fuchsschaf.

Abb. 30 Bergschafe der weißen Zuchtrichtung.

6 Grundlagen der Zucht

6.1 Leistungsprüfungen

Leistungsprüfungen sind auch in der Schafzucht die Grundlage jeden Zuchtfortschrittes und deshalb für Herdbuchzuchtbetriebe unerläßlich. Die Prüfungen und Ermittlung der Ergebnisse werden von den zuständigen Züchtervereinigungen im Feld (s. Seite 18) bzw. staatlichen Prüfstationen durchgeführt und erstrecken sich auf die Zucht- und Fleischleistung.

6.1.1 Zuchtleistungsprüfung

Da etwa 90% des Gesamterlöses in der Schafhaltung auf den Fleischverkauf entfallen, ist die Ablamm- und Aufzuchtleistung eine Grundvoraussetzung für eine wirksame Zuchtwahl und Verbesserung der Wirtschaftlichkeit.

Die wesentlichsten prozentualen **Kennzahlen** der Zuchtleistung einer Herde werden wie folgt errechnet:

$$\text{Befruchtungsziffer} = \frac{\text{gelammte Schafe}}{\text{zugelassene Schafe}} \times 100$$

$$\text{Fruchtbarkeitszahl} = \frac{\text{geborene Lämmer}}{\text{gedeckte Schafe}} \times 100$$

$$\text{Ablammergebnis} = \frac{\text{geborene Lämmer}}{\text{gelammte Schafe}} \times 100$$

$$\text{Aufzuchtergebnis} = \frac{\text{aufgezogene Lämmer}}{\text{gelammte Schafe}} \times 100$$

$$\text{Produktivitätszahl} = \frac{\text{aufgezogene Lämmer}}{\text{zugelassene Schafe}} \times 100$$

$$\text{Aufzuchtziffer} = \frac{\text{aufgezogene Lämmer}}{\text{geborene Lämmer}} \times 100$$

Für eine entsprechende Beurteilung der Leistung eines Einzeltieres sind neben dem **Alter bei der ersten Lammung,** das **Ablammintervall** oder die Zwischenlammzeit (zeitlicher Abstand zwischen den Lammungen), die **Zahl der Lämmer** je Lammung und je Jahr sowie die Zahl der davon aufgezogenen Lämmer von Bedeutung.

Diese Daten werden im wesentlichen zusammengefaßt und u. a. im **Abstammungsnachweis** (s. Seite 40) z. B. im Auktionskatalog folgendermaßen wiedergegeben: F (= **Fruchtbarkeit)** 7/6/10/9. Das bedeutet, daß das betreffende Muttertier in 7 Jahren 6 mal gelammt, 10 Lämmer geboren und davon 9 aufgezogen hat.

Die **Fruchtbarkeit,** die sich in der Zahl der Lämmer je Geburt ausdrückt, ist die wichtigste Grundlage des Produktionserfolges. Sie hängt im wesentlichen ab:

- Von der Fütterung besonders vor und während der Paarungszeit (s. »Stoßfütterung«, Seite 124)
- Von der Veranlagung, weshalb als Nachzucht Tiere von überdurchschnittlich fruchtbaren Mutterschafen abstammen sollten (s. Seite 40)
- Von der Haltung, u. a. durch Vermeiden von Streßsituationen, insbesondere während der Paarungszeit
- Vom Gesundheitszustand des Mutter- und Vatertieres sowie Hygienemaßnahmen (s. Seite 70)
- Von der Zahl der Mutterschafe je Bock bei gedrängter Paarungszeit (s. Seite 54)
- Von der Jahreszeit, weil eine Frühjahrslammung als die »natürlichere« Lammzeit in der Regel ein um 10–20 % höheres Ablammergebnis bringt.

Bei entsprechenden Zucht-, Haltungs-, Fütterungs- und Hygienemaßnahmen ist es möglich, ohne Rücksicht auf die Rasse, eine überdurchschnittliche Ablamm- und Aufzuchtleistung (Abb. 31–34) zu erzielen.

Abb. 31 Texel-Zuchtherde mit einem beispielhaften Aufzuchtergebnis von über 180% bei ausschließlicher Frühjahrslammung.

Abb. 32 Merinolandschafe können durch 1,5 Ablammungen/Jahr ein Aufzuchtergebnis von über 200% erzielen.

Abb. 33 Schwarzköpfige Herdbuchschafe mit einem Aufzuchtergebnis von 175 % bei einmaliger Ablammung.

Abb. 34 Bergschafe erzielen durch mehrmaliges Ablammen (1,7 Lammungen je Jahr) einen hohen jährlichen Lämmerertrag.

6.1.2 Fleischleistungsprüfung

Im Rahmen der Leistungsprüfungen beim Schaf kommt der Ermittlung der Mastleistung und des Schlachtkörperwertes eine wesentliche Bedeutung zu, und zwar wegen:

- Der wirtschaftlichen Notwendigkeit einer überdurchschnittlichen täglichen Zuwachsleistung und einer möglichst guten Futterverwertung, um die Erzeugungskosten /kg Lammfleisch zu senken
- Der vom Markt gewünschten Erzeugung von Qualitätslammfleisch, d. h., Schlachtkörper möglichst junger Tiere mit einem verhältnismäßig hohen Fleischanteil sowie geringem Verfettungsgrad und damit günstigem Fleisch: Fett-Verhältnis

Neben der Durchführung der Eigenleistungsprüfung stellt deshalb die **Nachkommenprüfung** unter gleichen Bedingungen an einer Station ähnlich wie beim Rind und Schwein auch beim Schaf ein wesentliches züchterisches Hilfsmittel dar.

Die Durchführung der Stationsprüfung ist in Abb. 35 schematisch dargestellt. Daraus geht u. a. hervor:

- Eine Nachkommengruppe des auf seinen Zuchtwert zu prüfenden Vaters besteht aus 8 männlichen Halbgeschwistern
- Die Anlieferung erfolgt in der Regel mit einem Gewicht von 18–20 kg und einem mittleren Alter von 7–8 Wochen
- Der Prüfungsabschnitt für die Mastleistung, d. h. für die tägliche Zunahme und Futterverwertung, liegt zwischen 20 und 42 kg. Die Lämmer erhalten pelletiertes Kraftfutter zur freien Aufnahme und 100 bis 300 g Heu/Tier und Tag insbesondere als Rohfaserkomponente zur Stabilisierung des Verdauungsprozesses (Wiederkäuer) und Vorbeugung gegen Pansenkeratose
- Bocklämmer mit überdurchschnittlicher Mastleistung und ohne Konstitutionsmängel können als eigenleistungsgeprüft der Zucht erhalten werden, während die übrigen Halbgeschwister zur Ermittlung des Schlachtwertes, d. h. Fleischbildungsvermögen, Verfettungsgrad etc., der Schlachtung zugeführt werden

Neben einer Beurteilung des ganzen Schlachtkörpers erfolgt u. a. eine Zerlegung in Teilstücke (Abb. 36), eine gewichtsmäßige Feststellung des Beckenhöhlen- und Nierenfettes, der Keule und Lende. Außerdem wird der Rückenquerschnitt entweder hinter der letzten Rippe (Abb. 37) oder zwischen der 5./6. Rippe photographisch festgehalten, um die Muskelfläche rechnerisch in cm^2 zu ermitteln.

Zudem werden in Bayern seit Jahren zur objektiveren Ermittlung des Verfettungsgrades neben der Nierenfettmenge auch anhand der Rückenquerschnitts-Photos die Stärke der Oberflächenverfettung erfaßt und beide Kriterien in den Index aufgenommen. Die Bewertung erfolgt anhand einer Photovergleichsskala mit Bildern unterschiedlicher Fettauflagen (Punkte 1–9, wobei 1 zu fett bedeutet, s. Abb. 37 unten).

Grobgewebliche Zerlegungsergebnisse (BLT, Grub) einer Stichprobe von Schlachtkörpern (Merinoland: 22 kg Schlachtkörpergewicht) der Jahrgänge 1966 (n = 28) und 1980/81 (n = 16) ergaben u.a.

- eine deutliche Verbesserung des Fleisch: Fett-Verhältnisses von 1:0,35 auf 1:0,25,
- eine Steigerung des Fleischanteils von 55,7 auf 63,7%,
- eine Verringerung des Fettanteils von 19,4 auf 15,6%.

Im Rahmen der Fleischleistungsprüfung wird außerdem seit Erlaß des neuen Tierzuchtgesetzes (s. Seite 11) auch eine **Eigenleistungsprüfung** hinsichtlich des Wachstums von Jungböcken im Feld durchgeführt. Das bedeutet, daß in den jeweiligen Herdbuchbetrieben die Gewichtsentwicklung in einem Zeitraum von mindestens 8 Wochen festgestellt wird – beginnend frühestens in der vierten und spätestens in der achten Lebenswoche.

Zusammenfassend zeigte sich in den vergangenen Jahren zunehmend, daß durch den systematischen Einsatz von besten Leistungsvererbern – d. h. überdurchschnittlich gut veranlagten Vatertieren gleich welcher Rasse zur Erzeugung der jeweils nächsten Bockgeneration – ein Erfolg bei der Verbesserung der Mastleistung und Schlachtkörperqualität der Verkaufsprodukte zu erzielen war.

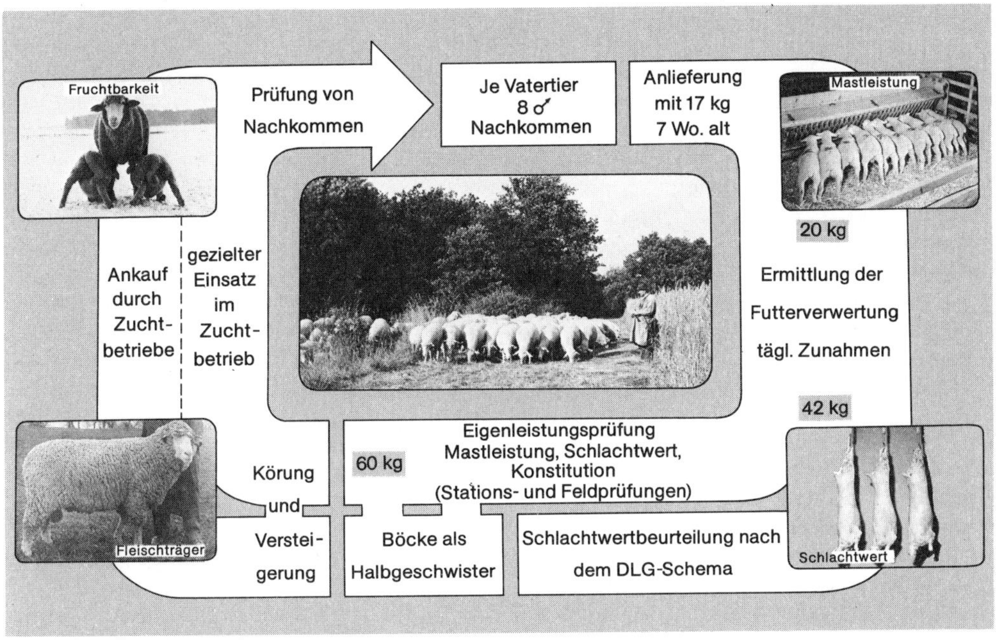

Abb. 35 Um den Zuchtwert für die Fleischleistung festzustellen, werden in den meisten Ländern der Bundesrepublik Deutschland Eigenleistungs- oder Geschwisterprüfungen an Stationen unter möglichst einheitlichen Fütterungs- und Haltungsbedingungen durchgeführt (Beispiel: Schema des Bayerischen Prüfprogrammes).

Abb. 36 Zerlegen des Schlachtkörpers nach der DLG-Schnittführung.

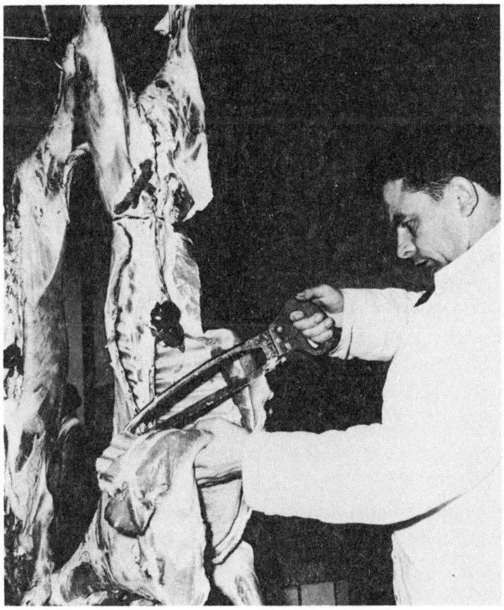

Abb. 37 Diese Rückenanschnitte zeigen deutlich, wie groß die erblich bedingten Unterschiede im Verfettungsgrad und Fleischbildungsvermögen sind, sogar – wie hier – innerhalb einer Rasse bei gleichem Geschlecht, gleichem Mastendgewicht und derselben Fütterungsintensität.

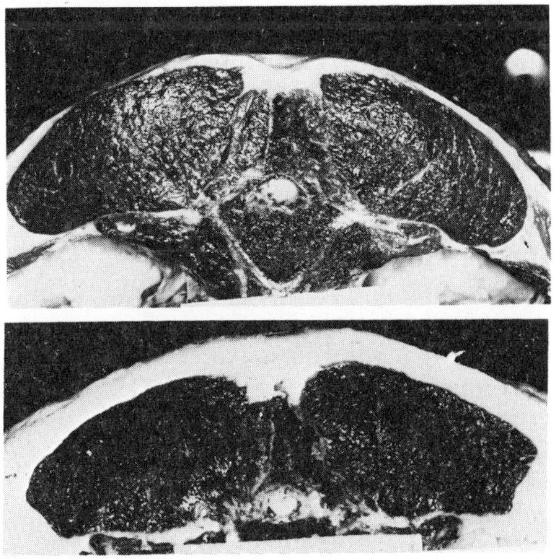

6.2 Zuchtwahl

Um die Produktionsleistung und den wirtschaftlichen Erfolg zu verbessern, sollte ein Schafhalter – gleichgültig bei welcher Rassen- und Herdengröße – nicht einfach irgendwelche Vater- und Muttertiere miteinander paaren, sondern ganz bewußt eine Reihe von Eigenschaften und Leistungshinweise berücksichtigen, die sich auf den Produktionserfolg günstig oder ungünstig auswirken können.

6.2.1 Auswahl der Zuchtböcke

Ein bekanntes Wort heißt »Der Bock ist die halbe Herde«. Deshalb lohnt sich eine besondere Sorgfalt bei der Auswahl nach:

- **Äußerem Erscheinungsbild:** Typ, Körperlänge und -breite, Brusttiefe, korrektes Fundament (Gliedmaßen), Wollfeinheit entsprechend der Rasse, Ausgeglichenheit im Vlies ect.
- **Vorfahrenleistungen:** Auf der Grundlage der in einem Abstammungsnachweis (Tab. 4) bereits vorliegenden Ergebnisse (Zuchtleistung, Mast- und Schlachtleistung) als eine zusätzliche Information zur Einschätzung des möglichen Zuchtwertes

Ein **Abstammungsnachweis** kann nur von einer anerkannten Züchtervereinigung (Seite 18) ausgestellt werden und ist eine grundlegende Voraussetzung für die Körung eines Vatertieres. Die wichtigsten Zeichen, Abkürzungen und Leistungsangaben im vereinfachten Beispiel (Tab. 4) bedeuten:

Abst.-Nr.: Die Abstammungs-Nummer 335-9/2 ist im *linken* Ohr des Bockes eintätowiert. Es bedeutet: **335** = Herdbuch-Nr. der Mutter; 9 = letzte Zahl des Jahrganges 1979; /2 = als Zwilling geboren (bei ungleichgeschlechtlichen Zwillingen erhält das Bocklamm die 1, das weibliche Lamm die 2).

Hb-Nr.: Die Herdbuch-Nummer P 0767 ist stets im *rechten* Ohr eintätowiert (P = Züchterzeichen).

Der **Vater** ist ebenfalls als Zwilling (Z) geboren und – V – bedeutet: Vererber, d.h. von dem Bock sind mindestens 20 Nachkommen (bei einem Muttertier mindestens drei Nachkommen) im Herdbuch eingetragen.

NMS 107/112/103/106 = Nachkommenprüfung auf Station, wobei die Tageszunahmen der Gruppe 7% höher, der Nährstoffverbrauch (StE/kg Zuwachs) 12% geringer (= positiv), die Rücken-Keulen-Ausbildung 3% besser, das Oberflächen-Nierenfett 6% geringer als bei den Vergleichsgruppen war. MF 108 bedeutet Eigenleistungsprüfung auf Mastleistung im Feld, wobei der Jungbock gegenüber dem Durchschnitt (100%) eine um 8% höhere Zuwachsleistung erbracht hat.

Die **Mutter** Hb-Nr. P 335 ist gleichfalls als Zwilling geboren. F 6/6/12/10 = in 6 Lebensjahren 6 Lammungen, 12 geborene und 10 aufgezogene Lämmer.

F: Das Mutterschaf hat in 3,43 Leistungsjahren 5mal gelammt, 9 Lämmer geboren und 8 aufgezogen

F%: Geborene und aufgezogene Lämmer in %

Abweich.: ±-Abweichung vom Rassendurchschnitt in der betreffenden Leistungsklasse (hier 5. Lammung)

Zum **Aufbau einer Zuchtherde** sollte man u. a. keine Tiere mit zu langen, schwachen Fesseln (Durchtrittigkeit) und sehr steiler Stellung (Stuhlbeinigkeit) verwenden (Abb. 38), weil Fehler in den Gliedmaßen die Nutzungsdauer verkürzen und die Leistungsfähigkeit vermindern können.

6.2.2 Auswahl der Zuchtschafe

Bei der Auswahl der weiblichen Nachzucht sollte man darauf achten, daß die Tiere in erster Linie von überdurchschnittlich fruchtbaren Schafen mit überwiegenden Mehrlingsgeburten und hoher Aufzuchtleistung abstammen. Dies sind z. B. Mutterschafe, bei denen im mehrjährigen Durchschnitt nur geringe Verluste auftraten als Folge von Leichtlammigkeit und entsprechenden Muttereigenschaften, z.B. Annehmen der Lämmer, gute Milchleistung und Euterausbildung (Abb. 39). Außerdem sollten Zuchtschafe ähnlich den Vatertieren keine erblich bedingten Mängel im äußeren Erscheinungsbild aufweisen z.B. Wollfehler, Mängel im Fundament (Gliedmaßen), die insbesondere die Zuchtdauer (Langlebigkeit) beeinträchtigen könnten.

Tabelle 4 Beispiel eines Abstammungsnachweises, wobei vor allem die hohe Ablamm- und Aufzuchtleistung der weiblichen Vorfahren und der sehr gute Zuchtwert (NMS) des Vatertieres beachtenswert sind

Züchter: Konrad Meier, A-Dorf
Abst. Nr. 335–9/2 geb. 27.08.79 Z HB-Nr. P 0767

<table>
<tr><td rowspan="2">Vater: R 594 1.Z-V-
NMS 107/112/103/106
MF 108</td><td>VV: w 683
NMS: –
MF: –</td></tr>
<tr><td>VM: P 199
F: 7/7/13/13</td></tr>
<tr><td rowspan="2">Mutter: P 335 1.Z -V-
F 6/6/12/10
oder
F: 3,43/5/9,0/8,0
F % 262 233
Abweich. 94 + 83 +</td><td>MV: H 402
NMS: 101/103/107
NMS: –
MF: –</td></tr>
<tr><td>MM: P 262
F: 5/5/13/13</td></tr>
</table>

Abb. 38 Tiere mit derartiger »Stuhlbeinigkeit« (hinten) und verhältnismäßig weicher Fessel (vorne) sind für die züchterische Verbesserung einer Herde ungeeignet.

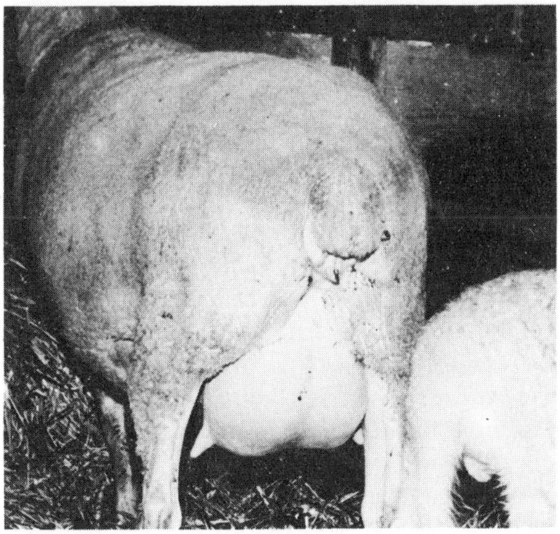

Abb. 39 Leistungsfähiges, straffes Euter mit erwünschter Zitzenform und -stellung.

6.3 Zuchtmethoden

Allgemein und ohne Berücksichtigung spezieller Verfahren kann man unterscheiden zwischen:

- **Reinzucht:** Paarung von Tieren der gleichen Rasse mit dem Ziel einer zunehmenden züchterischen Verbesserung und Erhaltung wirtschaftlich wesentlicher Eigenschaften
- **Kreuzungszucht** im weitesten Sinne: Paarung von Tieren verschiedener Rassen zur Ausnutzung von Kreuzungseffekten (Heterosis) hinsichtlich besonderer Eigenschaften einzelner Rassen, z. B. Fruchtbarkeit, überdurchschnittliches Fleischbildungsvermögen, ausgeprägtes asaisonales Brunstverhalten.

6.3.1 Reinzucht

Ihr Ziel ist es, systematisch diejenigen Tiere auszuwählen und miteinander zu paaren, die dem Zuchtziel am besten entsprechen. Denn in den Nachkommen soll die Ausprägung erwünschter Eigenschaften und ihre Kombination zunehmend verbessert werden.

Das **Ausmaß der Vererbung**, d.h. der Übertragung erblicher Eigenschaften von den Eltern auf ihre Nachkommen ist u. a. abhängig vom Erblichkeitsanteil (Heritabilität, Erblichkeitsgrad), dem Maß für die erbliche Bedingtheit von Merkmalen.

Dementsprechend haben beispielswiese nach HARING [30]:

- Die wichtigsten Wolleigenschaften (Vliesgewicht, Stapeltiefe, Kräuselung) sowie die Körperlänge, Brusttiefe und die tägliche Zunahme (Station) einen **hohen** Erblichkeitsgrad
- Die Wurfgröße bei der Geburt (Fruchtbarkeit), und die tägliche Zunahme von Geburt bis zum Absetzen einen **geringen** Erblichkeitsanteil

Der **Ausprägungsgrad** einer Eigenschaft im Erscheinungsbild wird deshalb je nach dem erblichkeitsbedingten Anteil mehr oder minder stark beeinflußt durch die Umwelt, z. B. Fütterung und Haltung.

Außerdem ist zu beachten, daß zwischen einzelnen Eigenschaften – erblich gesehen – Zusammenhänge (genetische Korrelationen) bestehen, die positiv, aber auch negativ sein können. Das bedeutet, daß man mit der züchterischen Veränderung einer Eigenschaft gegebenenfalls die eine oder andere Eigenschaft gleichzeitig im positiven oder negativen Sinne mitverändert.

Zwischen einigen Leistungsmerkmalen besteht eine Gegensätzlichkeit (Antagonismus), z. B. zwischen vollfleischig-breiter Körperausbildung und der Leichtlammigkeit, zwischen Fleischbildungsvermögen und Fruchtbarkeit sowie Asaisonalität oder zwischen Wollgewicht und Wollfeinheit.

In der praktischen Zucht muß man sich deshalb entscheiden, ob man entweder extreme Leistungen in *einem* bestimmten Merkmal will oder nur eine mittlere bis gute Ausprägung von *mehreren* erwünschten Merkmalen in der einen oder anderen Richtung.

Für derartige »Kombinationen« einige Rassenbeispiele:

- Das **Finnschaf** (Abb. 40) bringt ähnlich dem Romanowschaf eine extrem hohe Fruchtbarkeit (200–400%); gleichzeitig besteht die Gefahr höherer Aufzuchtverluste und die Schlachtkörperqualität entspricht nicht den Marktanforderungen
- Das **Texelschaf** (Abb. 41) weist als Fleischschafrasse eine gute »Kombination« von Fruchtbarkeit (130–200%) und bekannt hohem Fleischbildungsvermögen auf; es kann jedoch nur in kleinen Herden in der Koppel gehalten werden und ist streng saisonal in der Paarungsbereitschaft
- Das **Merinolandschaf** (Abb. 42) verbindet in sich eine mittlere Ablammleistung (120–160%), Marsch- und Pferchfähigkeit (Hütehaltung), asaisonales Brunstverhalten und zunehmend gute Mastleistung und Schlachtkörperqualität

Erfahrene Herdbuchzüchter benutzen außerdem mit Erfolg auch die Möglichkeit eines sog. »Blutanschlusses«. Darunter versteht man den bewußten Einsatz von Böcken, die z. B. in der 3. oder 4. Generation mütterlicher- und/oder väterlicherseits gemeinsame, züchterisch wertvolle Ahnen aufweisen, also nicht Inzestzucht, sondern eine Art rückgreifende **Inzucht.**

Abb. 40 Finnschaf mit Vierlingen, d. h. mit höchster Fruchtbarkeit, aber mit geringer Fleischfülle.

Abb. 41 Texelschafe verbinden hervorragendes Fleischbildungsvermögen mit geringem Verfettungsgrad.

Abb. 42 Merinolandschaflämmer mit sehr guter Mastleistung und marktgerechter Schlachtkörperqualität.

6.3.2 Kreuzungszucht

Bei der Anwendung von Kreuzungsverfahren [11] ist davon auszugehen, daß sich nicht jede wirtschaftlich interessante Leistungseigenschaft im jeweils gewünschten Ausmaß in einer Rasse in verhältnismäßig kurzer Zeit verbessern läßt, insbesondere, wenn deren Erblichkeitsgrad gering ist, wie beispielsweise für die Fruchtbarkeit. Es zeigte sich bisher, daß gerade für solche Eigenschaften bei Kreuzungen zwischen verschiedenen Linien oder Rassen sog. Kombinations- bzw. Heterosiseffekte auftreten können.

Unter **Heterosis** versteht man das Übertreffen des Elternmittels durch die Kreuzungstiere (Überlegenheit, Luxurieren). Dies ist um so wahrscheinlicher, je mehr sich die Elterntiere in bestimmten Eigenschaften unterscheiden.

Das Ziel jedes Kreuzungsverfahrens ist es, für die jeweiligen Produktionsbedingungen Tiere mit optimalem Leistungsvermögen zu erhalten. Entsprechend der in einem Kreuzungsverfahren herangezogenen Zahl von Linien oder Rassen ist – abgesehen von der Veredelungs- und Verdrängungskreuzung – im wesentlichen zwischen Zwei- und Dreirassenkreuzungen zu unterscheiden.

Die **Zweirassenkreuzung** wird im allgemeinen auch als einfache Gebrauchskreuzung bezeichnet und ist die in der praktischen Schafhaltung am weitesten verbreitete Art von Kreuzung (Abb. 43). Sie wird dazu benutzt, um mit den verschiedenen »bodenständigen« Rassen als *Muttergrundlage* durch Anpaarung von Böcken mit hervorragender Fleischleistung nicht nur eine Verbesserung des Schlachtkörperwertes (Fleischfülle), sondern auch durch Ausnutzung von Heterosis eine gewisse Erhöhung der Vitalität und Gesundheit der ausschließlich für die Mast erzeugten Lämmer zu erreichen (Abb. 44).

Als *Vaterrassen* werden in der Regel je nach Haltungsform verwendet: Schwarzköpfiges Fleischschaf oder Suffolk in der Hütehaltung und Texel sowie Blaukopf in der Koppelhaltung (s. Rassen S. 30).

Entscheidend für die Böcke sollte nicht allein die Rasse, sondern der erzielbare Kombinationseffekt sein z. B. hinsichtlich Fleischfülle. Denn es kann durchaus sein, daß ein als überdurchschnittlich geprüfter Merinolandschafbock in seinem Zuchtwert bezüglich des Schlachtkörperwertes besser ist (Reinzucht), als ein unterdurchschnittlich geprüfter, eventuell kleinrahmiger Fleischschafbock.

Aufgrund von Untersuchungen [18] ist zu beachten, daß Kreuzungstiere (Tab. 5) bei gleicher Mastintensität (z. B. Kraftfuttermast + Heu) eine überdurchschnittliche tägliche Gewichtszunahme und Futterverwertung aufweisen. Außerdem hat sich ergeben, daß Kreuzungslämmer andererseits in der Regel bei einem geringeren Gewicht (Tab. 6) bereits die Schlachtreife erreichen und darüber hinaus gemästet sehr stark verfetten können.

Eine **Dreirassenkreuzung** bietet sich an, sofern für eine Zweirassenkreuzung keine überdurchschnittlich fruchtbare Mutterbasis zur Verfügung steht oder zusätzlich ein wesentliches Merkmal wie z. B. eine möglichst ausgeprägte ganzjährige Paarungsbereitschaft fehlt. Dabei werden Muttertiere (z. B. Merinolandschafe) in einer ersten Stufe mit Böcken einer Rasse (z. B. Bergschaf) angepaart, die eine Erhöhung der Ablammhäufigkeit durch verkürzte Zwischenlammzeiten der Kreuzungsmütter (F_1-Generation) erwarten läßt. Vorliegende Forschungsergebnisse bestätigen dies, d. h. F_1-Tiere weisen eine jährliche Ablammfrequenz von 1,7 auf gegenüber 1,4 beim Merinolandschaf [16].

In der zweiten Stufe werden dann die F_1-Mutterschafe mit Fleischschafböcken gepaart, um im Vergleich zur Reinzucht oder Gebrauchskreuzung noch mehr vitale, frohwüchsige und vollfleischige Mastlämmer je Jahr zu erzielen.

Tabelle 5 Durchschnittswerte der Mastleistung von Zweirassenkreuzungen getrennt nach Bocklämmern (ml.) und Kilberlämmern (wbl.)

Rassenkombination[1])		SK × ML		BK × ML		ML × ML	
Merkmale	Geschlecht / Tierzahl	ml. 16	wbl. 16	ml. 14	wbl. 16	ml. 16	wbl. 16
Alter:							
Mastbeginn	Tage	56,8	60,1	65,2	58,4	61,9	60,4
Mastende	Tage	106,4	111,9	130,1	129,6	130,6	134,1
Gewicht:							
Mastbeginn	kg	21,4	21,2	23,0	20,3	21,9	21,8
Mastende	kg	40,0	39,5	44,6	40,5	46,3	41,5
tägliche Zunahme in der Mastperiode	g	381,3	349,7	336,8	290,0	356,5	274,0
StE-Verbrauch/kg Zuwachs	StE	2260	2650	2536	2433	2672	2731

[1]) SK = Schwarzkopf, BK = Blaukopf, ML = Merinolandschaf

Tabelle 6 Mittlere Schlachtwertergebnisse von Zweirassenkreuzungen getrennt nach Geschlecht

Rassenkombination[1])		SK × ML		BK × ML		ML × ML	
Merkmale	Geschlecht / Tierzahl	ml. 16	wbl. 16	ml. 14	wbl. 16	ml. 16	wbl. 16
Schlachthofgewicht	kg	37,0	36,7	41,7	38,3	43,2	38,7
Nüchterungsverlust	%	7,4	7,8	6,4	5,4	6,7	7,0
Schlachtkörpergewicht[2])	kg	18,6	19,1	22,2	20,7	22,2	20,4
Schlachtausbeute[3])	%	50,1	52,2	53,4	54,0	51,4	52,9
Anteil wertvoller Teilstücke[4])	%	66,6	65,8	67,1	65,2	67,1	65,0
Anteil Fleisch	%	63,7	61,4	64,6	60,9	63,7	60,8
Anteil Fett	%	15,0	19,0	15,0	20,9	15,6	20,6
Anteil Knochen	%	20,2	19,0	19,7	18,0	20,0	18,3

[1]) Siehe Tabelle 5 [2]) Kalt [3]) Mit Kopf [4]) Schulter, Kotelett, Lende und Keule

Abb. 43 Gewünschte Eigenschaften der Ausgangsrassen einer Zweirassenkreuzung und der Kreuzungsprodukte.

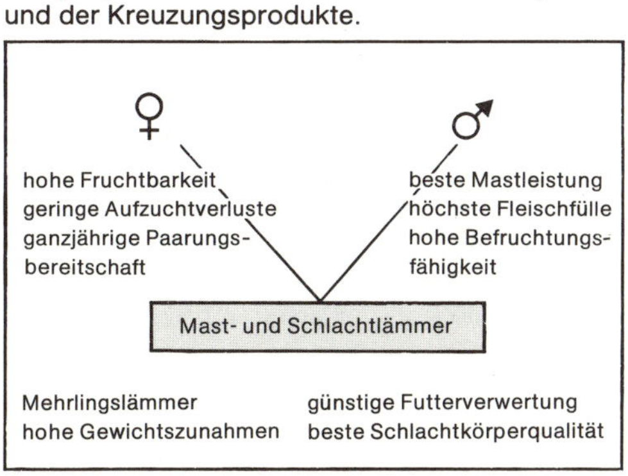

Abb. 44 Beispiel einer Zweirassenkreuzung: Lämmer der Paarung Merinolandschaf × schwarzköpfiger Fleischschafbock.

7 Praktischer Zuchtbetrieb

Im Verlaufe eines Zuchtjahres fallen eine Reihe von Maßnahmen an, die zum Erfolg einer Schafhaltung wesentlich beitragen können.

7.1 Kennzeichnung

Zuchtbetriebe *müssen* ihre Zuchtlämmer und -schafe dauerhaft kennzeichnen, aber auch für »Gebrauchsschafhalter« ist eine entsprechende Kennzeichnung seiner Tiere aus verschiedenen Gründen unerläßlich.

Arten der Kennzeichnung sind:

- **Fellzeichnung:** Aufdrucken von Nummern unter Verwendung von »Zahlenstempeln« (Abb. 45) und einer chemisch-auswaschbaren Farbe, z. B. »Siromark«. Diese vorübergehende Kennzeichnung ist jedoch nicht für langwollige Rassen geeignet. Vor allem in größeren Herden werden auf der linken Körperseite die Lämmer und deren Mutterschafe mit einer übereinstimmenden »Fellnummer« (z. B. Stall-Nr. d. Mutter) versehen, um beispielsweise bei Ernährungsmängeln der Lämmer sofort das Muttertier ermitteln zu können und zudem die mütterliche Abstammung zunächst festzuhalten. Die Lämmer werden außerdem in einigen Betrieben auf der rechten Körperseite noch zusätzlich ab Beginn der Lammzeit mit einer laufenden Nummer »gestempelt« (Abb. 46), wodurch zum einen die Zahl der seitdem geborenen Lämmer und zum anderen beim Absetzen sehr einfach Gruppen von etwa gleichaltrigen Tieren (z. B. Nr. 30–50) erfaßt werden können
- **Plastikmarken:** Sie werden in verschiedenen Ausführungen und Größen aus Weich- und Hartplastik angeboten. Zur Kennzeichnung der *Lämmer* in Kleinschafhaltungen anstelle der Fell-Nr. eignen sich als vorübergehende Kennzeichnung u. a. kleine Marken mit Zapfen und Gegenplättchen (Abb. 45 und 47), die in unterschiedlichen Farben mit vertieften, schwarzgefärbten Nummern versehen sind. Für *Schafe* haben sich offene Marken aus verhältnismäßig weichem Plastik unterschiedlicher Farbe vor allem bei pigmentiertem Ohr bewährt. Entscheidend für die «Haltbarkeit» ist jedoch, daß derartige Marken einen glatten Übergang zum Ohr (Befestungsstelle) aufweisen, wie z. B. die Marke »Ritchey« (Abb. 48), so daß ein Ausreißen an Zäunen, Sträuchern bisher nicht festgestellt werden konnte. Zahlen und Zeichen (z. B. Jahrgang 197*6*, Tier-Nr. *23*, *F*rühjahr) werden mit flüssiger Farbe aufgetragen und sind nach dem Antrocknen dauerhaft und weithin sichtbar. Das Einziehen in das Ohr erfolgt mit Hilfe einer »Ahle«
- **Metallmarken:** Sie haben unbegrenzt lange lesbare Zahlen und Zeichen. Solche Marken werden vorwiegend bei Fleischschafrassen mit teilweise oder voll pigmentiertem Ohr verwendet, obwohl es bei unsachgemäßer Markierung (z. B. bei ungenügendem Spielraum zum Ohrrand) bei noch wachsenden Ohren zu Entzündungen kommen kann. Zum Einziehen bedarf es einer Spezialzange (Abb. 49)
- **Tätowierung:** Das Eindrücken von Zahlen und Zeichen aus feinen Metallzähnen auf der Innenseite des Ohres (mittlere Ohrrippe) ist die sicherste Kennzeichnung auf Lebenszeit. Eine gute Lesbarkeit hängt aber davon ab, wie gewissenhaft die schwarze Spezialfarbe in die entstandenen »Stichwunden« eingerieben wird und ob es sich um Tiere mit weißen oder pigmentierten Ohren handelt. Bei künftigen Zuchttieren (Herdbuchzucht) wird im *linken* Ohr die sog. Abstammungs-Nr. (= Herdbuch-Nr. der Mutter) und darunter der Jahrgang (jeweils die letzte Ziffer des Geburtsjahres, z. B. 6 = 1986) sowie F oder H (= im **F**rühjahr oder **H**erbst geboren) und daneben der Geburtstyp (1, 2, 3) eintätowiert (Abb. 50). Im *rechten* Ohr findet man die Herdbuchnummer des Tieres selbst sowie das »Züchterzeichen« als Buchstabe und das Verbandszeichen (z. B. Edelweiß: Bayern). Das **Kerben** der Ohren nach einem sog. Kerbschlüssel wird nur noch selten zum Wiedererkennen des Einzeltieres verwendet, z. B. bei gemeinsamer Almbeweidung (= Besitzerzeichen).

Abb. 45 Zahlenstempel, Plastikohrmarken mit Zange und Zeichnungsfarbstift.

Abb. 46 Fixieren eines Lammes und Aufdrucken einer Fellnummer.

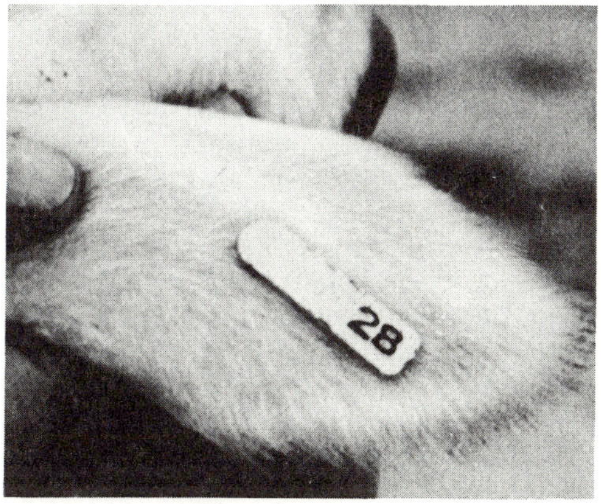

Abb. 47 Kennzeichnung mit Hartplastikmarken, die aber meist nur kürzere Zeit halten.

Abb. 48 Weithin sichtbare Markierung mit sehr haltbaren Weichplastikmarken.

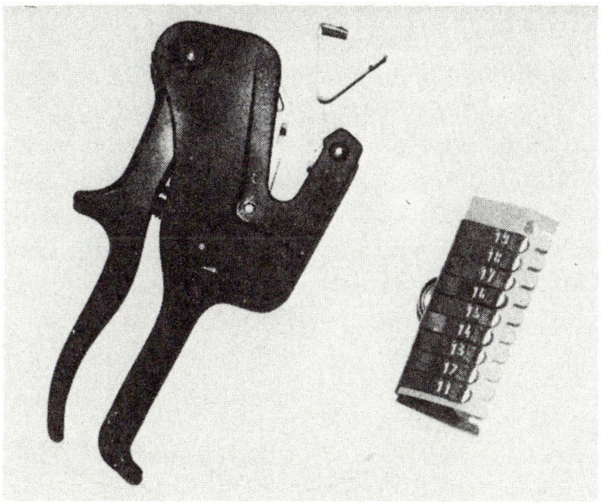

Abb. 49 Metallmarken benötigen zum Befestigen eine spezielle Zange.

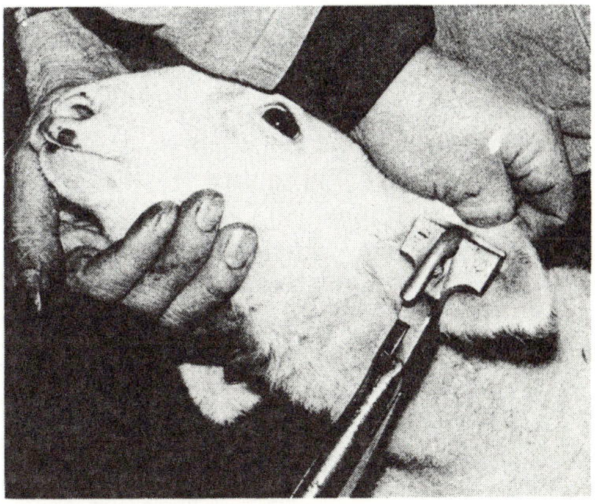

Abb. 50 Tätowieren eines Lammes mit seiner Abstammungsnummer.

7.2 Leistungsaufzeichnungen

Die regelmäßige Aufzeichnung von Zucht- und Leistungsdaten sowie besondere Vorkommnise in einem sog. Zucht- oder Stallbuch ist in einer **Herdbuchzucht** für jedes einzelne durch Tätowierung dauerhaft gekennzeichnete Zuchttier vorgeschrieben. Ähnliche Aufschreibungen sind aber auch für den interessierten Gebrauchsschafhalter eine wichtige Voraussetzung für eine langfristig richtige Tierauswahl (Seite 40) innerhalb seiner Herde, zum systematischen Aufbau und zur Erhaltung einer leistungsfähigen sowie einer wirtschaftlichen Schafhaltung.

In welcher Form ein Schafhalter die wichtigsten Daten aufzeichnen könnte, sei anhand eines Auszuges aus einem **Stallbuch** (Abb. 51), das für jedes Zuchtjahr geführt wird, kurz erläutert.

Die wichtigsten Angaben sind dabei:

- *Nummer des Mutterschafes:* Dies ist die vom Schafhalter z. B. mit aufsteigenden Zahlen festgelegte und nach Möglichkeit im rechten Ohr dauerhaft eintätowierte Nummer des »Zuchtschafes« (Stall- oder Herdbuch-Nr.)
- *Geburtsdatum:* Es sollte mindestens das Geburtsjahr enthalten
- *Mutter-Nr.:* Dies ist die Abstammungs-Nr. (z. B. 60/1)
- *Vater-Nr.:* Dies ist die im rechten Ohr des Bockes eintätowierte Herdbuch-Nr. (z. B. 639 S)
- *Datum der jeweiligen Lammung:* Es wird für jedes Muttertier während des Zuchtjahres getrennt festgehalten. Es sollten zweckmäßigerweise zwei Zeilen zur Verfügung stehen, da bei asaisonalen Rassen durchaus eine 2. Lammung möglich ist, d. h. in zwei Jahren evtl. 3 Lammungen
- *Geschlecht* und *Verwendung:* Für jedes Lamm sollten sie getrennt nach einem angegebenen »Zahlenschlüssel« (1. und 2. Spalte) festgehalten werden
- Das *Datum* (Monat, Jahr) des *Abganges* eines Zuchtschafes, aber auch die *Abgangsursache,* damit man rückwirkend eventuell züchterische Hinweise bekommt und diese bei der Auswahl der Nachzucht berücksichtigen kann
- *»Bemerkungen«:* Diese Spalte ist ebenfalls wichtig, weil hier besondere Vorkommnisse aufgezeichnet werden sollten, z. B. Eutererkrankung, Frühgeburt der Lämmer oder nach der Lammung festgestellte schlechte Muttereigenschaften (z. B. Nichtannehmen der Lämmer) bzw. auffallend gute Säugeleistung, Euterausbildung

Es empfiehlt sich, neben einem derartigen Stallbuch sich während des »Zuchtjahres« eine sog. **Zuchtkartei** anzulegen. Dabei werden für jedes Mutterschaf getrennt auf einer Karte am Ende oder Beginn eines neuen Zuchtjahres die Jahresdaten für jede Lammung jeweils nachgetragen, wie es als Beispiel in Abb. 52 dargestellt wird.

Es bleibt jedem Schafhalter selbst überlassen, welche Daten er sich auf einem »Eigenentwurf« einer derartigen Karte auswählt. Entscheidend ist, daß man damit sofort einen **Gesamtüberblick** über die bisherige **»Lebensleistung«** eines Mutterschafes bekommt. Wichtige Daten, die man für Zuchtentscheidungen benötigt, sind z. B. Mehrlingshäufigkeit, zeitlicher Abstand zwischen zwei Ablammungen (Zwischenlammzeit, ZLZ), Geburtsgewichte der Lämmer dieses Schafes, Säugeleistung aus dem Absetzalter und Gewicht bzw. der Gewichtszunahme der Lämmer während der Aufzuchtperiode. Darüber hinaus ist interessant, wie viele weibliche Tiere von einem Mutterschaf als Nachzucht in welchem Jahr aufgestellt wurden oder wieviel Lämmer mit welchem Gewicht bisher verkauft werden konnten.

Zuchtjahr: 1982

Schurgewichtsfeststellung am: 1. 5. 1982

Geschlecht u. Verwendung der Lämmer

1. Spalte
1 – männlich
2 – weiblich

2. Spalte
1 – zur Zucht
2 – zur Mast
3 – Verendet
4 – Frühgeburt
5 – Totgeburt

Abgangsursachen:
1 – zur Zucht
2 – Alter
3 – Krankheit
4 – geringe Leistung
5 – verlammt
6 – gelt
8 – verendet

Mutterschaf	Schurgewicht kg	EDV-Vermerke	Gelammt Tag	Monat	Jahr	Deck-Datum und Bock-Herdbuchnummer	Lämmer Geschlecht und Verwendung 1. L		2. L		3. L		4. L		Abgang des Mutterschafes Monat	Jahr	Ursache	Bemerkungen
HB-Nr. 308 M geb. 1.6.76	5,1		8.	4.	82	6.11.81 A573	2	1	–	–	–	–	–	–				
Vater 574 W Mutter 63 M			14.	12.	82	10.7.82 768W	1	2	3	2	–	–	–	–				
HB-Nr. 309 M geb. 15.9.77	4,8		18.	7.	82	19.2.82 G319	1	2	1	2	–	–	–	–	9	82	3	Euterkrank
Vater A 315 Mutter 137 M																		
HB-Nr. 310 M geb. 1.4.78	4,5		7.	3.	82	9.11.81 A573	2	1	2	1	–	–	–	–				
Vater 574 W Mutter 91 M			10.	11.	82	11.6.82 768W	1	2	–	–	–	–	–	–				nicht tätowiert
HB-Nr. 311 M geb. 20.1.78	4,3		4.	7.	82	12.2.82 G319	2	4	2	4	–	–	–	–				Frühgeburt
Vater 574 W Mutter 57 M																		
HB-Nr. geb.																		
Vater Mutter																		
HB-Nr. geb.																		
Vater Mutter																		
HB-Nr. geb.																		
Vater Mutter																		

Abb. 51 Auszug aus dem Stallbuch eines Herdbuchbetriebes (Beispiel).

Tier - Nr. : 276 geboren am : 2.10.74 Vater - Nr.: U 419 Mutter - Nr.: 2

Rasse: Merinoland Abgang am:

Lammung Nr.	gedeckt von Bock-Nr.	gelammt am	Geschlecht der Lämmer	Lamm-Nr.	Geburtsgewicht kg	Absetz - alter Tage	Absetz - gewicht kg	Verwendung (Zucht, Mast)	Mastendgewicht kg	Bemerkungen bzw. besondere Vorkommnisse
1.	Gr 445	23.3.76	ml.	57	5,8	45	19,8	Mast	45,5	z. Schl. verkauft am 26.7.76
2.	Gr 445	ZLZ: 251 29.11.76	wbl.	193	5,0	50	19,5	Zucht		Tier-Nr. 451/6
			wbl.	194	4,7	50	18,7	Mast	40,5	Fessel schwach verk. 2.5.77
3.	R 603	ZLZ: 193 11.6.77	ml.	87	5,5	42	20,6	Mast	47,0	z. Schl. verkauft am 28.10.77
4.	P 587	ZLZ: 217 14.1.78	ml.	19	5,2	48	20,9	Mast	46,5	z. Schl. verkauft am 22.5.78
			ml.	20	4,5	48	19,4	Mast	45,0	
5.										

Abb. 52 Auszug aus einer Zuchtkartei (Beispiel).

7.3 Altersbestimmung

Die Möglichkeit einer Altersbestimmung kann u. a. beim Zukauf von Tieren wichtig sein. Sofern das Alter nicht auf Grund von Aufzeichnungen, d. h. Geburtsdatum im Zucht- oder Stallbuch bekannt ist, kann man dieses in erster Linie aus dem Wechsel der Schneidezähne bis zu einem Alter von 4 Jahren verhältnismäßig sicher ermitteln. Danach ist nur noch eine gewisse Schätzung nach dem Abnutzungsgrad der Kaufläche und der Form möglich; denn mit zunehmendem Alter werden die Schneidezähne länger, schmäler und spitzer, bis sie schließlich ganz ausfallen.

Wie alle Wiederkäuer besitzt auch das Schaf nur im Unterkiefer 8 **Schneidezähne** und im Oberkiefer anstelle von Schneidezähnen eine derbe Hornplatte, die sog. *Kauplatte.* Die **Schneidezähne** bezeichnet man in der Reihenfolge von innen nach außen als Zangen, innere und äußere Mittelzähne sowie Eckzähne.

Außerdem hat das Schaf insgesamt 24 **Backenzähne,** d. h. 4 × 6, die jedoch beim lebenden Tier nicht für die Altersbestimmung herangezogen werden können.

Das sog. **Milchgebiß** (Abb. 53 a) ist mit 8–10 Monaten vollständig, jedoch sind die Schneidezähne noch verhältnismäßig klein und schmal.

Das Ausfallen der Milchzähne und deren Ersatz durch bleibende, breitere Zähne bezeichnet man als **Zahnwechsel,** der in bestimmten Altersabschnitten erfolgt und in der Regel mit etwa 4 Jahren abgeschlossen ist (Abb. 54 und 55). Der Zahnwechsel kann jedoch je nach Geschlecht und Fütterungsintensität zeitlich etwas verschoben sein, z. B. etwas früher bei Böcken und guter Fütterung.

Der Zahnwechsel erfolgt von innen nach außen:

- Die Zangen im Alter von 1–1,5 Jahren (Abb. 53 b)
- Die inneren Mittelzähne mit 2–2,5 Jahren (Abb. 53 c)
- Die äußeren Mittelzähne mit 2,5–3 Jahren (Abb. 53 d, Abb. 54 links)
- Die Eckzähne mit 3,5–4 Jahren (Abb. 53 e)

Ganz allgemein kann man deshalb davon ausgehen, daß ein Schaf etwa halb so alt ist, wie es bleibende breite Schneidezähne aufweist.

Anhand von zwei **Beispielen** soll gezeigt werden, wie sich die Schneidezähne mit zunehmendem Alter in Form und Länge verändern (Abb. 55). Mit einem Alter von etwa 6 Jahren werden zunächst die Zangen und inneren Mittelzähne länger und schmäler. Außerdem zeigen sich bereits deutlicher die V-förmigen Lücken zwischen diesen Schneidezähnen (Abb. 55 links). Das Tier ist nachweislich 5 Jahre und 11 Monate alt.

Bei Schafen mit einem Alter von 8–10 Jahren sind nicht nur die Zangen, sondern auch die äußeren Mittelzähne bereits sehr viel schmäler und länger, die Lücken werden größer, und die Zahnkanten zeigen bereits eine wellenartige Abnützung. Zudem kann es auf Grund der erheblichen Zunahme der Zahnlänge und Stellung zu einer Art **Überbeißen** kommen (Abb. 55 rechts, Alter 8 Jahre und 11 Monate). Das bedeutet, daß die Schneidezähne die Hornplatte nicht mehr korrekt berühren, sondern mehr oder minder stark darüber hinausgreifen.

Damit ist es bei etwas Erfahrung auch möglich, Schafe nach dem abgeschlossenen Zahnwechsel zumindest mit einer noch befriedigenden Genauigkeit hinsichtlich ihres Alters zu schätzen.

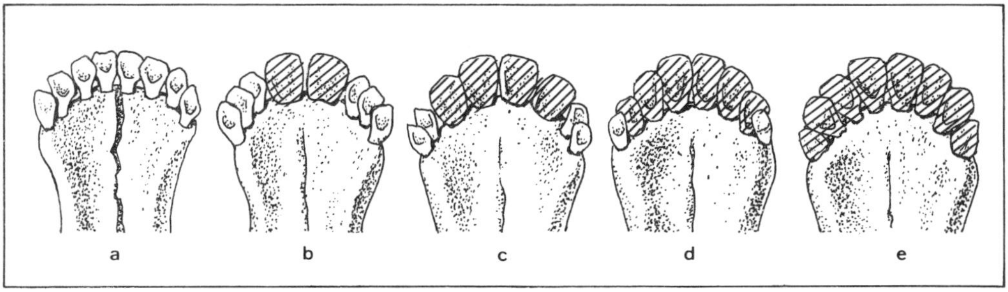

Abb. 53 Schneidezahnbilder (schematisch; schraffiert: bleibende Zähne), s. Text [23].

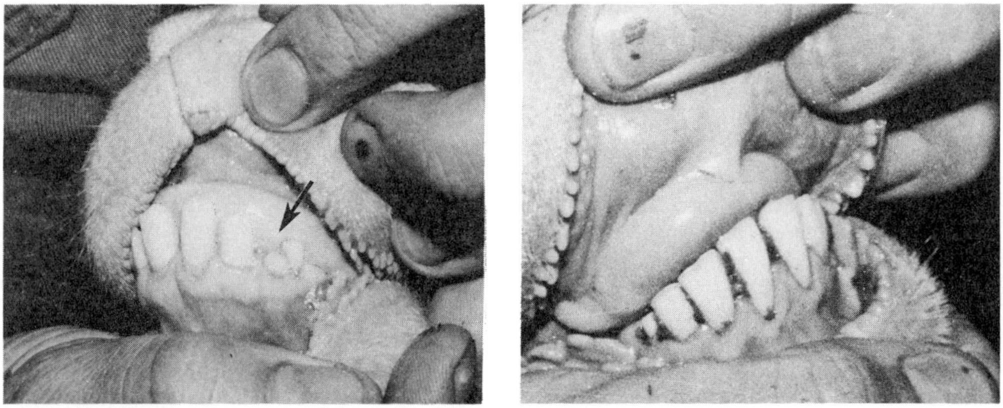

Abb. 54 Zahnbild noch jüngerer Tiere (links: 2,5 Jahre, rechts: 3 Jahre alt).

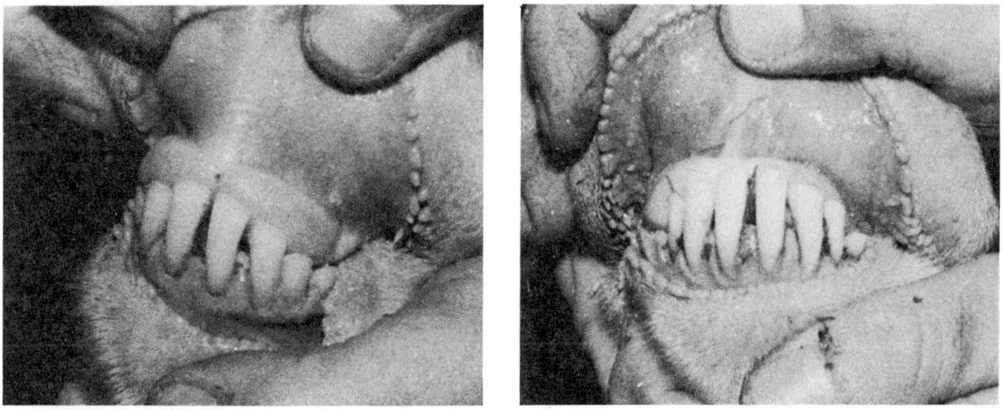

Abb. 55 Zahnbild älterer Tiere (links: 6 Jahre, rechts: 9 Jahre alt).

7.4 Grundlagen der Fortpflanzung

7.4.1 Zuchtverwendung

Während bei weiblichen Schafen die **Geschlechtsreife,** d. h. die Bildung reifer Geschlechtszellen sowie erste Brunsterscheinungen und Geschlechtstrieb, in der Regel bereits in einem Alter von 5–7 Monaten eintritt, ist für die erste Zuchtverwendung die sog. **Zuchtreife** entscheidend.

Das Erreichen der züchterisch sinnvollen und biologisch erforderlichen Zuchtreife wird im wesentlichen bestimmt durch die Rasse, das Geschlecht, das Alter und den Entwicklungszustand, d. h. dem Gewicht in Zucht- und nicht in Mastkondition.

Hinsichtlich der Zuchtreife lassen sich **Rassenunterschiede** feststellen:

- *Frühreife Rassen* mit saisonalem Brunstverhalten, die bereits im Alter von 7–9 Monaten zuchtreif sind und mit 12–14 Monaten erstmals ablammen. Beispiele: Das weiß- und blauköpfige Fleischschaf, das Texel- und Milchschaf
- *Mittel- bis spätreife Rassen* mit langer Zuchtsaison bzw. asaisonalem Brunstverhalten, die in der Regel erstmals im Alter von 15 – 18 Monaten ablammen. Beispiele: Das Merinoland- und Merinofleischschaf, das schwarzköpfige Fleischschaf, das Rhön- und Bergschaf sowie andere Landschafrassen

Böcke erreichen in Abhängigkeit von Rasse und Jugendentwicklung mit 6–12 Monaten die Zuchtreife.

Weibliche Tiere sollten zum Zeitpunkt der ersten Anpaarung möglichst 70–80% des Gewichtes eines ausgewachsenen Schafes der jeweiligen Rasse erreicht haben, jedoch mindestens 50–55 kg. Die Erfahrungen zeigen immer wieder, daß zu junge und gering entwickelte Tiere später verhältnismäßig klein bleiben. Denn mit dem Trächtigwerden – d. h. mit dem Einsetzen der Wirkung des Gelbkörperhormons – tritt auch beim Schaf eine wachtsumshemmende Wirkung ein. Zudem kommt es bei noch nicht ausgewachsenen, erstmals lammenden Tieren im letzten Trächtigkeitsabschnitt zu einer übermäßigen »Nährstoffkonkurrenz« zwischen Mutter und dem oder gar den Föten, so daß die Geburtsgewichte der Lämmer verhältnismäßig gering sind und höhere Verluste auftreten können.

7.4.2 Brunst

Eine Brunst (Östrus) dauert beim Schaf in der Regel etwa 24 – 36 Stunden und ist während der rassenspezifischen **Brunstsaison,** vielfach Zuchtsaison genannt, zu beobachten. Sie tritt in dem Zeitraum einer Paarungsbereitschaft periodisch in Abständen (Brunstzyklus) von etwa 17 Tagen mit Schwankungen von 14–20 Tagen auf, wenn ein Tier nicht belegt wird oder nicht befruchtet wurde bzw. »umbockt«.

Unter **saisonalem Brunstverhalten** versteht man eine zeitlich begrenzte Paarungsbereitschaft, in der Regel in den Monaten September bis Dezember. Bei saisonal brünstigen Schafen wird die Brunst durch die Abnahme der Tageslichtlänge, d. h. im Herbst ausgelöst.

Asaisonales Brunstverhalten ist eine während des Jahresablaufes unterschiedlich stark ausgeprägte Paarungsbereitschaft bzw. eine lange Zuchtsaison (September bis April). Bei asaisonal veranlagten Schafen nehmen die Brunstintensität in den Herbstmonaten, die die natürlichste Paarungszeit darstellen, die Befruchtungsergebnisse und damit die nachfolgenden Ablammergebnissse zu. In der Regel liegen sie um 10–20% höher als in den übrigen Jahreszeiten.

Anzeichen der Brunst sind u. a. Rötung und Schwellung der Scham, Ausfluß von sog. Brunstschleim in Verbindung von Duftabsonderung, Annäherung an einen vorhandenen Bock, Duldung des Berührens und schließlich des Bespringens durch den treibenden Bock.

Geschlechtsaktive Böcke suchen intensiv durch Anheben der Oberlippe (Flehmen, Abb. 56) nach brünstigen Schafen, die den typischen Brunstgeruch absondern. Sodann erfolgt eine direkte »Geruchskontrolle« meist beim Absetzen von Harn (Abb. 57).

Abb. 56 Flehmender Bock.

Abb. 57 Der Bock führt eine »Geruchskontrolle« des Harns durch, um brünstige Schafe sicher zu erkennen.

7.4.3 Paarungsverfahren

Zuchtbetriebe (Herdbuchzucht) führen zwecks einer gesicherten Abstammung – väterlicherseits – und insbesondere für »gezielte Paarungen« (z. B. zur züchterischen Korrektur des ganzen Bestandes) den sog. **Klassensprung** durch. Dabei werden je Bock jeweils nach bestimmten Merkmalen (z. B. Wolle) oder auch abstammungsmäßig zur Vermeidung von Inzucht ausgewählte Gruppen von z. B. 20–30 Mutterschafen zugeteilt. Der früher verwendete »Sprung aus der Hand« nach Ermittlung brünstiger Schafe durch einen Suchbock (mit Schürze) ist heute zu arbeitsaufwendig.
Demgegenüber ist in größeren Gebrauchsschafherden der sog. **wilde Sprung** die Regel, d. h. der gleichzeitige Einsatz mehrerer Böcke in der gesamten Herde. Dabei ist die Abstammung der Nachkommen nicht mehr sicher nachzuweisen. Falls z. B. bei wertvollen Zuchttieren die Abstammung geklärt werden muß, kann dies auch beim Schaf mittels Blutgruppenbestimmung erfolgen.
Das **Bock:Schaf-Verhältnis** richtet sich nach der Herdengröße. Im Gegensatz zu Kleinschafhaltungen empfiehlt es sich bei größeren Herden (50–100 Tiere), ein zweites Vatertier zu halten oder zur Verfügung zu haben. Denn gerade bei einer erwünschten relativ eng zusammenliegenden Lammzeit oder Deckzeit ist kaum zu erwarten, daß ein Bock allein alle im Laufe eines Tages brünstig werdenden Schafe trotz des Nachweises der biologischen Möglichkeit entsprechend befruchtet.
Ein größeres Bock:Schaf-Verhältnis als 1:40 bis 50 für einen ausgewachsenen und 1:25 für einen jungen Bock führt nachweislich zu einer verringerten Befruchtungsrate und Zwillingshäufigkeit unter sonst gleichen Umweltbedingungen.
Ein **Bockwechsel** empfiehlt sich in größeren Koppelschafhaltungen, die keine Herdbuchzucht betreiben. Während der Deckperiode sollten in etwa 2tägigen Abständen beispielsweise 2 vorhandene Vatertiere gegeneinander ausgewechselt werden. Es sind also Ruhepausen mit entsprechender »Aufbaufütterung« einzuschieben.
Auf keinen Fall sollte man zwei Böcke gleichzeitig zu einer Herde geben, weil sie sich in Konkurrenz um brünstige Schafe »streiten« und der »ranghöhere«, d. h. meist der ältere Bock, die Tiere belegt. In kleineren Schafhaltungen oder beim »Klassensprung« mit nur einem Bock hat es sich bewährt, diesen möglichst täglich wenigstens einige Stunden aus der Herde zu nehmen, um ihm eine Ruhe- bzw. Erholungspause (mit Haferbeifütterung) zu geben (s. Seite 124).

7.4.4 Deckakt und Paarungskontrolle

Sobald ein geschlechtsaktiver Bock ein brünstiges Schaf gefunden hat, beginnt er dieses über einen längeren Zeitraum zu treiben, bis es »stehen« bleibt (Abb. 58) und dem seitlichen Drücken und Anschlagen mit den Vorderfüßen durch den Bock nicht mehr ausweicht (Abb. 59). Nach diesem Vorspiel setzt der Bock mehrmals zum Aufsprung an (Abb. 60). Der **Deckakt** selbst ist sehr kurz, d. h. der Bock führt nach einer kurzen Suchbewegung den Penis in die Scheide ein und ejakuliert mit einem einzigen Stoß.
Je enger das Bock:Schaf-Verhältnis einer Herde jeweils ist, um so eher besteht die Wahrscheinlichkeit, daß ein Schaf innerhalb der Brunst zumindest ein zweites Mal belegt wird. Dies wirkt sich günstig auf das Befruchtungs- bzw. Ablammergebnis aus, denn der Eisprung erfolgt in der Regel erst in der Mitte der Brunst.
Zur **Paarungskontrolle** wird dem Bock entweder ein sog. »Bockgeschirr« (ein Farbblock mit Riemen) unter der Brust festgeschnallt (Abb. 61), oder die Brust regelmäßig mit einem Viehfarbstift eingefärbt.
Diese Kennzeichnung des besprungenen Schafes gibt aber nur bei Weidehaltung (nicht im Stall!) eine relativ sichere Gewähr. Man kann jedenfalls mit dieser Methode, wenn die Farbe in gewissen Zeitabständen gewechselt wird, insbesondere die umbokkenden Schafe ermitteln.
Sofern es sich bei ihnen nicht nur um Einzeltiere handelt, ist u. a. daran zu denken, daß der Bock (z. B. nach einer Nebenhodenentzündung) nicht befruchtet.

Abb. 58 Durch seitliches Andrücken prüft der Bock, ob das Schaf bereits stehen bleibt.

Abb. 59 Stellung kurz vor dem Aufsprung des Bockes.

Abb. 60 (rechts) Aufsprung des Bockes.

Abb. 61 Ein Bock mit aufgeschnalltem »Bockgeschirr«, um damit besprungene Schafe zu kennzeichnen.

7.5 Trächtigkeit

Nach erfolgter Paarung gelangen die Spermien in den Eileiter und befruchten dort die Eier, die nach etwa 2–4 Tagen im 16-Zell-Stadium in die Gebärmutter gelangen. Nach 17–18 Tagen kommt es zur Einpflanzung des oder der Embryonen in der Gebärmutter (Uterus), die fötale Entwicklung beginnt [29].

Die **Trächtigkeitsdauer** beträgt im Durchschnitt 150 ± 5 Tage. Im allgemeinen ist die Tragezeit bei frühreifen Rassen kürzer als bei spätreifen [36]. Ältere Mutterschafe tragen meist länger als junge, Zwillinge werden etwa 1–2 Tage früher als Einzellämmer geboren. Rassenunterschiede in der Trächtigkeitsdauer hängen von erblichen Faktoren ab [29].

Die Entwicklung der ungeborenen Lämmer (Föten) verläuft in den ersten 3 Monaten verhältnismäßig langsam. Sie nimmt erst in den letzten 4–6 Trächtigkeitswochen sehr stark zu (Abb. 62), so daß durch die zunehmende Einengung des Verdauungsraumes das Aufnahmevermögen für voluminöses Wirtschaftsfutter verringert wird. Deshalb muß der in den letzten Wochen erhöhte Nährstoffbedarf über eine entsprechende Kraftfuttergabe ergänzt werden (s. Seite 126).

Mit dem Wachstum der Embryos gleitet die Gebärmutter zunehmend auf die rechte Seite der Bauchhöhle zwischen Bauchwand und Magen, so daß ab der zweiten Trächtigkeitshälfte das Bauchvolumen zunimmt [51].

In den letzten Trächtigkeitswochen sollte gewissenhaft darauf geachtet werden, daß nicht Verlammen oder vorzeitiges Lammen durch mechanische Einwirkungen ausgelöst wird. Dies können z. B. hartes Umsetzen, starkes Drängen oder Stöße beim Ein- und Austreiben, aber auch Springen z. B. über Gräben oder vom hohen Miststapel auf Gänge sein. Derartiges kann vermieden werden durch ausreichende Freßplatzbreite und genügend breite Austrittsöffnungen (mind. 100 cm) zu einem befestigten Auslauf während der Stallhaltung.

Wenn hochträchtigen Schafen andererseits ausreichend Bewegungsmöglichkeit geboten wird, wird der Geburtsablauf günstig beeinflußt und dem Auftreten von Fehllagen der ungeborenen Lämmer etwas vorgebeugt.

Als **Vorbereitung zur Lammung** sollten rechtzeitig eine Reihe von **Hygienemaßnahmen** durchgeführt werden.

- Behandlung gegen Innenparasiten (Seite 166)
- Klauenpflege (Seite 66), damit die Tiere als Folge des zunehmenden Gewichtes gegen Ende der Trächtigkeit keinem zusätzlichen Streß durch unnatürliche Belastung der Fesselgelenke ausgesetzt sind
- Schwanzschur (Seite 70) bei starker Verschmutzung, um einer möglichen Infektionsquelle vorzubeugen
- Gründliche Reinigung und Desinfektion der Hürden, insbesondere der Ablammboxen
- Bereitstellen von einwandfreier, d. h. nicht verschimmelter Einstreu

Zudem sollte die »Stallapotheke« überprüft werden, damit die zur Lammung notwendigen Geräte, Medikamente sowie Desinfektionslösungen, Jod und Seife etc. erneuert bzw. ergänzt griffbereit vorliegen.

Anzeichen der Geburt sind:

- Einfallen der Flanken
- Unruhe und Absonderung (zum »Nestbau«) von den übrigen Tieren, abnehmende Freßlust
- »Einschießen« der Milch, d. h. Anschwellen des Euters und der Zitzen (Abb. 63) meist einige Stunden vor der Geburt
- Schwellung und Rötung der Scham sowie Ausfluß von zähflüssigem Schleim (Abb. 64)

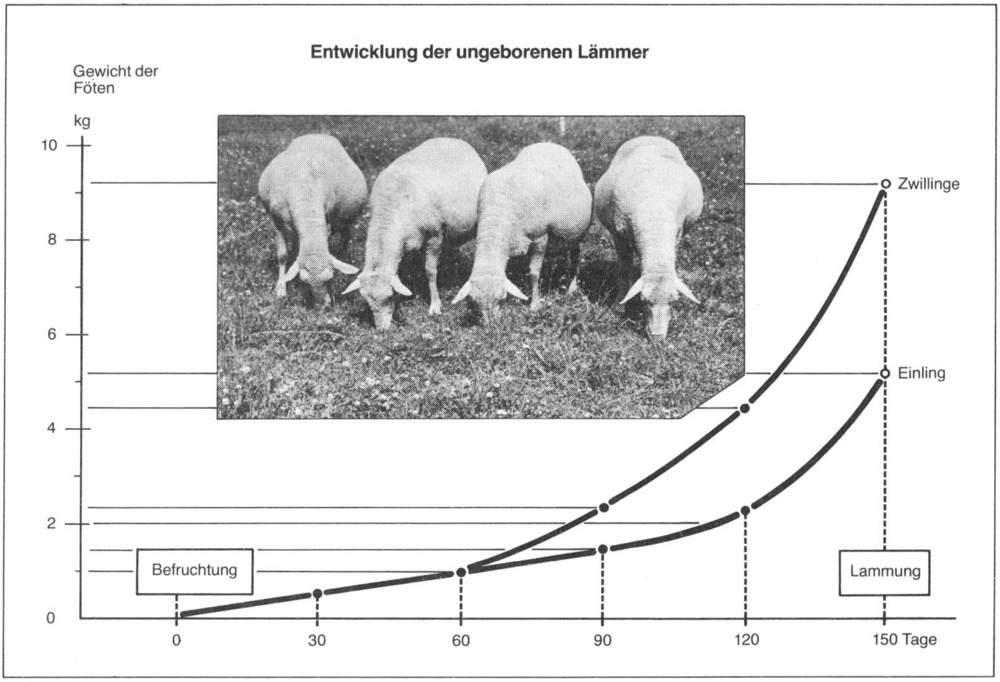

Abb. 62 Die größte Gewichtsentwicklung der Föten erfolgt in den letzten Wochen der Trächtigkeit.

Abb. 63 Das Absondern von der Herde und das Anschwellen des Euters sind wichtige Anzeichen für eine bevorstehende Lammung.

Abb. 64 Das Austreten von Geburtsschleim zeigt den Beginn der Vorwehen an, so daß sich eine getrennte Unterbringung empfiehlt.

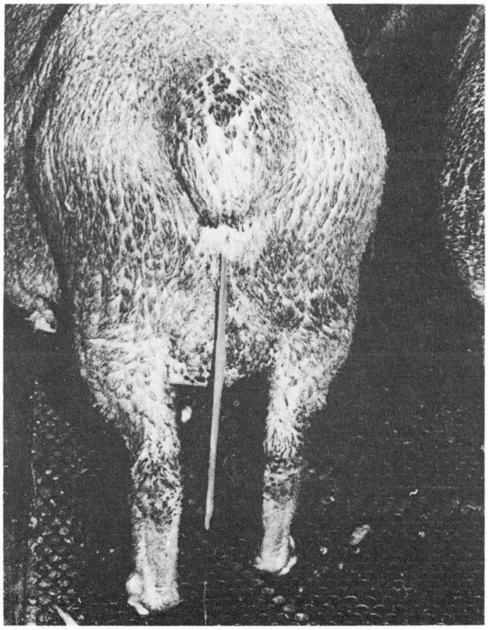

7.6 Lammung

Während der Stallhaltungsperiode sollten Mutterschafe unmittelbar vor der Lammung rechtzeitig von der Herde getrennt und in einer sog. **Ablammboxe** (ca. 1 × 2 m) untergebracht werden. Dies ist vor allem bei zwillingsträchtigen und erstmals lammenden Schafen zu beachten, damit die Lämmer nach der Geburt mit größerer Sicherheit vom Muttertier angenommen werden. Eine Beleuchtung bzw. ein »Notlicht« über den Ablammboxen hat sich bewährt. Dadurch wird auch eine regelmäßige Beobachtung erleichtert; denn auch bei ein und demselben Schaf verläuft nicht jede Lammung gleich unkompliziert.

Sobald aus der Scheide Schleim austritt und das Schaf zunehmend unruhig wird, sich absondert, hinlegt und wieder erhebt, spricht man vom Beginn der Vorwehen.

7.6.1 Geburtsablauf

Der Geburtsablauf läßt sich in drei Abschnitte unterteilen, die im Normalfall ineinander übergehen, und zwar in eine Eröffnungs-, Austreibungs- und Nachgeburtsphase.

Die **Eröffnungsphase,** die 2–5 Stunden dauern kann, ist gekennzeichnet von Unruheerscheinungen, d. h. wechselweisem Niederlegen und Aufstehen, Absetzen von Kot und Harn. Schließlich werden durch die ersten Wehen nacheinander die mit Fruchtwasser gefüllten Blasen, in der Regel zuerst die Wasserblase zur Erweiterung des Geburtsweges und danach die sog. Schleim- oder Fußblase (Allantois- und Amnionblase) ausgepreßt (Abb. 65).

Mit zunehmendem Wehendruck platzen diese nacheinander, und durch das schubweise Abfließen des Fruchtwassers wird der Geburtsweg feucht und schlüpfrig gemacht. Nach dem Platzen der 2. Fruchtblase (Abb. 66) ist die Eröffnungsphase abgeschlossen.

Es schließt sich unmittelbar die sog. **Austreibungsphase** an, d. h. neben den Wehen kommt es unterstützend zum Zusammenziehen der Bauchmuskeln (Bauchpresse). Dadurch dreht und streckt sich das Lamm und paßt sich dem engen Geburtsweg an. Bei normaler Lage des Lammes (Vorderendlage) erscheinen zuerst die Klauen der Vorderbeine (Abb. 67) und anschließend der auf den Vorderbeinen aufliegende Kopf (Abb. 68). Unter starkem rhythmischen Zusammenziehen (Kontraktionen) der Gebärmutter – unterstützt durch sie sog. Bauchpresse – wird das Lamm geboren (Abb. 69). Das während der Austreibungsphase meist liegende Mutterschaf (Abb. 68) steht in der Regel unmittelbar vor oder nach dem endgültigen Austritt des Lammes auf. Dadurch reißt der Nabelstrang und die Verbindung mit dem mütterlichen Organismus wird getrennt.

Schafe mit entsprechenden Muttereigenschaften belecken unmittelbar nach der Geburt das Lamm. Dabei versuchen sie anscheinend instinktiv, zuerst den Kopf und insbesondere die Nasenpartie von Fruchthautresten zu befreien (Abb. 70), um das Einsetzen der Atmung positiv zu unterstützen oder überhaupt zu ermöglichen. Dieses Belecken des Lammes ist grundlegend für die künftige »Mutter-Kind-Bindung«. Damit meint man das Annehmen des Lammes auf Grund des mutterspezifischen Geruches, den das Muttertier bei jedem nachfolgenden Säugen durch Zurückbeugen des Kopfes am Lamm riechend überprüft (z. B. Abb. 67).

Die **Dauer der Geburt,** d. h. der Austreibungsphase, wird u. a. durch die Zahl der Lämmer beeinflußt und beträgt bei normalem, ungestörtem Verlauf 20–60 Minuten, wobei der Abstand zwischen Mehrlingslämmern jeweils 20–30 Minuten dauern kann.

Im Anschluß an die Austreibungsphase setzen in der **Nachgeburtsphase** sog. Nachwehen ein, wodurch sich in der Regel innerhalb von 1–3 Stunden die Eihäute in der Gebärmutter lösen und abgehen.

Auch Mutterschafe neigen dazu, die »Nachgeburt« aufzufressen, was nach einer Normalgeburt durchaus geduldet werden kann. Beim Verdacht auf Frühgeburt bzw. Verlammen (s. Seite 156) sollte die »verworfene« Frucht möglichst mit der Nachgeburt sichergestellt und umgehend an die jeweils zuständige Untersuchungsstelle (s. Seite 20) eingeschickt werden.

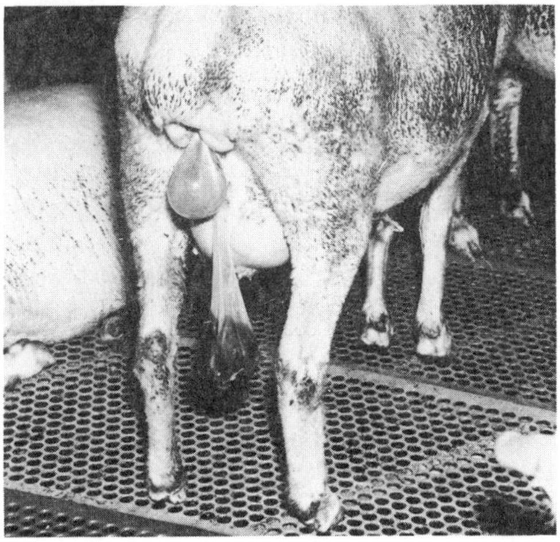

Abb. 65 Die beiden Fruchtblasen sind deutlich zu sehen.

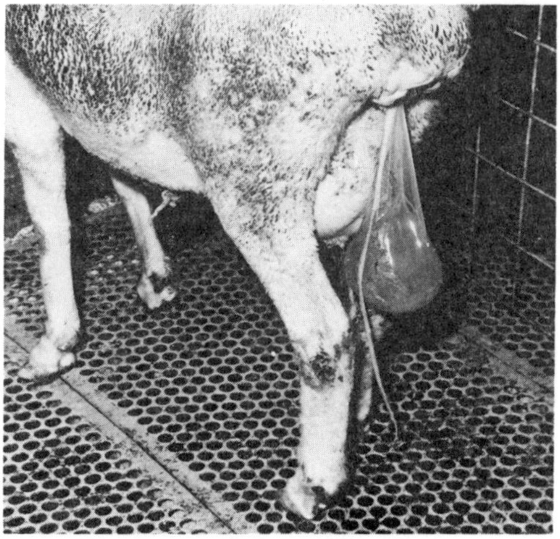

Abb. 66 Die 2. Fruchtblase (Amnionblase) ist kurz vor dem Platzen.

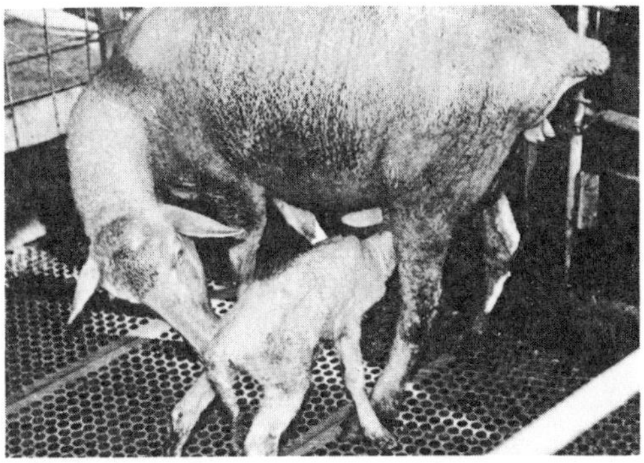

Abb. 67 Während das 1. Lamm bereits versucht, Biestmilch aufzunehmen, setzt die Austreibungsphase des 2. Lammes ein.

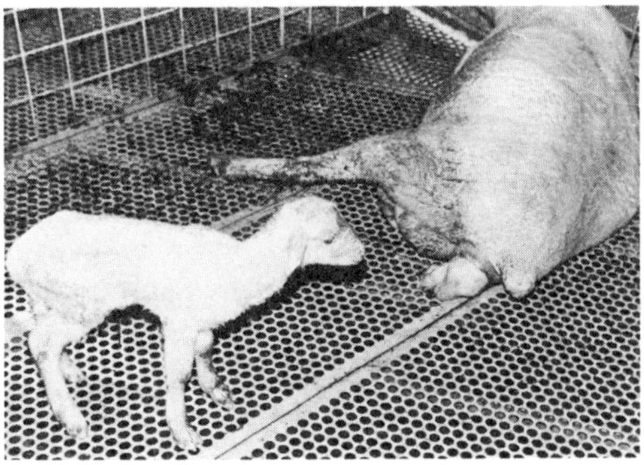

Abb. 68 Auch das 2. Lamm kommt in der sog. Vorderendlage: Der Kopf liegt flach auf den gestreckten Vorderbeinen.

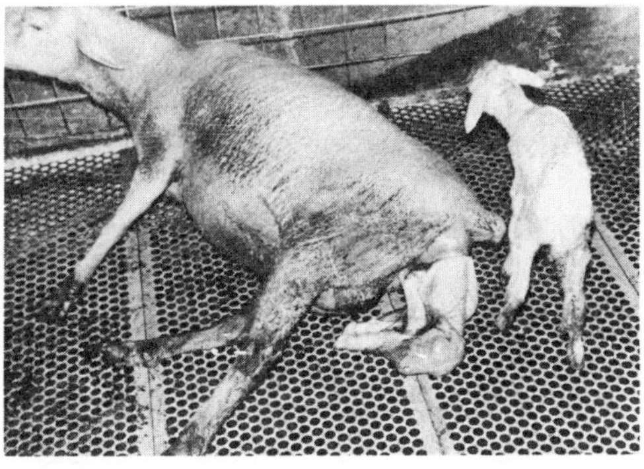

Abb. 69 Geburts- oder Austreibungsphase kurz vor dem Abschluß; die Nabelschnur ist noch nicht gerissen.

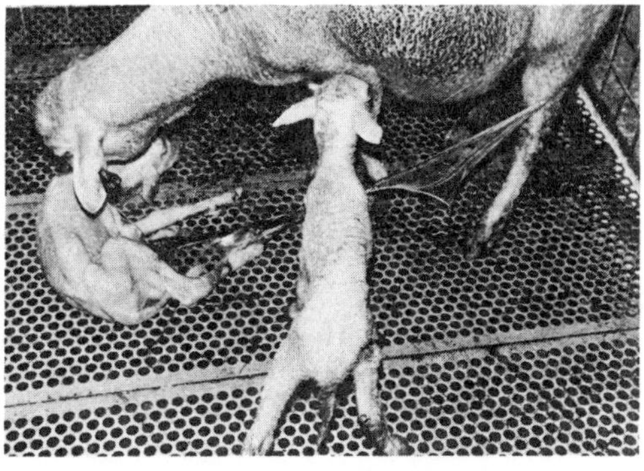

Abb. 70 Sofort nach der Geburt wird auch das 2. Lamm beleckt; dabei setzt die Mutter-Kind-Bindung ein.

7.6.2 Geburtshilfe

Geduld und genaue Kenntnisse über den normalen Geburtsablauf sind u. a. erforderlich, um bei einer Geburt nicht zu früh einzugreifen und dadurch mehr zu schaden als zu nützen. So kann beispielsweise durch ein vorzeitiges Öffnen der Fruchtblase der normale Geburtsverlauf erheblich gestört werden.

In der Regel lammen Schafe ohne menschliches Eingreifen, wobei die Lämmer zu über 90 % der Fälle in der sog. **Vorderendlage** oder Kopflage (Abb. 71) geboren werden. Nur verhältnismäßig selten liegt die sog. **Hinterendlage** (Steißlage) vor, bei der die Fußsohlen der zunächst sichtbaren Hinterfüße des Lammes nach oben in Richtung des Schwanzes des Mutterschafes zeigen.

Störungen und Schwierigkeiten im Geburtsablauf können aber immer wieder auftreten und zum einen vom Mutterschaf selbst und zum anderen vom Lamm verursacht sein. Störungen **durch Mutterschafe** können z. B. sein:

- Zu schwache Wehentätigkeit
- Zu früher Blasensprung
- Ungenügende Eröffnung des Muttermundes
- Zu enges oder rachitisches Becken

Geburtsschwierigkeiten, die **durch Lämmer** verursacht werden können, sind u. a.:

- *Abnorme Größe* bedingt durch Gewicht und Breite, nicht so sehr durch die Körperlänge
- Vorzeitig *abgestorbene Früchte* und *Mißbildungen*
- *Anormale Stellung, Lage* oder *Haltung* der ungeborenen Lämmer und deren Gliedmaßen

Häufige anormale Stellungen sind z. B. die Verlagerung des Kopfes zur Seite, nach rückwärts; oder der Kopf liegt unterhalb der Vorderfüße und nicht auf diesen. Eine weitere Ursache für Geburtsschwierigkeiten besteht oft darin, daß z. B. ein oder beide Vorder- bzw. Hinterfüße nicht gestreckt in den Geburtsweg eingetreten sind, weil sie in verschiedenen Gelenken abgebeugt sein können (Abb. 72). Beobachtungen [37] ergaben u. a., daß ca. 69 % von Schwergeburten auf abnorme Haltungen der Vordergliedmaßen, ca. 8 % auf fehlerhafte Haltungen des Kopfes und Halses entfielen. Bei Mehrlingsgeburten können sich möglicherweise die Lämmer gegenseitig am richtigen Eintreten in den Geburtsweg behindern (Abb. 73).

Während der Austreibungsphase sollte jeder Eingriff so lange unterbleiben, bis eindeutig zu erkennen ist, daß die Geburt von alleine nicht weitergeht. Denn zu frühe »Hilfe« kann sich eher ungünstig als beschleunigend auswirken; ist jedoch **Geburtshilfe** notwendig, so ist dabei unbedingt zu beachten:

- Größtmögliche **Sauberkeit,** d. h. Säubern der äußeren Geschlechtsteile des Schafes mit Wasser und Seife sowie gründliches Waschen der Hände und Unterarme des Helfers, Einkürzen langer Fingernägel; als Gleitmittel kann man z. B. Speiseöl oder Seifenflocken verwenden
- Prüfung der **tatsächlichen Geburtslage** und vorsichtige Korrektur (Abb. 72). Ist nur der Kopf ausgetrieben, ohne daß die Füße entsprechend vorgeschoben (Abb. 74) sind oder sind sie überhaupt noch nicht sichtbar, dann ist das Lamm vorsichtig zurückzuschieben; sodann müssen zuerst die Füße herausgezogen werden
- Vermeidung von roher **Gewaltanwendung;** an den Gliedmaßen abwechselnd (möglichst im Rhythmus der Preßwehen) in Richtung zum Euter hin langsam ziehen (Abb. 75)
- Bei **erfolglosem Bemühen** in komplizierten Fällen (z. B. mangelhafter Eröffnung des Muttermundes, Mißbildungen, Extremlagen insbesondere bei Mehrlingen) und mangelnder Erfahrung ist umgehend ein Tierarzt hinzuzuziehen

Nach einer **Schwergeburt** empfiehlt es sich, möglichst rechtzeitig – d. h. solange der Muttermund noch ausreichend geöffnet ist – nach gründlichem Waschen der Hände in den Uterus ein entzündungshemmendes Medikament einzuschieben, z. B. ein Supronalstäbchen. Außerdem ist auf den vollständigen Abgang der »Nachgeburt« zu achten.

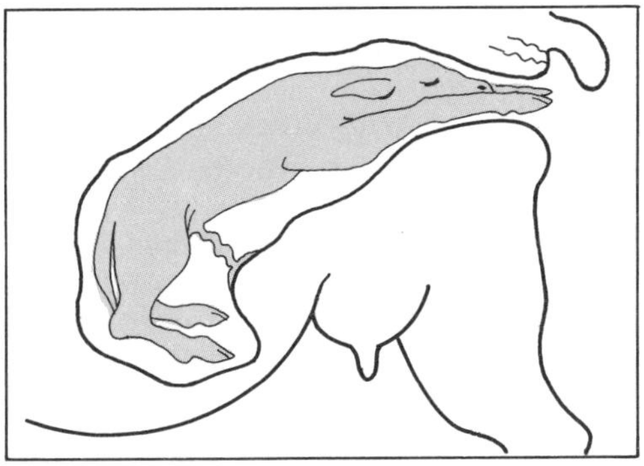

Abb. 71 Normale Vorderend-(Kopf-)lage: Die Vorderfüße sind nach vorne gestreckt.

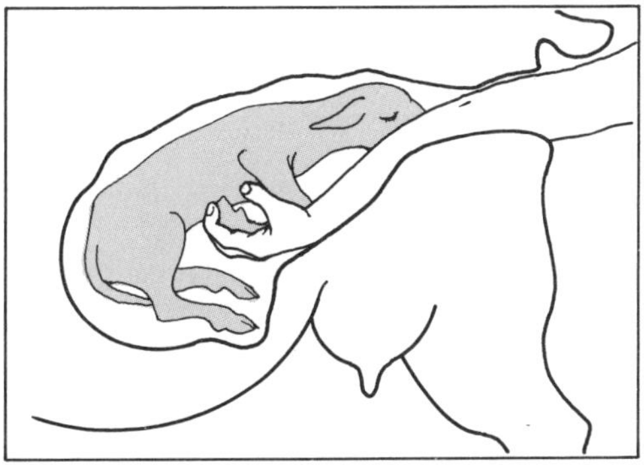

Abb. 72 Beispiel einer anormalen Haltung: Die Vorderfüße sind zurückgeschlagen. Sie müssen vorsichtig nach vorne gestreckt werden. Um Verletzungen des Tragsackes zu vermeiden, sind die Klauenspitzen dabei zu umfassen.

Abb. 73 Zwillinge in Kopf- und Steißlage: Ist Hilfe nötig, so muß erkannt werden, welcher Kopf bzw. welche Füße zu welchem Lamm gehören.

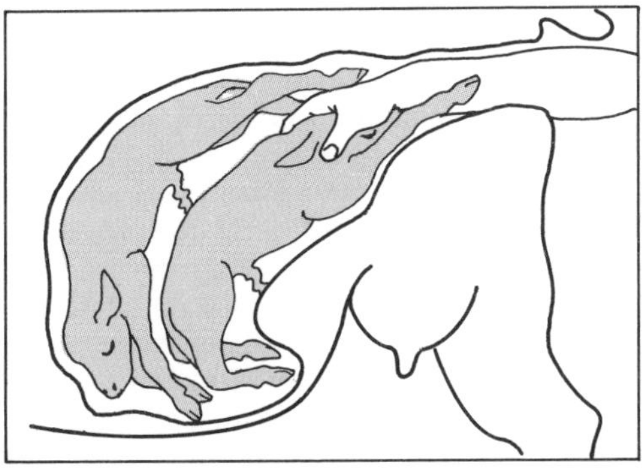

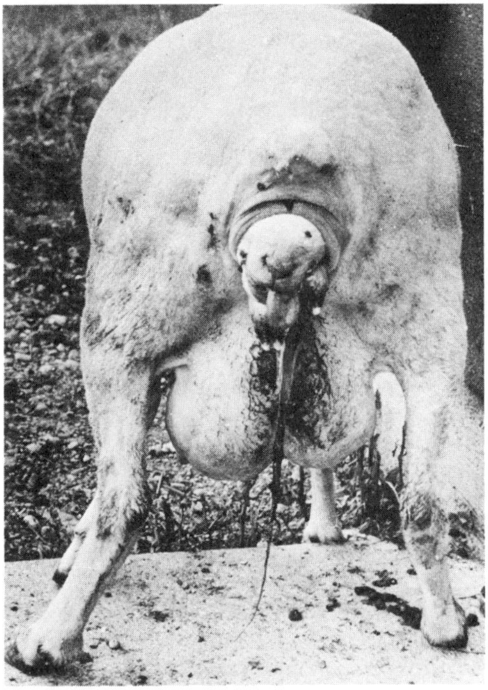

Abb. 74 Hier ist sofortige Hilfe nötig: Die Vorderfüße sind nicht genügend gestreckt, und der Kopf schwillt bereits an.

Abb. 75 Nach der Korrektur der Vorderfüße sollte man an ihnen abwechselnd in Richtung auf das Euter ziehen und das Lamm langsam herausziehen.

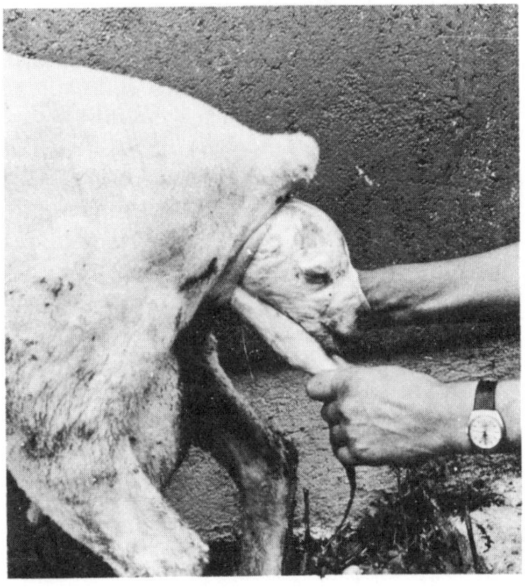

7.7 Behandlung von Lamm und Mutterschaf

Direkt nach der Lammung sind eine Reihe von Maßnahmen erforderlich, um Lämmerverlusten oder gesundheitlichen Beeinträchtigungen möglichst vorzubeugen.

7.7.1 Behandlung der Lämmer

Praktische Erfahrungen zeigen, daß nicht jedes **anscheinend totgeborene** bzw. ein unmittelbar nach der Geburt nicht sofort atmendes Lamm verloren ist.
Der Geburtshelfer sollte daher sofort folgendes versuchen:

- Den Schleim aus dem Maul-Rachen-Raum mit der Hand entfernen
- In den oberen Abschnitt der Luftröhre eingedrungenes Fruchtwasser durch eine im Halbkreis schwingende Bewegung (Abb. 76) »ausschleudern«
- Die Herztätigkeit durch kurzen, leichten sowie rhythmischen Druck auf einer Brustseite anregen; dabei kann sich das Befeuchten des Kopfes mit Wasser (»Schock«) positiv auswirken

Weitere wesentliche **Maßnahmen der Lämmerbehandlung** sind:

- Unmittelbar nach der Geburt den Nabelstumpf ausstreifen und mit Jodtinktur, Chloromycetin-Spray u. ä. desinfizieren (Abb. 77). Dies verhindert das Eindringen von Krankheitserregern und damit Nabel- und Gelenksentzündungen und beugt der sog. Lämmerlähme vor
- Sicherstellen, daß das Lamm frühestmöglich Biestmilch (Kolostrum) aufnimmt. Denn diese enthält nicht nur Nährstoffe, sondern vor allem Schutzstoffe, die nur in den ersten Lebensstunden ungehindert durch die Darmwand in den Blutkreislauf aufgenommen werden können
- Falls einmal ein Muttertier zuwenig oder keine Milch hat, ist eine »Biestmilchbank« zweckmäßig. Nach Erwärmen einer eingefrorenen Portion (z. B. ein Joghurtbecher) auf 39° C kann sie z. B. mit einer Babyflasche (Abb. 78) angeboten werden; bei lebensschwachen Lämmern ohne Saugreflex ist sie mittels eines Katheters einzugeben (s. Seite 129).

7.7.2 Behandlung des Mutterschafes

Während bei normal abgelaufenen Geburten die Nachgeburt meist nach einigen Stunden abgeht, kann es nach Schwergeburten zu einem sog. **Nachgeburtsverhalten** kommen. Es beruht auf einem gestörten Ablösen der Eihäute. Es empfiehlt sich, solange der Muttermund noch ausreichend offen ist, einen sog. Antibiotika- oder Sulfonamidstab in die Gebärmutter einzulegen und gegebenenfalls einen Tierarzt hinzuzuziehen. Weitere Maßnahmen sind:

- **Kontrolle des Euters** durch kurzes Anmelken, ob die Milch ungestört abgegeben wird; es könnte nämlich ein Zitzenverschluß vorliegen, bedingt z. B. durch einen schwer zu lösenden Propfen oder durch eine vernarbte Verletzung
- **Ausscheren** der unteren Flanken, wenn diese Körperpartien (vor allem bei grobwolligen Schafrassen) so stark bewollt sind, daß die neugeborenen Lämmer nur schwer an die Zitzen kommen können
- **Beobachtung** des Muttertieres, ob es seine Lämmer saugen läßt, ohne dabei ständig auszuweichen und ob es sie annimmt und damit die Gewähr für die lebensnotwendige Biestmilchaufnahme gegeben ist. Das Nichtannehmen kann bei erstmals ablammenden Schafen u. a. wegen einer gewissen Empfindlichkeit am Euter auftreten. Abhilfe schafft eine etwas verengte sog. **Zwangsboxe**; man kann aber das Schaf auch mit einem Schultergurt zum Trog hin festbinden (Abb. 79). Den Mutter- bzw. Verteidigungsinstinkt kann auch ein in Boxennähe angehängter Hund wecken
- Beim **Unterstoßen** von verwaisten oder Dritt- und Viertlämmern unter Schafe, deren Lamm z. B. in den ersten Lebenstagen eingegangen ist, wird meist so verfahren: Dem eingegangenen Lamm wird das Fell wie ein »Overall« abgezogen und dem unterzustoßenden Lamm für mehrere Tage übergestreift, so daß die »Amme« am Geruch des Felles in der Regel glaubt, ihr eigenes Lamm wiederzuerkennen

Abb. 76 »Ausschleudern« von Schleimresten und eventuell in die Atemorgane eingedrungenem Fruchtwasser.

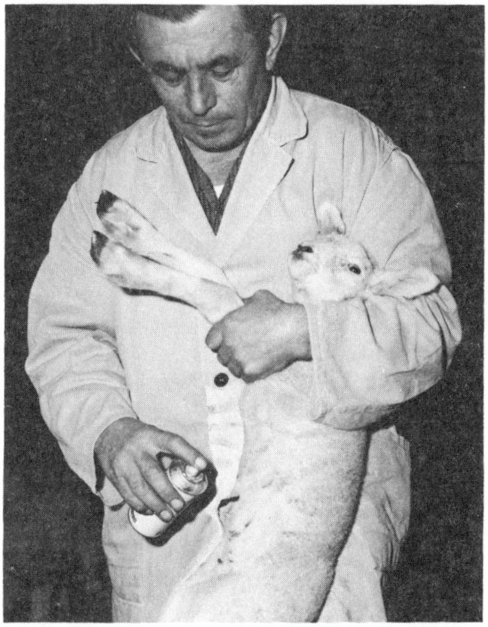

Abb. 77 Die rechtzeitige Nabeldesinfektion beugt gefährlichen Entzündungen vor.

Abb. 78 Verabreichen einer aufgetauten Portion Reservebiestmilch mit einer Babyflasche.

Abb. 79 Das Fixieren eines Schafes mittels eines Schultergurts schränkt seine Bewegungsfreiheit ein.

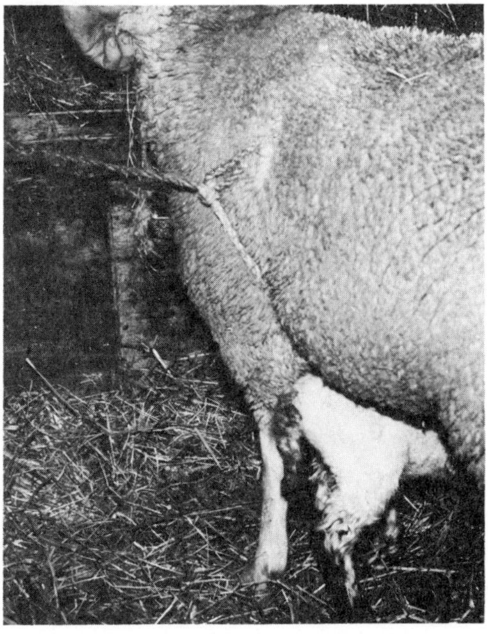

7.8 Ausmerzen

Für die Wirtschaftlichkeit einer Schafhaltung hat einerseits die richtige Zuchtwahl und andererseits das konsequente »Ausbracken« oder Ausmerzen von Tieren mit erheblichen Mängeln hinsichtlich Leistungseigenschaften, Gesundheit oder Vererbung eine wesentliche Bedeutung.

Leistungsmängel sind u. a.:

- Unterdurchschnittliche Ablammleistung aufgrund mehrjähriger Ergebnisse (s. Leistungsaufzeichnungen Seite 48) im Vergleich zu den übrigen Tieren des Bestandes, d. h. Mutterschafe, die nur jeweils ein Lamm pro Jahr bringen, während andere unter gleichen Umweltbedingungen z. B. bei 3 Lammungen zumindest einmal oder gar zweimal Zwillingslämmer nachweisen können
- Eine Zwischenlammzeit von mehr als 365 Tagen
- Schlechte Muttereigenschaften, d. h. Nichtannehmen des oder der neugeborenen Lämmer vor allem bei Schafen, die bereits das zweite oder dritte Mal gelammt haben; denn ein ausgeprägter Mangel des Mutter- und Pflegeinstinktes kann zu hohen Aufzuchtverlusten führen. Diese Unduldsamkeit des Saugenlassens oder Wegschiebens der Lämmer sollte jedoch nicht verwechselt werden mit der teilweise festzustellenden Euter-Sensibilität von erstmals lammenden Jungschafen (s. Seite 62)
- Schwach ausgebildetes Euter und zu geringe Milchleistung, weil dies die Ursache einer unbefriedigenden Jugendentwicklung der Lämmer oder gar von Verlusten sein kann
- Nachweisbare, länger andauernde Deckunlust eines Vatertieres oder Deckmangel durch Fehlen des Nachstoßens bzw. Samenergusses oder nachweisbare »Unfruchtbarkeit« eines Bockes, z. B. als Folge einer Nebenhodenentzündung

Gesundheitsmängel sind u. a.:

- Konstitutionsschwächen mit zunehmendem Alter, z. B. Rückenschwäche eines sehr fruchtbaren Schafes (Abb. 80)
- Zu lange oder schwache Fessel, die zu einer Durchtrittigkeit oder einer Art Bärentatzigkeit führt und insbesondere mehrlingsträchtige Schafe in ihrer Bewegung stark beeinträchtigt
- Vorprogrammierte Schwergeburten und Lämmerverluste bei nachweisbar rachitischem Becken
- Euterentzündung mit Ausfall einer oder beider Euterhälften (Abb. 226, Seite 157)
- »Durchbrechen« des Euters z. B. wegen altersbedingter Bindegewebsschwäche (Abb. 81)
- Auftreten eines Scheidenvorfalls (Abb. 82) vor oder eines Gebärmuttervorfalls nach der Geburt
- Starke Abmagerung trotz rechtzeitiger Parasitenbehandlung und guter Fütterung z. B. als Folge von Organerkrankungen oder altersbedingten Zahnausfalls (Schneidezähne) bei Weidehaltung

Vererbungsmängel (Erbfehler) sind u. a.:

- Eine starke Verkürzung des Unterkiefers (Abb. 83 oben ein sog. Saumaul) oder des Oberkiefers (sog. Überbeißen oder Hechtmaul)
- Schiefhals bei Neugeborenen (Abb. 83 unten) oder angeborene Blindheit

Um auszuschließen, daß Böcke mit sichtbaren Erbfehlern gekört und zur Zucht verwendet werden, ist in jeder Körkommission ein Veterinär zur diesbezüglichen Kontrolle der Tiere tätig.

Erblich bedingte Wollfehler sind u. a.:

- Überbogigkeit (s. Seite 146), die sich in der Regel am Widerrist, Oberarm und Bauch deutlich erkennbar zeigt
- Offenes Vlies mit hohler, schaumiger und dadurch eingestaubter Wolle
- Überhaare, die durch den Stapel hindurchgewachsen und meist gröber als das Gesamtvlies sind

Abb. 80 Rückenschwäche eines 7jährigen Schafes.

Abb. 82 Scheidenvorfall mehrere Tage vor der Geburt – eine Sache für den Tierarzt.

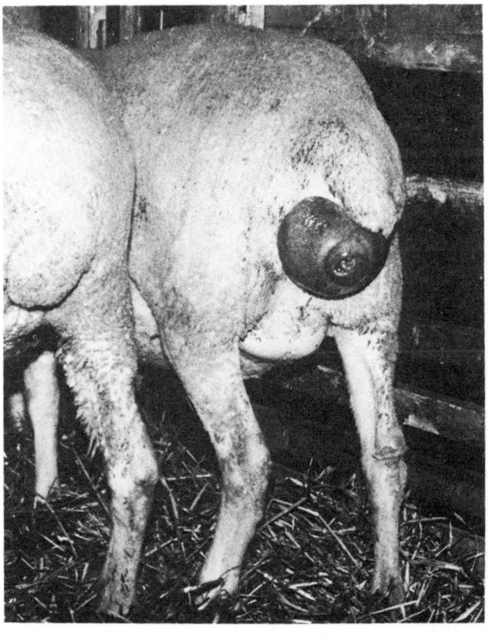

Abb. 81 Dieses »durchgebrochene Euter« ist altersbedingt; normalerweise liegt die sichtbare Afterzitze knapp unter dem Euteransatz. Das Euter berührt hier beinahe die Einstreu.

Abb. 83 Der deutlich verkürzte Unterkiefer (oben ein sog. Saumaul) ist ebenso ein Erbfehler wie der »Schiefhals« des Neugeborenen (unten), das deswegen nicht lebensfähig ist.

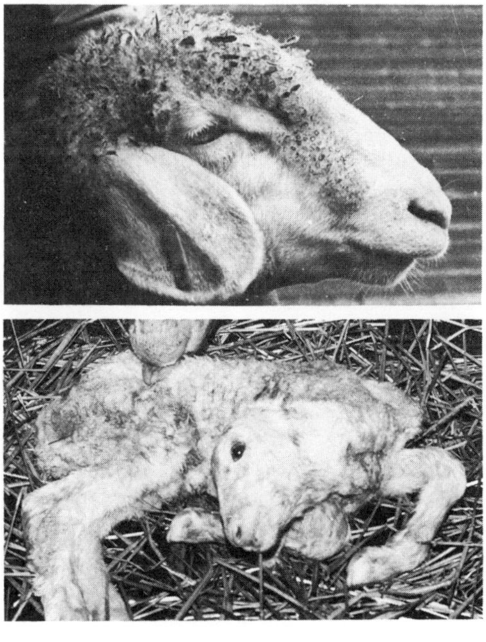

7.9 Pflegemaßnahmen

7.9.1 Klauenpflege

Die Klauen des Schafes bestehen aus der Klauen- bzw. Sohlenlederhaut und einer kräftigen Hornkapsel, dem Röhrenhorn der Ballenoberhaut bzw. der äußeren und inneren Klauenwand (Abb. 84 und 85). Beim Schaf ragt der Tragrand der Hornsohle seitlich deutlich über die Sohlenfläche hinaus. Deshalb muß bei Schafen mit wenig Bewegungsfreiheit (z. B. in der Stallhaltungsperiode) und dadurch geringer Abnutzungsmöglichkeit dieses Tragrandes besonders auf eine regelmäßige Klauenpflege auch der gesunden Klaue geachtet werden. Verhindert werden muß das Umbiegen insbesondere der äußeren Klauenwand (Tragrand), d. h. das Entstehen einer sog. Doppelsohle (Abb. 86). Denn die dadurch entstehenden Hohlräume füllen sich mit Schmutz und sind ein ideales Milieu für Bakterien und damit eine Möglichkeit zur Erkrankung an Moderhinke (s. Seite 158). Die Klauen wachsen etwa 3–5 mm/Monat, die Klauen der hinteren Gliedmaßen in der Regel stärker als die der vorderen.

Je nach Abnutzung ist in Abständen von 3 bis 6 Monaten ein **Schneiden** der gesunden Klauen notwendig. Es sollte also mindestens zweimal jährlich erfolgen, am besten vor dem Weideaustrieb und vor dem Aufstallen im Spätherbst. Dies ist u. a. auch eine wesentliche Maßnahme zur Vorbeugung gegen Moderhinke oder Krümme. Sofortige Kontrolle der Klauen und des Euters ist aber dann vor allem angebracht, wenn frischgelammte Schafe hinten »lahmgehen«, weil das Hinken auch durch eine akute Euterentzündung (s. Seite 156) verursacht werden kann.

Zum sachgemäßen Schneiden benötigt man Grundkenntnisse des Klauenaufbaues und eine gewisse Erfahrung sowie in erster Linie gut geschärftes Werkzeug. Wichtigste Werkzeuge sind ein Messer und zweckmäßigerweise bei lang abgewachsenen härteren Klauen eine Schere (z. B. eine Baumschere).

Das Klauenmesser, wie es im Handel speziell für Schafe angeboten wird, muß u. a. eine kurze, etwas runde Klinge und einen kräftigen Griff aufweisen (Abb. 87), damit es gut in der Hand liegt.

Das Klauenschneiden, vor allem das Halten des »umgesetzten«, d. h. des auf seiner Hinterpartie sitzenden Schafes, ist eine relativ schwere körperliche Arbeit, die jedoch durch Verwendung einer **»Schafwiege«** oder eines Klauenbehandlungsgerätes (Abb. 88) deutlich erleichtert werden kann.

Die wesentlichsten Vorteile dabei sind:

- Fixierung des zu behandelnden Schafes
- Gelockerte und sogar sitzende Arbeitshaltung der Arbeitskraft
- Möglichkeit des Arbeitens mit beiden Händen, da das Schaf nicht zusätzlich in einer sitzenden Stellung festgehalten werden muß

Die über die Klauensohle (Abb. 85 und 86) überstehenden Klauenränder, d. h. die innere und äußere Klauenwand, sind zu entfernen. Von der Klauensohle und dem Ballen selbst nimmt man nicht mehr weg als notwendig ist, um dem Fuß eine korrekte Stellung zu geben.

Sollte es aus Versehen durch einen zu tiefen Schnitt an der Klauenspitze zu einem **Blutaustritt** kommen, ist dies nicht weiter beunruhigend. Denn bei an Moderhinke erkrankten Klauen kann man dies auch kaum vermeiden, weil das gesamte krankheitsbefallene Klauenhorn weggeschnitten werden muß. Zweckmäßig ist eventuell nach dem Schnitt die Anwendung eines Desinfektionssprays für Wunden oder bekannte Mittel wie Kupfervitriol bzw. verdünntes Formalin.

Grundsätzlich und insbesondere beim Ausschneiden erkrankter Tiere sollte man beispielsweise über einer Plastikplane arbeiten, um anschließend das abgeschnittene Horn wegen der möglichen **Ansteckungsgefahr** für die anderen Tiere restlos vernichten zu können. Wird dies nicht beachtet, dann besteht die Gefahr, daß innerhalb von nur wenigen Tagen zunehmend auch der übrige Tierbestand angesteckt wird.

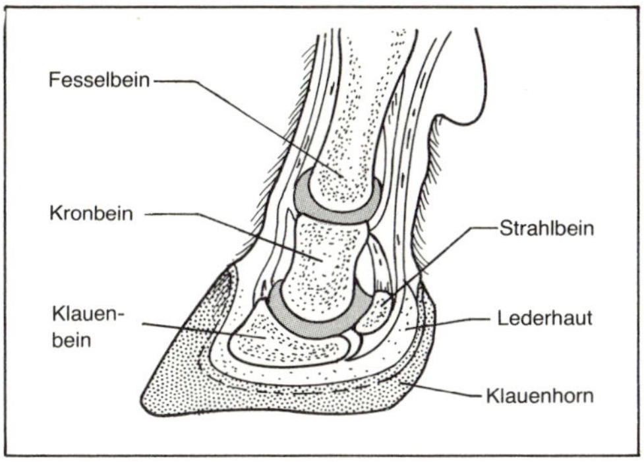

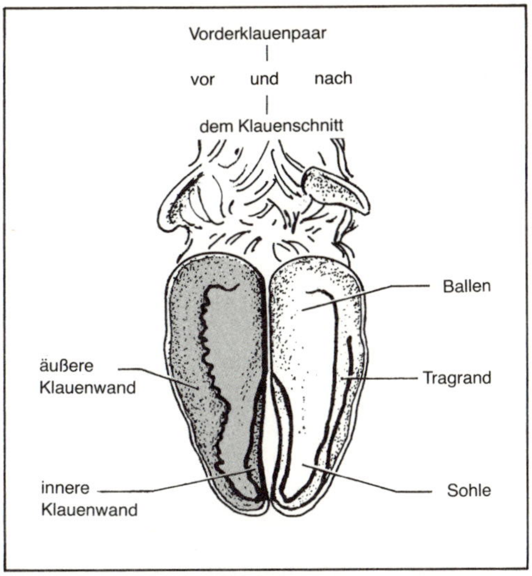

Abb. 84 Schnitt durch den Vorderfuß eines Schafes [23].

Abb. 85 (oben rechts) Schematische Darstellung eines Klauenpaares am Vorderfuß vor (links) und nach (rechts) dem Klauenschnitt [23].

Abb. 86 (Mitte) Sehr stark abgewachsene Klaue mit eingerolltem Tragerand (Pfeil).

Abb. 87 (unten links) Die wichtigsten Werkzeuge zur Klauenpflege sind eine kräftige Schere und ein scharfes Messer.

Abb. 88 (unten rechts) Ein Klauenbehandlungsgerät, die sog. Schafwiege, erleichtert den Klauenschnitt wesentlich.

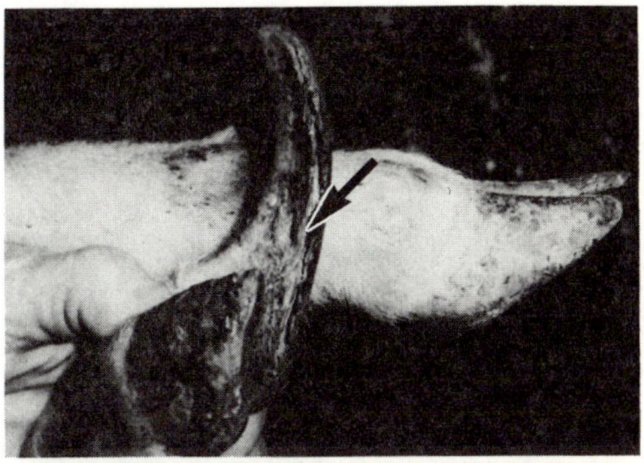

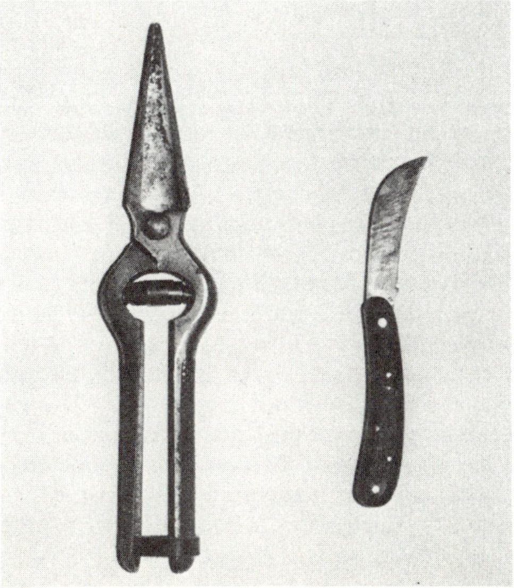

7.9.2 Kupieren

Das Kupieren oder Kürzen der Schwänze wird in der Regel nur bei weiblichen Lämmern sowie bei Bocklämmern (Herdbuchzucht) vorgenommen, die aufgrund ihrer Abstammung als Nachzucht oder als Zuchtböcke in Frage kommen. Bei den künftigen Muttertieren wird es vor allem deshalb durchgeführt, um einer stärkeren Verschmutzung des Schwanz-Scheiden-Bereichs (verklumpte Wolle) und damit einer Beeinträchtigung des Deckens vorzubeugen (s. Seite 70).

Das Kupieren kann unter Berücksichtigung der einschlägigen Bestimmungen des Tierschutzgesetzes (s. Seite 16) mit der blutigen und unblutigen Methode auch vom Schafhalter selbst durchgeführt werden.

Beim Kupieren sollten einige **Grundsätze** beachtet werden:

- Das Kupieren sollte niemals während der warmen Jahreszeit erfolgen, weil die Gefahr besteht, daß in noch nicht abgeheilte Wunden Fliegen ihre Eier ablegen und Maden unter dem Fell bis in den Rücken eindringen
- Rechtzeitige Schutzimpfung gegen Wundstarrkrampf in gefährdeten Betrieben
- Der verbleibende Schwanzstumpf sollte mindestens so lang sein, daß er bei weiblichen Tieren auch die Scheide noch bedeckt (Abb. 89); so können während der warmen Jahreszeit die Fliegen abgewehrt werden und dem Auftreten von Mastdarmvorfällen wird vorgebeugt, da die Tiere, z. B. bei starkem Husten noch einen gewissen Gegendruck ausüben können
- Das Kupieren durch Abtrennen oder Aufsetzen eines elastischen Ringes sollte grundsätzlich nur *zwischen* zwei Wirbeln erfolgen

Die **blutige Methode** darf nach § 5, Absatz 3 ohne Betäubung nur bei unter acht Tage alten Lämmern erfolgen. Dabei wird der Schwanz zwischen dem 3. und 4. Schwanzwirbel entweder mit einem scharfen, sauberen Messer eingekürzt oder mit einer Kupierzange abgequetscht. Wenn ein Schafhalter ein Messer verwendet, sollte er nach Möglichkeit *vor* dem Abtrennen die Schwanzhaut etwas in Richtung After schieben, damit sich diese nachher etwas über den »letzten« Schwanzwirbel stülpt und nach Verwendung eines Antibiotika-Wundsprays rasch »zusammenwächst«. Bei Anwendung einer Kupierzange, die einige Zeit geschlossen gehalten wird, erfolgt durch den Preßdruck ein sog. »Verschweißen« der Hautenden unterhalb des letzten Schwanzwirbels. Bei unsachgemäßer Handhabung der sog. blutigen Methode (insbesondere mit einem Messer) kann es möglicherweise zum Verbluten kommen.

Die **unblutige Methode** ist heute die Methode der Wahl. Dabei wird durch Aufsetzen eines elastischen Gummirings (Abb. 90) der Schwanz zwischen dem 3. und 4. Schwanzwirbel (ca. 3 Finger breit von der Schwanzwurzel aus) abgebunden (Abb. 91), so daß er durch den ständigen Druck des Ringes abstirbt und nach einigen Wochen abfällt.

Zu diesem Zeitpunkt überprüft ein gewissenhafter Schafhalter, ob nach dem Abfallen des Schwanzendes der Schwanzstumpf richtig vernarbt ist, ansonsten sollte dieser sofort mit Antibiotika-Spray behandelt werden, um möglichen Infektionen vorzubeugen. Diese Methode ist nach dem neuen Tierschutzgesetz jedoch nur bis zu einem Alter von 8 Tagen erlaubt.

7.9.3 Kastrieren

Im Hinblick auf die Erzeugung von möglichst jungen schlachtreifen Mastlämmern beschränkt sich das Kastrieren nur noch auf Betriebe, deren Bocklämmer aufgrund der betrieblichen Haltungs- und Fütterungsbedingungen wesentlich älter als 5 Monate (Geschlechtsreife) werden.

Das Kastrieren ohne Betäubung ist bis zu einem Alter von 2 Monaten erlaubt (§ 5 des Tierschutzgesetzes), und zwar nur noch durch Abquetschen der Samenstränge mit einer sog. Burdizzo-Zange (Abb. 92) zwischen Hodensack und Strichrudimenten.

Um Wundinfektionen vorzubeugen, wird vorher auf die Haut im Bereich der Ring- oder Quetschstelle Jod oder ein anderes Desinfektionsmittel aufgetragen.

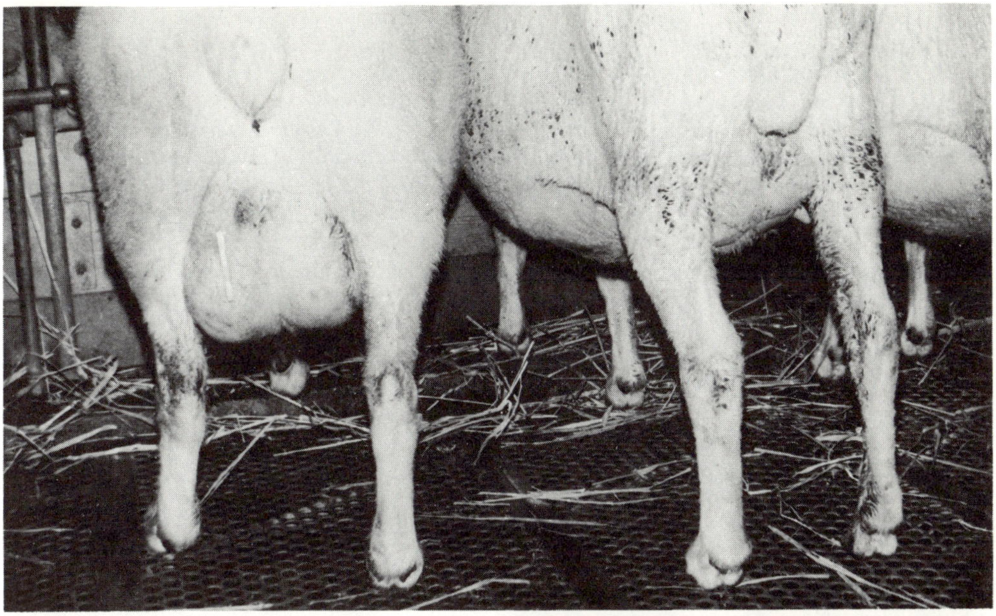

Abb. 89 Nach dem Kupieren sollte besonders bei weiblichen Tieren der verbleibende Schwanzstummel nicht so knapp ausfallen wie hier bei dem linken Tier.

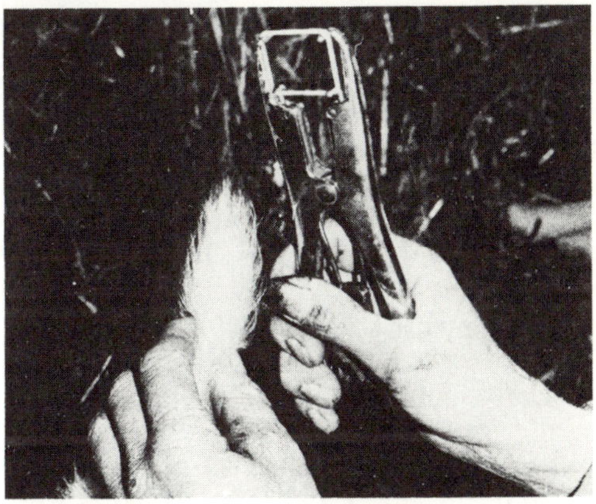

Abb. 90 (Mitte) Spezialzange zum Spannen von Gummiringen.

Abb. 91 (unten links) Der Gummiring wird zwischen dem 3. und 4. Schwanzwirbel direkt auf die Haut abgesetzt.

Abb. 92 (unten rechts) So wird die Burdizzo-Zange zum Kastrieren durch Abquetschen der Samenstränge richtig angesetzt.

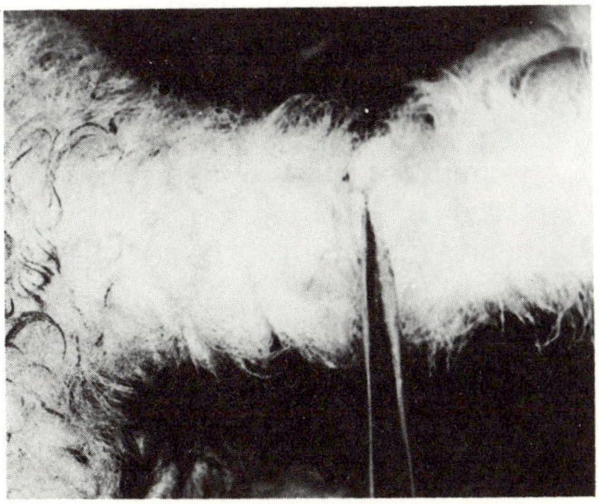

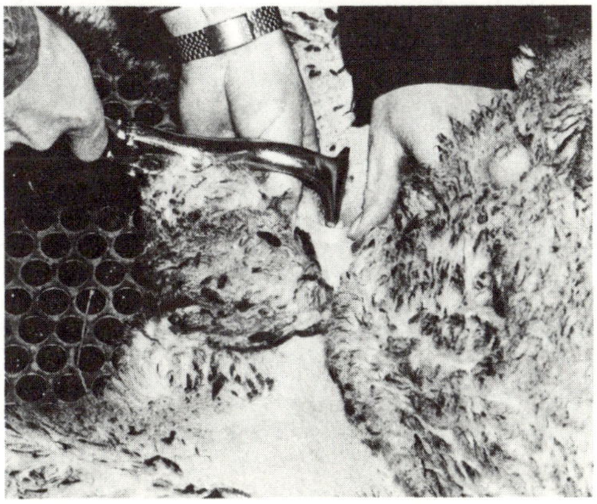

7.10 Schur

7.10.1 Schwanzschur

Eine der wichtigsten Hygienemaßnahmen als Vorbereitung der Mutterschafe auf die Deckperiode ist ein rechtzeitiges Ausscheren des Bereichs um die Scheide und den Schwanz.
Bei zu langer und damit eher verschmutzter Wolle (Abb. 93) kann das Einführen des Penis so erschwert werden, daß der Deckakt nur mit Unlust ausgeführt wird oder sogar ganz unterbleibt. Eine sog. Schwanzschur rechtzeitig vor der Ablammperiode bei stark verschmutzten Tieren ist zudem eine unabdingbare Maßnahme zur Geburtshygiene. Sie empfiehlt sich auch vor dem Weideaustrieb.
Zum Ausscheren eignen sich neben elektrisch betriebenen Schergeräten einfache Handscheren (Abb. 94).

7.10.2 Vollschur

In der Regel werden Schafe nur einmal im Jahr geschoren (Vollschur). Das Scheren erfolgt schwerpunktmäßig in der Zeit von Ende April bis anfangs Juni. Dieser Termin wird im wesentlichen bedingt durch die klimatischen Verhältnisse und den Ablammtermin. In einzelnen Betrieben mit entsprechenden Stallverhältnissen kann der Schurtermin vorverlegt werden.
Neben der sog. **Vollschur**, d. h. einem Schurabstand von mehr als 10 Monaten wird in einigen Betrieben auch in Abständen unter 8 Monaten geschoren; in diesem Fall spricht man von einer **Halbschur**. Vor allem grobwollige (= langwollige) Schafrassen wie das Bergschaf werden in der Regel im Herbst *und* im Frühjahr geschoren.
Eine **erstmalige Schur** der weiblichen Zuchtlämmer (Nachersatz) im Alter von 5–6 Monaten wirkt sich günstig auf deren weitere Körperentwicklung aus.
Vorbereitende Maßnahmen für eine sachgemäß durchgeführte Schur sind u. a.:

- Der **Schurplatz** sollte zum einen gegen ungünstige Witterungsverhältnisse geschützt und zum anderen sauber sein, sonst ist die gewissenhafte Wollpflege im Jahresablauf umsonst gewesen
- Bereitstellen eines ausreichenden und trockenen **Lagerplatzes** zum kurzzeitigen Auslüften der einzelnen Vliese, bevor diese entsprechend nach Bock-, Mutter- und Lämmerwolle sortiert und in **»Wollsäcke«** abgepackt werden. Solche Säcke sollten rechtzeitig vor der Schur bei der »Deutschen Wollverwertung« (Seite 20) bestellt werden
- Mäßige **Fütterung der Schafe** am Morgen des Schurtages, damit sie vom Scherenden leichter zu handhaben sind und die Schafe selbst bei der »Sitzstellung« geringer belastet werden (z. B. Luftmangel).

Die Jahresschur läßt man in kleineren Schafhaltungen im allgemeinen durch einen erfahrenen Schafscherer oder bei Großherden durch sog. Schurkolonnen durchführen. Das **Scheren nach der deutschen Methode** erfolgt auf einer 25–35 cm hohen Schurbank (Abb. 95), wodurch ein Arbeiten in halbgebeugter Haltung möglich ist. Im Gegensatz dazu bringt die **australisch-neuseeländische Methode** (Abb. 96) in ständig stark gebeugter Haltung eine zusätzliche Belastung, weil die Schafe direkt auf dem Boden sitzend geschoren werden. Dabei bleibt jedoch das gesamte Vlies nach Beendigung der Schur geschlossen und ausgebreitet liegen, was an sich wünschenswert ist. Das Vlies von Musterschafen wiegt je nach Rasse und Körpergewicht des Schafes 1,5–5,5 kg (s. Tab. 3, Seite 31), das von ausgewachsenen Böcken etwa 30–40 % mehr.
Bevor jedes Vlies zum Auslüften beiseite gelegt wird, sollte es auf einem **Sortiertisch** (Rost aus gehobelten Latten) ausgebreitet und etwas geschüttelt werden, damit gröbere Schmutzteile (z. B. Kotbohnen) nach unten wegfallen; die sog. Locken (kurze Kopf-, Bauch- und Beinwolle) sowie stark verschmutzte Wolle werden vom Vlies abgerissen und getrennt gesammelt.
Das **Absacken** der Wolle darf nur in lufttrokkenem Zustand erfolgen, weil feuchte, zusammengedrückte Wolle sich rasch erwärmt, gelb sowie brüchig wird und damit wertlos ist.

Abb. 93 Eine derartige Verschmutzung (oben) der Wolle ist unhygienisch; die Schafe sind zum Weideaustrieb und Rittbeginn freizuscheren (unten).

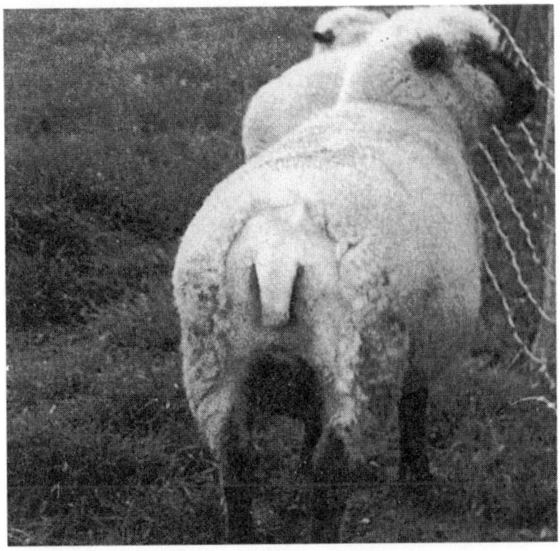

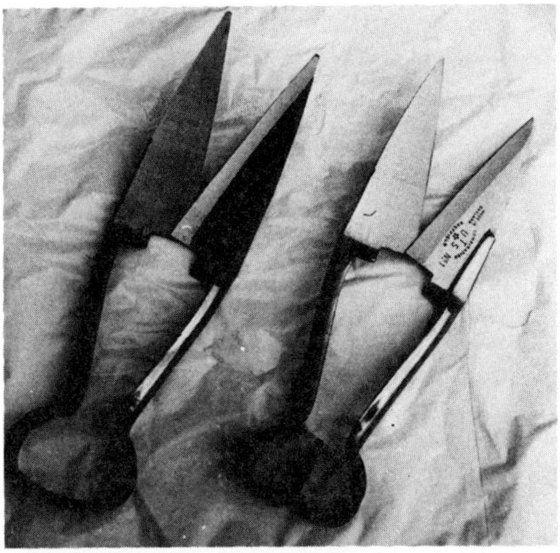

Abb. 94 (oben rechts) Handscheren für die sog. Schwanzschur.

Abb. 95 (Mitte) Scheren nach der deutschen Methode auf einer sog. Schurbank.

Abb. 96 Scheren nach der australisch-neuseeländischen Methode durch Umsetzen auf dem Boden.

8 Haltungstechnische Grundlagen

8.1 Planungsdaten für die Stallhaltung

In der Regel werden Schafe unter unseren Bedingungen nur während der Wintermonate im Stall gehalten. Das sind je nach den klimatischen Verhältnissen etwa 90–150 Tage. Im allgemeinen stellt das Schaf verhältnismäßig geringe Ansprüche an den Stall. Wichtig ist jedoch, daß dieser zugfrei, trokken und nicht zu warm ist.

8.1.1 Stallklima

Das Stallklima wird im wesentlichen bestimmt durch die Luftfeuchtigkeit und Temperatur, durch den Gasgehalt und die Bewegung der Luft bzw. den Luftaustausch sowie durch die Lichtverhältnisse (s. Seite 74).
Die relative **Luftfeuchtigkeit** sollte aus gesundheitlichen Gründen und wegen ungünstiger Auswirkungen auf die Wollqualität 75 % nicht überschreiten (Tab. 7).
Ein vorübergehendes Absinken der **Lufttemperatur im Stall** bis 0° C und darunter bewirkt zwar keinen erkennbaren Leistungsabfall, aber die dadurch zusätzlich notwendige »Wärmeerzeugung« erfordert eine überdurchschnittliche Futterversorgung. Dies kann über einen längeren Zeitraum erhebliche Kosten verursachen.
Sofern keine Zwischendecke oder sonstige Isolierung zur Dachhaut hin vorhanden ist, bildet sich an der Unterseite des Daches ständig abtropfendes Kondenswasser. Da es für Schafe schädlich ist, sollte dem durch ein geeignetes Be- und Entlüftungssystem vorgebeugt werden. In der Praxis wird dazu meist die sog. **Schwerkraftlüftung** [35] nach dem Trauf-First-Prinzip benutzt. Dieses System arbeitet auf Grund des Temperaturunterschiedes zwischen Außen- und Stalluft: Je größer dieser Unterschied ist, desto höher ist die Luftaustrittsgeschwindigkeit am First. Die Frischluft tritt durch Längsschlitz an der Traufe über Luftleitplatten in den Stall, vermischt sich mit der Stalluft und streicht z. T. auch an der Dachunterseite hoch bis zum Firstschlitz. Dadurch wird der Schwitzwasserbildung vorgebeugt.
Die Leitplatten sollten je nach Stallbreite 100–200 cm in den Stall hineinreichen und möglichst wärmegedämmt sein. Die Einlaßöffnungen sollten verstellbar sein, um im Winter die Einströmungsgeschwindigkeit zu steuern und bei Sturm die dem Wind zugekehrten Einlaßöffnungen schließen zu können. Aus der Abb. 97 sind die in Braunschweig-Völkenrode [7] ermittelten Erfahrungsmindestwerte der Zu- und Abluftöffnungen in Abhängigkeit von der Gebäudebreite (5–30 m) bei freier Lüftung zu entnehmen.
Im gleichen Institut wurde zudem ein System zur **Unterlüftung der Dachhaut** in nicht wärmegedämmten Ställen entwickelt. Dabei werden nur ein Pfettenfeld überdeckende Astbestzement- oder Bitumenwellplatten mit Abstandhaltern so verlegt, daß zwischen Ober- und Unterplatte in den Wellentälern ein 10–15 mm breiter Schlitz entsteht (Abb. 98). Dieser dient einer gleichmäßigen Zuluftführung zum Stallraum.
Dadurch wird im *Winter* eine Kondenswasserbildung unter den Dachplatten weitgehend eingeschränkt. Bei einem derartigen System kann trotzdem nicht auf den Lüftungsfirst verzichtet werden. Die Zuluftöffnungen an den Traufen können dagegen gegenüber den Mindestwerten (Abb. 97) um 50 % geringer ausgelegt werden, in windstarken Gebieten kann man auf sie sogar völlig verzichten [7].
Für die Stallüftung im *Sommer* haben sich die durch die Abstandhalter gegebenen Lüftungsschlitze als wirkungsvoller erwiesen als die ausschließliche Luftführung durch Traufen- und Firstschlitze. Bei starker Sonneneinstrahlung erfolgt nämlich eine sofortige Wärmeabfuhr durch ständigen Luftaustausch direkt unter der Dachfläche, so daß eine unerträgliche Erwärmung des Stalles verhindert wird.
Ein zeitweilig hoher **Ammoniakgehalt der Luft** (tränende Augen beim Betreten des Stalles) kann erfahrungsgemäß durch Streuen von 0,5 kg Superphosphat auf 10 m² frischer Einstreu wesentlich reduziert werden [53].

Tabelle 7 Optimalbereiche der Temperatur und Luftfeuchte

	Lufttemperatur °C	relative Luftfeuchtigkeit %
Mutterschafe	8–10	60–75
Ablamm- und Maststall	10–14	60–75
Aufzuchtstall	14–16	60–70

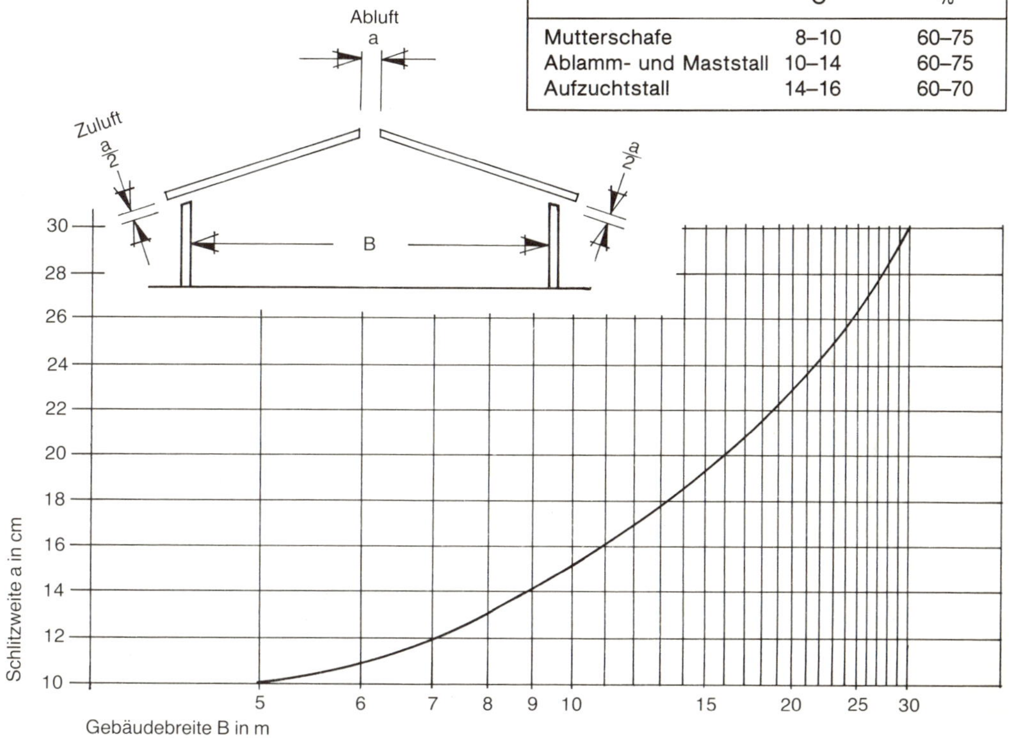

Abb. 97 Beziehung zwischen Gebäudebreite und Bemessung von Zu- und Abluftöffnungen bei der Trauf-First-Lüftung im Kaltstall [7, 35].

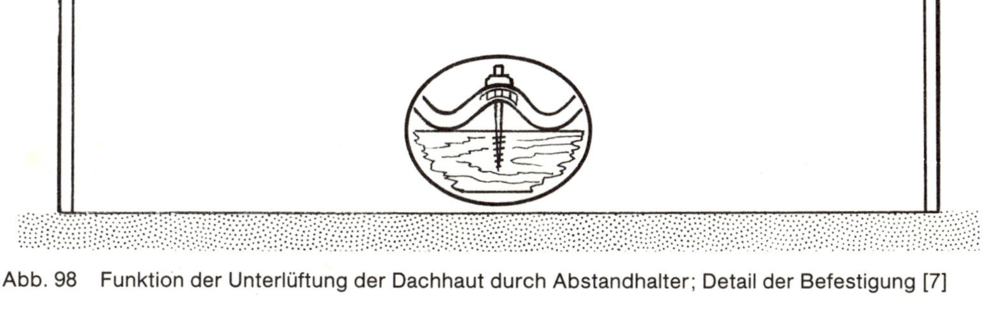

Abb. 98 Funktion der Unterlüftung der Dachhaut durch Abstandhalter; Detail der Befestigung [7]

8.1.2 Lichtverhältnisse

Tageslicht – insbesondere die Sonneneinstrahlung – wirkt sich auf den Gesundheitszustand von Zuchttieren, aber auch von Masttieren wegen seiner Rolle beim Vitamin-D-Aufbau (Synthese) der Tiere sehr günstig aus. Denn ein Vitamin-D-Mangel kann zu einer Erkrankung des wachsenden Skeletts (rachitische Erscheinungen) führen.

Es sollte deshalb, sofern während der Stallhaltungsperiode keine Auslaufmöglichkeit besteht, das Stallgebäude vorzugsweise auf der Südseite mit Fenstern, Lichtbändern oder aber – als Ersatz – mit einer lichtdurchlässigen Dacheindeckung versehen sein. Als Anhaltspunkt für die **Fenstergesamtfläche** rechnet man mit $^1/_{15}$–$^1/_{20}$ der Stallgrundfläche, Beispiel: Bei 100 m^2 Stallfläche sollte die Fensterfläche etwa 5 m^2 betragen.

Zur Beleuchtung benutzt man in der Regel Neonröhren, im Bereich der Ablammboxen ein sog. Notlicht (schwachweiß oder rot).

8.1.3 Flächen- und Freßplatzbedarf

In Tab. 8 sind Anhaltswerte für den **Flächenbedarf** (Liege- und Lauffläche) ohne Stellfläche für Futtergeräte getrennt nach Tierkategorien zusammengestellt. Die Angaben für die **Freßplatzbreite** vermindern sich bei Verwendung von runden oder sechseckigen Futtergeräten um ca. 30%/Tier. Die **Ablammbucht** für ein Schaf mit Zwillingen beispielsweise sollte 1,25–2,0 m^2 groß sein. Entlang der Ablammboxen ist ein sog. Arbeitsgang mit einer Breite von 0,5 m zur Versorgung und dem Ein- und Auslaß der Schafe vorzusehen.

Aufgrund der Verhältnisse zwischen Liegeflächen- und Freßplatzbedarf für Schafe hat sich eine **Buchtentiefe** hinter dem Futtergerät von 2,20 m bewährt. Aus dieser Tiefe errechnet sich bei einer Freßplatzbreite je Schaf von 0,40 m eine Liegefläche von 0,9 m^2 ($0{,}40 \times 2{,}20$ m). Hinsichtlich der Buchtentiefe von 2,20 m ist zudem folgendes zu erwähnen:

Beträgt die Breite der Futtergeräte (z. B. Futterband oder skandinavische Raufe) 0,60 m, so entfallen je Freßplatzseite als halber Anteil 0,30 m. Die Summe aus Gerätebreite und Buchtentiefe beträgt damit 0,30 + 2,20 m = 2,50 m. Bei einer doppelreihigen Aufstallung ergeben sich daraus 2 × 2,50 m Breite = 5,0 m, so daß die Stallbreite nach Möglichkeit durch 5 teilbar sein sollte.

8.1.4 Bergeraumbedarf

In Tab. 9 sind Anhaltswerte für den Bergeraumbedarf je Mutterschaf und Nachzucht zusammengestellt, und zwar für eine Stallhaltungsperiode von ca. 150 Tagen. Der **Bergeraum** im allgemeinen und für Heu sowie Stroh im speziellen sollte aus arbeitswirtschaftlichen Gründen möglichst ebenerdig und in unmittelbarer Nähe zum Stall bzw. zu den Futtergeräten vorgesehen werden.

In einigen größeren Betrieben wird beispielsweise das Kraftfutter in einfachen Sacksilos über dem am Stallende querverlaufenden Futtergang untergebracht (Abb. 99). Die Gärfuttersilos werden zweckmäßigerweise unter das Gesamtdach miteinbezogen (Abb. 100).

Der **Stallraum** selbst sollte aber vom Bergeraum und von den Silos nach Möglichkeit durch eine Zwischenwand mit genügend großen Türverbindungen getrennt sein, damit vor allem das gelagerte Heu nicht den Stallgeruch annehmen kann. Deshalb sollten bei deckenlastiger Lagerung (z. B. bei Altgebäuden) die Abwurfluken verschließbar sein.

8.1.5 Kot- und Harnmengen

Die zu erwartende Menge des Anfalls an Kot-Harn-Gemisch je Tier ist in Tab. 10 zusammengestellt. Diese Angaben sind für die Berechnung der erforderlichen »Dunglagerkapazität« insbesondere bei einstreulosen Aufstallungsformen (s. Seite 84) von Interesse. Die Schwankungsbreite des täglichen Anfalls hängt sehr wesentlich vom Trockensubstanzgehalt der Grundfutterration ab, der vom Heu bis hin zum Markstammkohl erheblich schwankt.

Tabelle 8 Flächen- und Freßplatzbedarf

Kategorie	Flächenbedarf m²/Tier	Freßplatzbreite m/Tier
Mutterschaf ohne Lamm	0,8–1,0	0,4–0,5
Mutterschaf mit Lämmern	1,2–1,6	0,6–0,7
Mastlamm	0,5–0,7	0,3
Jährling	0,6–0,8	0,3
Bock	1,5–3,0	0,5

Tabelle 9 Bergeraumbedarf/Mutterschaf und Nachzucht bei 150 Tagen Stallhaltung

Futterart	Bedarf dt	Raumgewicht kg/m³	Raumbedarf m³
Heu			
geschichtet	1,3	70	1,8
gepreßt		170	0,8
Gärfutter	7,0	700	1,0
Kraftfutter	1,7	500	0,4
Stroh			
lose	1,5	45	3,3
gepreßt		170	0,9

Tabelle 10 Kot- und Harnmengen bei Schafen [40, 42]

Kategorie	Kot kg/Tier und Tag	Harn kg/Tier und Tag	Kot + Harn kg/Tier und Tag
Mutterschaf	1,5–3,0	1,0–1,5	2,5–4,5
Jungschaf	1,0–2,0	1,0–1,5	2,0–3,5
Mastlamm	0,7–1,5	0,5–1,0	1,2–2,5

Abb. 99 Kraftfuttersilos können platzsparend unmittelbar über dem Quergang vor dem Futterband angeordnet werden.

Abb. 100 Fahrsilos lassen sich in das Gesamtgebäude einbeziehen.

8.2 Stallgebäude

8.2.1 Altgebäude

Aufgrund der verhältnismäßig geringen Ansprüche des Schafes an das Gebäude selbst und zur weitgehenden Einsparung von höheren Investitionen sollte man bei der Einrichtung einer Schafhaltung – insbesondere bei Klein- und Koppelschafhaltung – zunächst prüfen, ob nicht geeignete Altgebäude für die Unterbringung zur Verfügung stehen.
Aus gesundheitlichen und stallklimatischen Gründen eignen sich am besten **Holzgebäude**, z. B. freie Scheunenviertel oder Holzschuppen. **Gemauerte Stallräume** sind zwar auch verwendbar, aber bei ihnen sind die stallklimatischen Verhältnisse (s. Seite 72) besonders zu beachten.
Bei einem Fehlen von geeigneten Altgebäuden bieten sich heute eine Reihe von günstigen Holzkonstruktionen und Bausystemen auch für den Selbstbau an, so daß sich die Kosten auch im Neubaufall relativ niedrig halten lassen (s. Seite 80).

8.2.2 Schutzhütten und Kleinstallungen

In der Regel sollte zumindest in einer Koppelschafhaltung der Stall möglichst günstig zur Weide liegen. Wo dies nicht möglich ist, wird man versuchen, innerhalb der Koppelanlage in einer sog. **Schutzhütte** in einfacher, landschaftsgerechter Bauweise den Tieren für extreme Witterungsverhältnisse einen Unterschlupf zu geben (Abb. 101).
Vorteilhaft ist es, wenn den Tieren z. B. bei Beginn der Weideperiode als Rohfaserausgleich zum jungen Weideaufwuchs Heu oder Futterstroh in einem **Weidestall** (Abb. 102) angeboten werden kann.

Zunehmendes Interesse findet in Koppelschafhaltungen eine von der »Landtechnik Weihenstephan« entwickelte, sehr kostengünstige **Ganzdachkonstruktion** aus Rundholz und Rundholzverbindern , die mit einer sinnvollen Spannweite zwischen 5–10 m (Abb. 103) nicht nur als Schutzhütte und Bergehalle, sondern auch als Stall verwendet werden kann.
Dabei kann der Lichteinfall durch einzelne Lichtplattenelemente in den Dachflächen oder Giebelwänden erfolgen. Die Giebelwände führt man entweder mit waagrechter Bretter-Stülp-Schalung oder senkrechter, überlukter Schalung aus. Zur Entlüftung sollte im First ein durchlaufender Schlitz angebracht sein, der mit einer entsprechenden Abdeckhaube zu versehen ist, um dadurch das Eindringen von Schnee oder Regen zu verhindern [49].
Eine gute Stallkombination in einer Koppelschafhaltung ist z. B. dann gegeben, wenn neben einem geschlossenen, isolierten Stallteil (Abb. 104) für die **Winterstallhaltung** ein überdachter Auslauf vorhanden ist, der im Sommer als »Schutzhütte« dienen kann.
Nicht immer ist es möglich, einen vollisolierten Winterstall so **weide- und triebgünstig** wie in Abb. 105 errichten zu können, denn da und dort ist die Errichtung selbst von Schutzhütten im Außenbereich mit Schwierigkeiten verbunden. Das Bundesbaugesetz, die Bauordnungen der einzelnen Länder und das Naturschutzgesetz bringen z. T. erhebliche Einschränkungen.
Deshalb ist es in der Praxis in jedem Fall ratsam, sich selbst vor der Errichtung von Schutzhütten und Schafställen sowie Einzäunungen im Außenbereich bei der zuständigen Baubehörde genau zu erkundigen; denn eine Bauvoranfrage erfordert noch keine Investitionen.

Abb. 101 Landschaftsgerechte Schutzhütte für Kleinbestände.

Abb. 102 Weidestall in einfacher Pultdachkonstruktion mit offener Südseite.

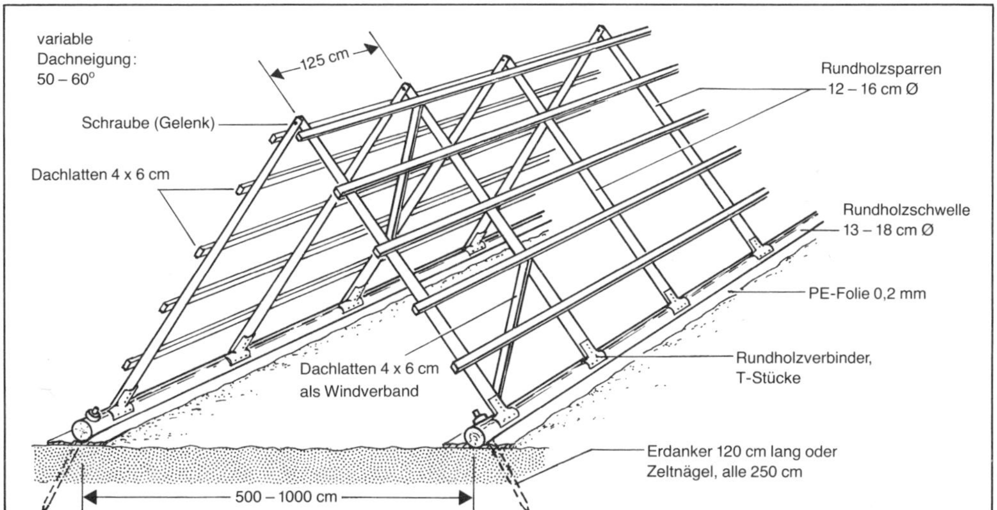

Abb. 103 Rundholz-Ganzdachkonstruktion als Schafstall (Rundholzverbinder »System Weihenstephan« [49]).

Abb. 104 Kombinierter Sommer- und Winterstall für 20–30 Schafe.

Abb. 105 Dieser »Warmstall« liegt sehr günstig inmitten der Koppelanlage.

8.2.3 Großstallungen

In Betrieben mit standortgebundener Schafhaltung, z. B. Familienvollerwerbsbetrieben, finden zunehmend intensive Verfahren der Lammfleischproduktion z. B. mittels Frühentwöhnung und Stallmast Eingang. (Seite 130 und Seite 136) Dabei kommt dem Stallgebäude und seiner Einrichtung wegen der stärkeren Ausnutzung im Jahresablauf eine wachsende Bedeutung als »Produktionsmittel« zu.

Die vergleichsweise geringe Ertragskraft einer Schafhaltung erfordert aber, daß vor dem Neubau eines Schafstalles alle bestehenden bzw. sich bietenden Um- und Ausbaumöglichkeiten in bereits vorhandenen **Altgebäuden** (z. B. Scheunen) voll ausgeschöpft werden sollten.

Sind **Neubauten** erforderlich, dann sollte auf der Grundlage eines realisierbaren Betriebsentwicklungsplanes und betriebswirtschaftlicher Belastungs- sowie Ertragsberechnungen ein entsprechendes Raum- und Funktionsprogramm erarbeitet werden. Denn Neubauten sind, wenn überhaupt, nur für technisierungswürdige Einheiten und Organisationsformen bei günstigem Standort wirtschaftlich vertretbar.

In einem **technischen Investitionsprogramm** sollten in erster Linie arbeitswirtschaftliche Gesichtspunkte bestimmend sein. Rationalisierung zur Erhöhung der Arbeitsproduktivität über einen Austausch von Arbeit durch »Kapital« ist nur für den Anteil regelmäßig wiederkehrender und kurzfristig (d. h. ohne Aufschub) zu erledigender Arbeiten z. B. der Fütterung sinnvoll. Denn der ohne Rationalisierung notwendige höhere Arbeitszeitbedarf wirkt sich auf den Umfang des je Arbeitskraft zu betreuenden Mutterschafbestandes als begrenzender Faktor nachteilig aus.

An einen **praxisgerechten Schafstall** sind – gleichgültig, welches Bausystem gewählt wird – u. a. folgende Forderungen zu stellen:

- **Gebäudebreite:** Möglichst ein Vielfaches von 5,0 m (Liege-:Freßplatz-Verhältnis s. Seite 74)
- **Traufenhöhe:** Mindestens 3,5–4,0 m Höhe wegen Hubhöhe von Arbeitsgeräten bei der mechanischen Entmistung
- **Fundamente:** Möglichst isoliert und 0,30–0,60 m hoch
- **Seitenwände:** Mindestens im Bereich des Miststapels imprägniert
- **Gesamtkonstruktion:** Möglichst stützenfreier Innenraum
- **Tore:** Möglichst Flügeltore für Tieraustrieb; Schubtore und Pendeltüren zu Nebenräumen

Aus der Vielfalt praxisgerechter Neubausysteme sollen hier zwei Schafstallungen bzw. Betriebe als beispielhaft herausgegriffen werden.

Der **Beispielsbetrieb I** hält rund 500 Mutterschafe. Das Gesamtgebäude (Abb. 106) mit den Außenmaßen von 76 m Länge × 20 m Breite ist durch eine Querdurchfahrt, die auch als Futtertenne benutzt wird (siehe offenes Tor), in den *Stallraum* (53 × 20 m) und den *Bergeraum* (links im Bild) aufgeteilt. In diesem ist folgendes untergebracht: 900 m^3 Heu (lose), 450 m^3 Stroh (Hochdruck-Ballen), 180 m^2 Getreide- und Schnitzellagerraum, ein Umkleide-, Wasch- und Aufenthaltsraum.

Im Stallraum (Abb. 107) sind 4 Futterbänder (s. Seite 90) mit je 50 m Länge eingerichtet, die bei der Entmistung an den Unterzügen der Dachkonstruktion hochgehängt werden können. Zwischen der Außenwand und den Ablammboxen (Abb. 107 rechte Bildseite) ist ein ca. 1 m breiter Kontroll- und Triebgang.

Im **Beispiel II** wurde ein Stall in Starrahmenbauweise mit geneigtem Stiel (Abb. 108) nach Plänen und unter Anleitung der »Landtechnik Weihenstephan« erstellt. Neben dem Fensterband wird der Stall noch zusätzlich durch eine lichtdurchlässige Dacheindeckung erhellt (Abb. 109). Auf der Westseite (Abb. 108) ermöglichen geteilte Flügeltore den Ein- und Austrieb sowie ein leichtes Entmisten mit dem Front- bzw. Radlader. Auch in diesem Betrieb wird der Stall während der Weideperiode genutzt, und zwar mit frischgelammten, säugenden Schafen und Mastlämmern.

Abb. 106 (oben) Die Zuordnung von Stall- (rechts von der offenen Durchfahrt) und Bergeraum (links davon) ist hier sehr günstig gelöst.

Abb. 107 (rechts) Innenansicht zu Abb. 106: Eine arbeitswirtschaftlich gute und tiergerechte Aufstallung.

Abb. 108 (unten) Selbstgebauter Doppel-T-Starrahmenstall (Spannweite ca. 22 m) mit Trauf-First-Lüftung für 300 Mutterschafe.

Abb. 109 (ganz unten) Innenansicht zu Abb. 108 (vom Futterbergeraum aus): Drei Futterbänder werden von der Querdurchfahrt aus beschickt.

8.2.4 Selbstbaukonstruktionen

Die Gebäudekosten sind ein wesentlicher Bestandteil der gesamten Produktionskosten, auch bei der Schafhaltung. Da in den letzten Jahren die Lohnkosten rascher gestiegen sind als die Materialkosten, sind heute vor allem solche Gebäudekonstruktionen gefragt, die einen hohen Anteil an Eigenleistung ermöglichen.

Die »Landtechnik Weihenstephan« (bestehend aus dem Institut an der Bayerischen Landesanstalt für Landtechnik und dem Landtechnischen Verein) hat ein umfangreiches Programm verschiedener Holzbauweisen entwickelt. Es eignet sich besonders für die »Selbsthilfe«, aber auch für die Vorfertigung und Ausführung durch örtliche Handwerksbetriebe.

Einige dieser Konstruktionen sind für die Schafhaltung mit unterschiedlicher Herdengröße als Weidehütten, Ställe oder Bergehallen interessant. Das Prinzip dieser Holzbauweisen besteht ganz allgemein darin, daß Schnitthölzer und neuerdings auch Rundhölzer als Schwachholzverwertung stumpf gestoßen und durch aufgenagelte, wetterfest verleimte Sperrholzplatten oder verzinkte Metallverbinder zusammengefügt werden, wodurch eine hohe Stabilität erreicht wird. Aus der Vielfalt der Selbstbaukonstruktionen [50] können hier nur einige Beispiele herausgegriffen werden, und zwar je zwei Starrahmen- und Pultdachkonstruktionen.

Die **Starrahmenbauweise** ist eine sehr vielseitig anwendbare, stützenfreie Konstruktion aus dem Weihenstephaner Programm. Sie eignet sich für Kalt- und Warmstallungen, Mehrzweck-Maschinen- und Bergehallen unterschiedlichster Spannweite, die von den Giebelseiten her erschlossen werden können. Durch den engen Rahmenabstand von 0,62–1,25 m lassen sich handelsübliche Materialien für Dacheindeckung und Wandverschalung verwenden. Da Innen- und Dachraum frei von störenden Bauteilen sind, kann als einfaches Lüftungssystem z. B. die Trauf-Firstlüftung (Seite 72) verwendet werden.

Für **Kleinstallungen** mit einer Spannweite von 6,0–12,5 m verwendet man in der Regel Starrahmen mit senkrechtem Stiel (Abb. 110). Derartige Kleinställe (6,50 × 10,70 m = 69,5 m^2, daher planungsfrei) werden beispielsweise schon seit Jahren sehr kostengünstig in landschaftgebundener Ausführung in einer Kombination von Selbsthilfe und Vorfertigung von der Schafhaltevereinigung Bayer. Wald, 8446 Mitterfels, errichtet. Bei dieser Ausfertigung liegen die Knotenplatten innen, und die Außenwände sind mit einer Bretterstülpschalung versehen.

Bei **Großstallungen** mit einer Spannweite von 12,50–22,0 m empfiehlt sich die Anwendung des Doppel-T-Starrahmens (Abb. 111), weil dafür nur verhältnismäßig geringe Holzstärken erforderlich sind. Nachteilig ist jedoch der größere Arbeitsaufwand, um 3 schwache Hölzer so zusammenzunageln, daß ein sehr tragfähiges Doppel-T-Profil entsteht.

Pultdachhallen (Abb. 112 und 113) mit einem Binderabstand von 3,5–4,0 m und einer Tiefe bis zu 6,5 m eignen sich sehr gut für kleinere Schafställe oder Schutzhütten. Auf dem Markt befindliche Rundholzverbinder unterschiedlicher Größe und Form aus verzinktem Stahlblech ermöglichen den Einsatz preiswerter, geschälter Stangen und Stämme.

Hinweis! Beim Landtechnischen Verein, 8050 Freising, Vöttinger Str. 36 (Tel. 08161/5885), können Statiken, Konstruktionszeichnungen, Bauantragsunterlagen und Materiallisten für das Selbstbauprogramm der Landtechnik Weihenstephan gegen Unkostenerstattung bezogen werden. Zur Vorauswahl lasse man sich die Übersicht über das Selbstbauprogramm zum Preis von DM 3,– + Porto schicken. Daraus sind die möglichen Gebäudeabmessungen, Dachneigungen, Schneelasten, Holzstärken und auch die Unkosten für die Statikberechnungen und Konstruktionszeichnungen ersichtlich. Weiterhin ist eine Liste mit Anschriften von Betrieben erhältlich, bei denen man entsprechende Gebäude besichtigen kann.

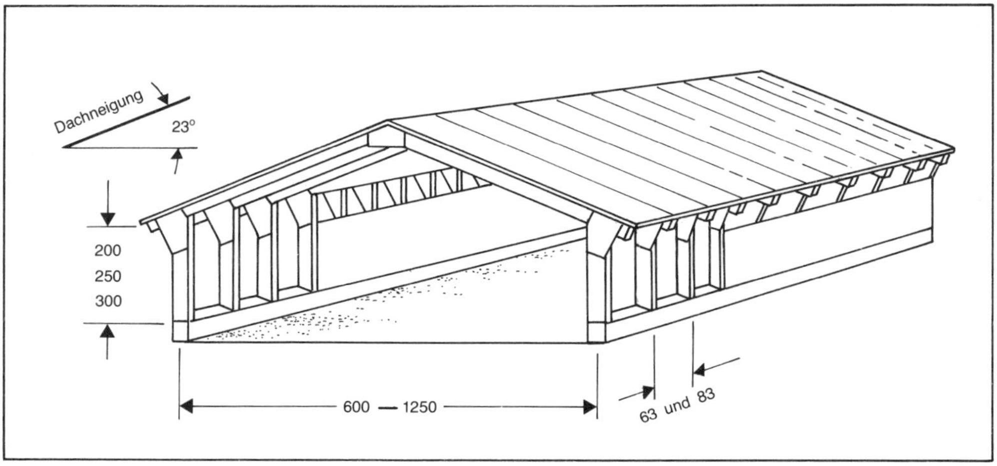

Abb. 110 Starrahmenstall mit senkrechtem Stiel [50] (Maße in cm).

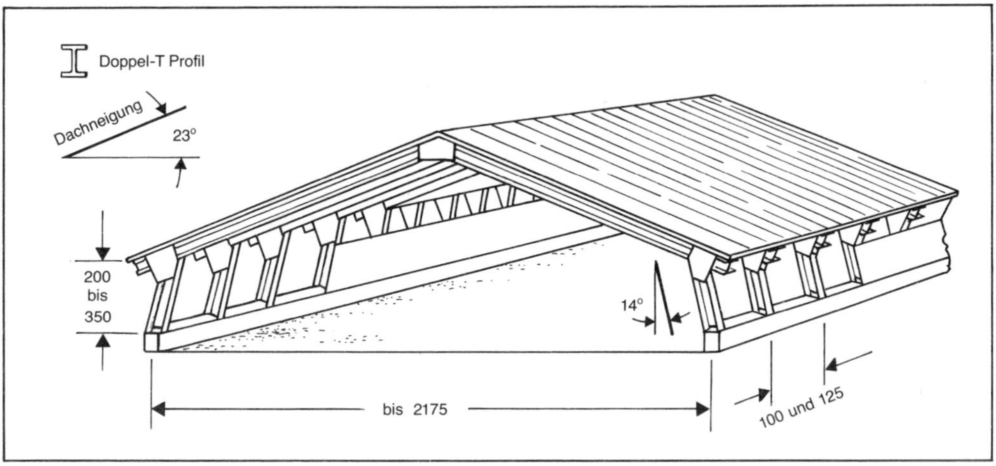

Abb. 111 Doppel-T-Starrahmenstall mit geneigtem Stiel [50] (Maße in cm).

Abb. 112 Kantholz-Pultdachstall mit innenliegenden Knotenplatten [50] (Maße in cm).

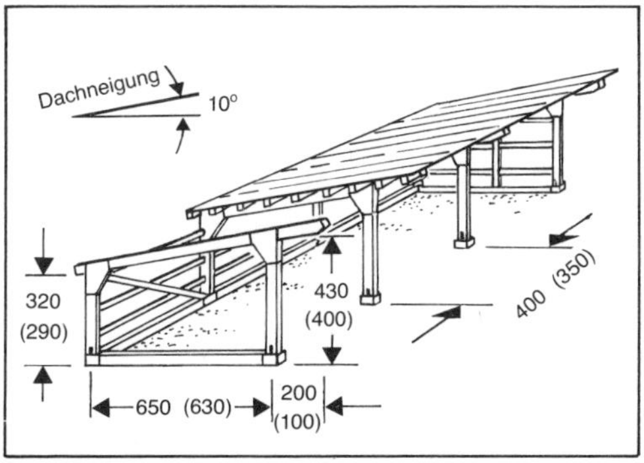

Abb. 113 Rundholz-Pultdachstall mit Rundholz-Metallverbindern [50] (Maße in cm).

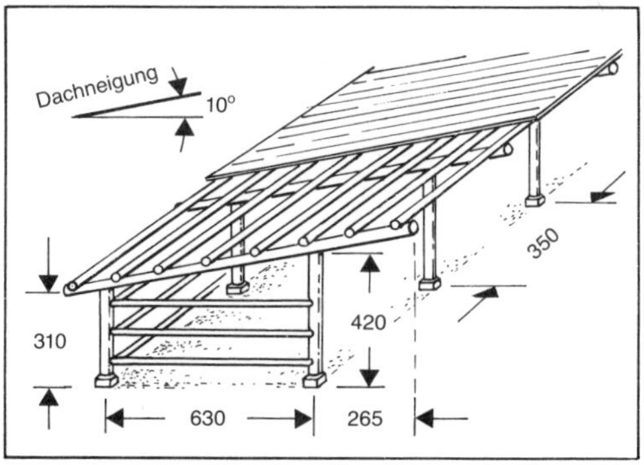

8.2.5 Folienstall

Neben der Nutzung von Altgebäuden durch Um- und Einbauten sowie kostengünstigen Selbstbaukonstruktionen findet seit Jahren der sog. Folienstall da und dort betriebsspezifisch Interesse. Dabei sind vor allem die verhältnismäßig geringen Kosten, d. h. Startinvestitionen beim Aufbau einer größeren *Hüteschafhaltung* ausschlaggebend. Hinzu kommt die Möglichkeit der Versetzbarkeit bzw. des eventuell erforderlichen Abbaus, z. B. nach Ablauf einer Pacht. Als **Folienställe** werden in der Regel im Handel befindliche Gärtnerhallen unterschiedlicher Breite und Länge mit geringfügigen Abänderungen verwendet.
Das Beispiel einer derartigen »Stallanlage« (Abb. 114) wurde von der Fa. J. Rup, 7062 Rudersberg, erstellt und setzt sich aus einer Durchfahrt mit einer Breite von 3,0 m sowie 2 Stallteilen mit je 6,5 m zusammen. Die tragende Konstruktion besteht aus Stahlrohrbögen. Darüber sind gitterverstärkte, weiß eingefärbte PVC-Folien gespannt. Die Stirnseiten der Stallteile sind bis zu einer Höhe von 2,50 m mit Holzwänden versehen bzw. durch Schiebetore verschließbar.
Die *Lüftung* erfolgt seitlich durch sog. Jalousien, die durch einen einfachen Kurbelmechanismus z. B. auf der jeweiligen Windseite herabgelassen (Abb. 115) oder bis zur erforderlichen Höhe geöffnet werden können (Abb. 116). Gegen Beschädigung durch die Schafe sowie zum Anliegen der Folie bei starkem Winddruck ist zum Stallraum hin ein Gitter angebracht (Abb. 116).
Die *Futtertröge* entlang der Durchfahrt werden an Ketten hängend der jeweiligen Miststapelhöhe angepaßt (Abb. 117 rechts). Die *Unterteilung des Stalles* erfolgt wie üblich mit Hürden. Untersuchungen [7] haben jedoch u. a. gezeigt, daß mit zunehmender Verschmutzung der Außenhaut die Strahlenreflexion zurückgeht und sich der Stall zu sehr erwärmt. Es empfiehlt sich bei Benutzung des Stalles im Sommer daher, die verschmutzte Folie zu waschen.
In einigen Hüteschafhaltungen verwendet man **fahrbare »Folienpferche«**, um insbesondere säugenden Muttertieren mit ihren Lämmern während schlechter Wetterperioden wenigstens nachts bzw. während der Pferchzeit einen Schutz zu geben. Derartige »Folienpferche« sind auch als winterfeste Folienställe verwendbar und werden von der Fa. Geiger, Haldenstraße 25, 7300 Esslingen, vertrieben, die dazu u. a. folgende Angaben macht:
Auf dem Transportfahrzeug senkrecht verlaufende Teleskoprohre sind über Gewindespindeln höhenverstellbar, so daß eine Firsthöhe von 3–4 m eingestellt werden kann. Hierbei werden Geländeunebenheiten ausgeglichen. Außerdem wird die Möglichkeit geschaffen:

- Den Stall als reine Pferchüberdachung mit einer Firsthöhe von ca. 3,20 m und einer Seitenwandhöhe von ca. 1,20 m zu erstellen
- Den Stall mit einer Firsthöhe bis zu ca. 4 m und einer Seitenwandhöhe bis zu ca. 1,80 m aufzustellen

Die Dachfolien (Planen) können mit an den Stirnseiten angebrachten Spannvorrichtungen auch in Längsrichtung gespannt (nachgespannt) werden. Bei geschlossenen Ställen werden Eingänge und Entlüftungen den jeweiligen Wünschen angepaßt. Die Konstruktion ist bestens geeignet für Wander- und Koppelschäfereien (z. B. Lammzeit und Schur), bedarf nur kurzer Montagezeiten und ist auch von einem Mann allein aufzustellen.

Abb. 114 Folienstallanlage (2 × 6,5 m) mit einer mittig angeordneten Durchfahrt (3,0 m).

Abb. 115 Offenes Schiebetor und geschlossene Jalousie des Folienstalls.

Abb. 116 Schutzgitter hinter der geöffneten Jalousie.

Abb. 117 Die Futtergeräte (rechts) sind über Ketten höhenverstellbar.

8.3 Aufstallungsformen

8.3.1 Tiefstreuhaltung

In der Regel werden Schafe auf Tiefstreu (Abb. 118) gehalten, wobei der tägliche Streustrohbedarf je Mutterschaf und Nachzucht sich auf 0,4–0,8 kg beläuft (je Mutterschaf ca. 0,8–1,0 m^2, s. Tab. 8, Seite 75). Während 120 Tagen Stallhaltung beispielsweise ist mit einer Miststapelhöhe von 0,6–0,8 m zu rechnen.

Als **Vorteile** einer Tiefstreuhaltung sind u. a. zu nennen:

- Stallklimatisch ausgleichende Wirkung wegen der Wärmeisolierung vom Boden her, insbesondere in nichtisolierten sog. Kaltställen
- Geringere Investitionen und Nutzung des Futterwertes von Stroh, wenn dieses vor dem Einstreuen den Schafen über die Futterraufen zum »Durchfressen« vorgelegt wird

Die **Nachteile** sind u. a.:

- Relativ hoher Kosten- und Arbeitsaufwand für Strohbergung und Einstreuen bei großen Herden
- Kosten bei Strohzukauf
- Relativ hoher Raumbedarf für die Strohlagerung
- Größeres Risiko für die gegenseitige Ansteckung mit Krankheiten (Stallkrümme, Stallmüdigkeit), da eine entsprechende Desinfektion sehr schwierig ist

In einigen Betrieben, insbesondere mit ganzjähriger Lämmermast und zunehmenden Kosten für Strohzukauf, wird versucht, den Stroheinsatz auch aus arbeitswirtschaftlicher Sicht für Streuzwecke zu reduzieren oder darauf ganz zu verzichten. Untersuchungen [3] haben gezeigt, daß sich der Arbeitszeitbedarf für die Streustrohbergung einschließlich Stallmistausbringung begrenzend auf die von einer Arbeitskraft (AK) zu betreuende Tierzahl auswirkt. Der Zeitbedarf für diese Arbeiten lag bei Strohaufstallung zwischen 40 und 60 AK-Minuten je Mutterschaf bei 120 Stallhaltungstagen, bei strohloser Aufstallung dagegen nur zwischen 8 und 12 AK-Minuten.

Ausreichende Einstreu bedingt insgesamt trockene Klauen, während bei mangelhafter Einstreumenge die Tiere im Kot oder feuchten Mist stehen. Dies aber kann neben einer Klauenhornerweichung vor allem zu einer sog. Stallkrümme führen (»Moderhinke« s. Seite 158). Eine Abnutzung des Horns erfolgt auf Einstreu nicht, ja nicht einmal auf Lochböden, weshalb stets eine regelmäßige Klauenpflege nötig wird.

8.3.2 Spaltenboden

Neben den im Handel befindlichen Spaltenböden aus Hartholz, z. B. Bongossi (Abb. 119), werden heute auch günstige Lösungen von Vollspaltenböden in der Regel in Selbstbauweise aus möglichst hartem astfreiem Holz (z. B. aus Fichten-Kernholz) hergestellt (Abb. 120). Die tragende Konstruktion wird dabei ebenfalls aus Fichtenholz erstellt (Abb. 121).

Bewährt haben sich *Roste* mit einer Auftrittsbreite bzw. »Balkenbreite« von 6,0 cm und einer Spaltenweite von 2,0 cm. Je nach der Spannweite zwischen den Tragholmen sollte das Auftrittsmaterial (Latten etc.) eine Stärke von 25 – 35 mm haben. Die deckenlastige Lagerung von Heu wurde in dem Beispielsbetrieb Hohenheim sehr gut gelöst (Abb. 120), die Futterbänder entstanden im Eigenbau.

Die **Vorteile** eines Vollspaltenbodens können u. a. sein:

- Das laufende Anheben der Futtergeräte mit wachsender Misthöhe entfällt
- Geringerer Arbeitszeitaufwand, da Strohbergung und Einstreuen entfällt
- Wegen der Dauerdunglagerung bei einer Raumhöhe unter den Rosten von 60–80 cm braucht je nach Stallhaltungszeit nur alle 2–3 Jahre ausgemistet zu werden [3]

Die **Nachteile** sind u. a.:

- Mögliche Klauenverletzung, wenn das genaue Einhalten der Spaltenbreite von 2 cm nicht durch entsprechende Abstandshalter gewährleistet ist
- Heu bzw. Futterstroh ist möglichst in gehäckselter Form anzubieten, da sonst die Spalten teilweise verlegt werden und der Reinigungsaufwand zunimmt

Abb. 118 Mastlämmer auf Tiefstreumatratze.

Abb. 119 Mastlämmer auf Spaltenboden aus Bongossi (Hartholz).

Abb. 120 Schafstall für 350 Mutterschafe einschließlich Nachzucht auf selbstgefertigten Spaltenrosten aus Fichtenholz.

Abb. 121 Die bewegliche Konstruktion des Unterbaus mit einer lichten Höhe unter dem Spaltenboden von ca. 0,80 m erleichtert das Entmisten.

8.3.3 Lochblechboden

Eine weitere Möglichkeit der einstreulosen Aufstallung ist ein Lochblechboden aus einem 4 mm starken, möglichst verzinkten Blech mit einer Lochweite von 1,8–2 cm (Abb. 122). Die Blechroste können über Dungkanäle bis zu einer Spannweite von 2,0 m gelegt werden. Sie sind aber je nach ihrer Breite (0,3 oder 0,5 m) (Abb. 123) entsprechend zu verstärken. Dies geschieht entweder durch »Umbördeln« der Ränder (Modell a) oder durch einen T-Eisenträger (4 × 6 cm) und diagonal aufgeschweißte Bandeisen (Modell b), die jedoch ca. 1,5 cm vor dem einen Längsrand enden sollten. Während beim Modell a jeder Rost für sich liegt, dient das ca. 1,5 cm überstehende T-Eisen (Modell b) des jeweils vorausliegenden Rostes als Längsauflage für den nachfolgenden Rost.

Die **Vorteile** derartiger Lochblechroste sind u. a.:

- Keine Klauenverletzungen, selbst bei neugeborenen Lämmern
- leichteres Reinigen und insbesondere Desinfizieren möglich als bei Holzspaltenböden. Diese Aufstallung bietet sich daher an, um auf einer kleineren Stallfläche, also einer Art »Gesundungsboxe«, Tiere z. B. mit Klauenentzündungen zur Behandlung von der Herde zu trennen und dort ausheilen zu können

Die **Nachteile** sind vor allem die relativ hohen Investitionskosten von ca. DM 120,– bis 150,– je m² und die Oberflächenglätte.

Die **Dungbeseitigung** unter den Blechböden kann entweder durch einen Faltschieber (Abb. 124) bzw. einen Klappschieber (Schubstangenentmistung) oder im Umspülverfahren erfolgen. Beim Umspülverfahren sind jedoch Kanäle mit einer Kanaltiefe von ca. 0,50 m erforderlich. Außerdem ist ähnlich wie beim Spaltenboden bei einer Kanaltiefe von mindestens 0,80 m eine verhältnismäßig lange Dungdauerlagerung möglich.

8.3.4 Gitterroste

Da und dort werden auch Gitterroste (Abb. 125) aus einem Drahtgeflecht (3 mm Drahtstärke und 20–24 mm Maschenweite) verwendet. Diese Art der Aufstallung empfiehlt sich nur für Masttiere, da keine vollständige Belastung der Klauen möglich ist. Diese nur stellenweise mögliche Belastung würde damit für schwere Mutterschafe zu Schäden am Klauenrand führen.

Abb. 122 Mastlämmer auf einem Lochblechboden.

Abb. 123 Unterseiten der Rostmodelle (Erläuterungen im Text), unten Querschnitte.

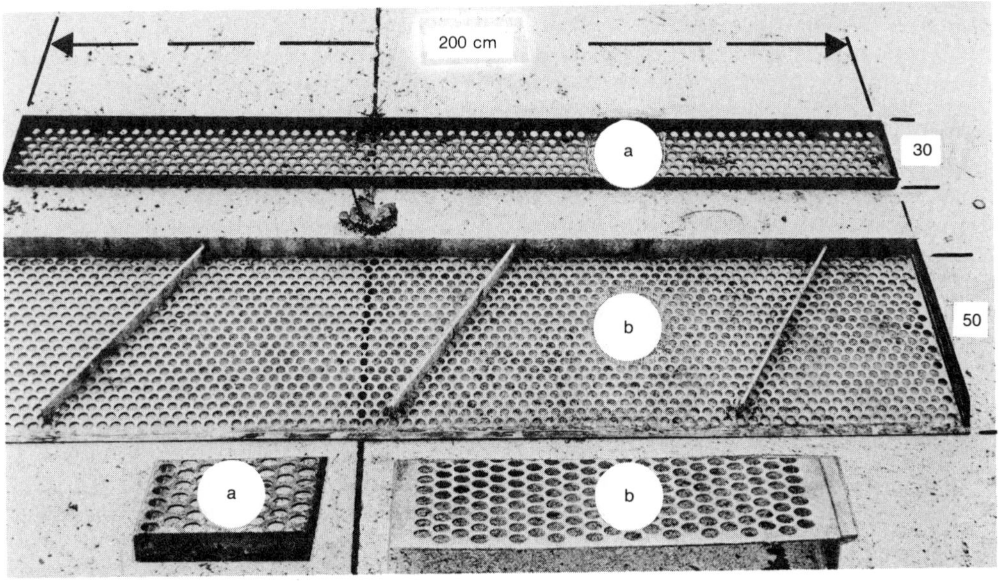

Abb. 124 Dungbeseitigung mit einem Faltschieber unter einem Blechboden.

Abb. 125 Mastlämmer auf einem Gitterrost mit einer Tragekonstruktion aus Holz.

8.4 Stalleinrichtungen

8.4.1 Futterraufen

Die üblichen **Sprossenraufen** mit einem Trog werden aus Holz hergestellt, und zwar als einseitige Wandraufe oder als freistehende Doppelraufe (Abb. 126). Wichtig ist dabei, daß im oberen Drittel des Sprossenteils ein sog. Nackenbrett angebracht wird, um das Herausziehen von Heu und damit ein gegenseitiges Einfüttern der Nackenwolle zu verhindern. Mit **Einfüttern** werden Futterbestandteile in der Wolle gemeint, die qualitätsmindernd sind. Denn derartig »eingefütterte« Wollteile müssen bei der Schur abgerissen und weggeworfen werden, da sie sich nur unter sehr hohem Kostenaufwand chemisch aus der Wolle entfernen lassen. Wird dies nicht beachtet, so kann sich der erzielbare Wollerlös erheblich vermindern. Ein Verkauf von stark eingefütterten Wollpartien kann sogar ganz in Frage gestellt werden.

Nachteilig ist u. a., daß vor der Beschickung der Raufen die Schafe aus dem Stall ausgetrieben werden müssen (Einfüttern des Vlieses). Außerdem sind derartige Raufen für die Verfütterung von Silage aus hygienischer und arbeitswirtschaftlicher Sicht ungeeignet.

Aus diesen Gründen wird die Sprossenraufe zunehmend von der sog. **skandinavischen Raufe** abgelöst (Abb. 127). Diese Art von Trograufe eignet sich zur Verfütterung der verschiedensten Futtermittel und kann sehr einfach im Selbstbau hergestellt werden. Die Länge der Einzelraufe sollte 4 m nicht überschreiten, damit gewichtsmäßig ein Anheben bei steigender Misthöhe oder Umstellen im Stall von einer Person noch möglich ist. Auch ist die Raufe, wenn sie z. B. im rechten Winkel zu einem Futtergang aufgestellt wird, leichter (Gabelwurfweite) vom Gang aus zu beschicken.

Der Nachteil aller trogartigen Futtergeräte ist es allerdings, daß Lämmer in den Trog springen können und diesen gerne als Liegeplatz benutzen.

Aus arbeitswirtschaftlichen Gründen gehen eine Reihe von Betrieben dazu über, sich skandinavische Raufen nicht 0,6 m, sondern 1,0–1,2 m breit zu bauen und die einzelnen Trogteile (ohne Stirnbretter) zu einem befahrbaren »Futtertisch« aneinanderzureihen (Abb. 128). Das Absperren der Schafe während des Futtereinfahrens kann durch Latten erfolgen, die mittels Bandeisen zum Trog parallelschwingend nach unten (Abschluß) und oben (öffnen) fixiert werden können.

Die **Sechseck-** oder **Rundraufe** ermöglicht eine gewisse Vorratsfütterung. Die Sechseckraufe (Abb. 129) kann im Selbstbau aus Holz und Baustahlgewebe angefertigt werden, während eine Rundraufe aus Metallrohren etc. in der Regel nur von einem Handwerker bezogen werden kann.

Die *Beschickung* kann durch Abwurfluken bei deckenlastiger Lagerung des Rauhfutters z. B. in Altgebäuden erfolgen oder mechanisiert mit einem Frontlader (z. B. Silage), wobei allerdings die Schafe während des Einfüllens nicht im Stall verbleiben können. Es wird entgegen anderen Empfehlungen davor gewarnt, den Tieren einen Silagevorrat für 3–4 Tage in den Raufen vorzulegen; es sei denn, die Stalltemperatur liegt so niedrig, daß kein Nachgären eintreten kann.

Nachteilig ist das Gewicht dieser Raufen, so daß ein Versetzen in der Tiefstreu in der Regel nur mittels Frontlader möglich ist.

Die Vorteile liegen u. a. darin, daß ca. 30% an Freßplatzbreite eingespart werden können und vor allem hochträchtige Tiere sich wegen der radial nach außen breiteren Standfläche nicht so stark gegenseitig drükken, so daß der Gefahr des »Abpressens« von ungeborenen Lämmern und von Frühgeburten etwas vorgebeugt wird.

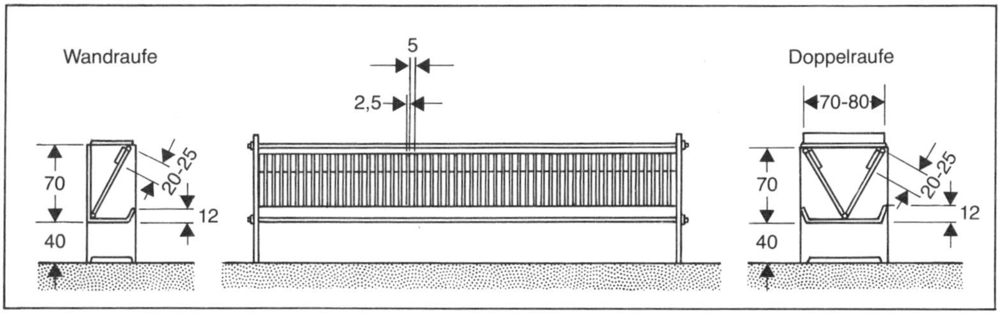

Abb. 126 Konventionelle Sprossenraufen [10] (Maße in cm).

Abb. 127 Skandinavische Raufe (Maße in cm).

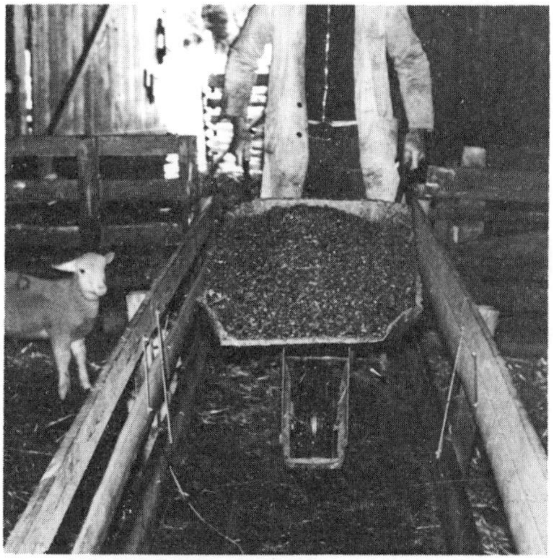

Abb. 128 Befahrbare Trograufe mit beiderseitiger Absperrvorrichtung.

Abb. 129 Sechseckraufe (Rundraufe) zum Selbstbau aus Holz (unten Skizze); rechts nach dem Zusammenbau (Maße in cm).

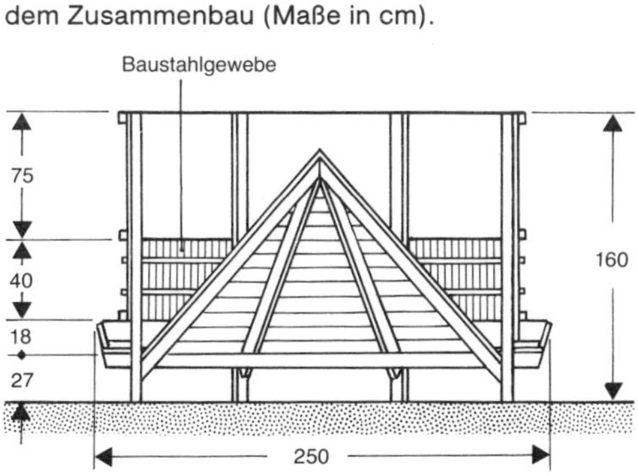

8.4.2 Futterband

Das Futterband ist eine Art skandinavische Trograufe mit Doppelboden. Diese Raufe wird meist aus 4 m langen Teilstücken zusammengesetzt. Ein Plastikband wird im Trog mit konstanter Geschwindigkeit von ca. 0,5 m/s von einem Antriebsaggregat über eine mögliche Gesamtlänge von 40–50 m gezogen, bis es am Ende durch einen Tastschalter gestoppt wird. Durch Umschalten des Antriebsaggregates erfolgt der Rücklauf, wodurch die Futterreste am Futtergang abgeworfen werden.

Die **Beschickung** des Bandes erfolgt in der Regel von Hand oder bei verhältnismäßig kurzem oder lockerem Futter mittels Ladewagen und gleichlaufender Querfördereinrichtung von der Futtertenne oder der Querdurchfahrt aus.

Die **Vorteile** eines Futterbandes sind u. a.:

- Eignung für sämtliche Futtermittel, so daß in entsprechender Reihenfolge täglich eine vielseitigere Futterration in möglichst zwei Futterzeiten angeboten werden kann
- Selbstreinigung von Futterresten beim Rücklauf
- Verbleiben der Schafe im Stall während der Beschickung
- Zentrale Absperrvorrichtung
- Arbeitszeiteinsparung von ca. 50% gegenüber beispielsweise Doppelraufen (diese wären 100%) bei Schafbeständen zwischen 250 und 750 Tieren [4]
- Wesentliche Einsparung an überbauter Fläche und damit Verminderung der Baukostenbelastung

Die **Nachteile** sind u. a. die relativ hohen Investitionskosten je Schaffreßplatz von DM 60,– bis 90,–. Deshalb sollte eine maximale Länge genutzt werden, um vor allem die Kostenbelastung durch das Antriebsaggregat je laufender Meter zu verringern.

Serienmäßig werden Futterbänder hergestellt von der Fa. Südstall (»System Schleich«) in 8239 Waldkraiburg sowie von Fa. Wiedemann in 7901 Rammingen. Ein Selbstbau ist möglich nach Plänen des Gutsbetriebes der Universität Hohenheim in 7000 Stuttgart 70, Schwerzstr. 21.

Um zu verhindern, daß die Lämmer auf die Futtertenne austreten, ist es zweckmäßig, sich eine einhängbare Lattenabsperrung (Abb. 130) anzufertigen.

Beim Einsatz von Futterbändern in Einstreuhaltung ist es erforderlich, die Bänder jeweils an die wachsende Misthöhe entweder mittels einer Handwinde oder über sonstige Hebemöglichkeiten anzupassen. Neben dem Einsatz von Flaschenzügen sollen zwei praktisch erprobte Lösungen als Beispiele vorgestellt werden:

Beispiel I (Abb. 131): Hier dient eine Spindel mit Handkurbel nicht nur zum geringfügigen Anheben, sondern auch zum Ausheben über die Misthöhe hinaus. In Abständen von 4–5 m (je nach Unterzugkonstruktion des Stalles) wird das Futterband mit Seilen an den »Spindelträger« angehängt und kann auf diesem seitlich durch zwei Rollen auf einer Schiene insgesamt weggeschoben werden. Damit ist u. a. in verhältnismäßig niedrigen Ställen die mechanische Entmistung, z. B. mittels Radlader, ohne Behinderung möglich.

Beispiel II (Abb. 132): Das Futterband wird durch mehrere über Rollen (Abstand ca. 4 bis 5 m) laufende Drahtseile mittels einer entsprechenden Winde (Abb. 133) der Misthöhe angepaßt oder bis zu den Querbindern hochgezogen, wodurch ausreichend Raum für die Entmistung vorhanden ist (Abb. 132).

Abb. 130 Dieses Futterband läßt sich durch ein herausnehmbares Lattengitter absperren.

Abb. 131 Selbstkonstruierte »Spindelwinde« für den Niveauausgleich des Futterbandes (Staatsgut Neuhof).

Abb. 132 Zur Entmistung hochgezogenes Futterband (Lehranstalt Triesdorf).

Abb. 133 Handwinde mit Übersetzung zum Hochziehen eines Futterbandes (Lehranstalt Triesdorf).

8.4.3 Kraftfuttergeräte für Lämmer

Das Angebot von Kraftfutter sowohl für die Sauglämmer als auch für die Mastlämmer erfolgt mittels verschiedenster Futtergeräte. Die Art der Ausführungen reichen vom einfachen Holztrog bis hin zu Vorratsautomaten.

Holztröge werden in der Regel in unterschiedlichster Art selbst hergestellt, und zwar entweder einseitig (Abb. 134) oder von beiden Seiten her für die Lämmer erreichbar. In Holztrögen wird Kraftfutter in der Regel als Eigenmischung (Hafer, Schnitzel, Soja, Mineralstoffe) meistens täglich frisch vorgelegt.

Die Lämmer haben nun meistens die »Untugend« mit den Vorderbeinen in den Trog zu steigen und damit das **Futter zu verschmutzen**. Um dem vorzubeugen gibt es verschiedene Möglichkeiten:

- Eine Holzlatte wird an den Stirnteilen möglichst über den Trogrand hinausragend so angebracht (Abb. 134), daß die Lämmer zwar darunter hindurch noch mit den Köpfen an das Futter herankommen, aber nicht mehr mit gestreckten Vorderbeinen im Trog stehen können
- Der Holztrog wird in der Beifutterboxe an beiden Enden aufgehängt, so daß er schwingend ausweicht, wenn ein Lamm versucht, darin »Fuß zu fassen«

Aus arbeitswirtschaftlichen Gründen finden aber insbesondere in der Lämmermast sog. **Kraftfutterautomaten** zunehmend Verwendung. Diese eignen sich jedoch weniger für Eigenmischungen wegen der Entmischungsgefahr und schlechten Nachrutschens, sondern vielmehr für pelletiertes Zukaufsfutter.

Zur Beifütterung für Lämmer während des Übergangs von der Stallhaltung auf die Weide oder zur Ergänzung bei nachlassendem Grasaufwuchs ist beispielsweise ein fahrbarer Automat (Abb. 135) vorteilhaft, wobei der Deckel über den Trog vorspringend auch als Dach genutzt wird.

In der intensiven Stallmast ist mittels Automaten eine Kraftfutteraufnahme zu jeder Zeit in beliebiger Menge gewährleistet. Außerdem braucht im Gegensatz zum rationierten Kraftfutterangebot nicht für jedes Lamm gleichzeitig ein Freßplatz zur Verfügung zu stehen, weil sich die Kraftfutteraufnahme der Lämmer über den ganzen Tag verteilt.

Aus der Vielfalt der Möglichkeiten seien zwei Beispiele herausgegriffen. Automaten aus verzinktem Blech können u. a. aus dem handelsüblichen Angebot für Schweine verwendet werden (Abb. 136).

In großen Mastbeständen bietet sich der Rundautomat an. In Abb. 137 ist eine Automatenbatterie mit einer Beschickung mittels einer Futterrohranlage dargestellt. Die Vorratsbehälter wurden vom Schafhalter im Selbstbau aus Fässern erstellt, wobei im Inneren ein Kegeleinsatz für die Verteilung zum ca. 5 cm breiten Schlitz hin sorgt. Es empfiehlt sich jedoch eine regelmäßige Kontrolle der Behälter, um eine Brückenbildung im Futter zu verhindern.

Abb. 134 (oben links) Einfacher Holztrog zur Beifütterung von Kraftfutter.

Abb. 135 (oben rechts) Fahrbarer Beifutterautomat mit abklappbaren Schieberohren.

Abb. 136 (Mitte) Aus der Schweinemast entlehnter Kraftfutterautomat für Aufzucht- und Mastlämmer.

Abb. 137 (unten) Selbstgebaute Rundautomaten für Mastlämmer; die Automaten werden über eine Rohranlage beschickt.

8.4.4 Wasserversorgung

Der tägliche Wasserbedarf eines Schafes beträgt in der Regel 1,5–3,0 l und ist wesentlich abhängig von der Futterart und der Lufttemperatur. Er liegt bei ausschließlicher Trockenfütterung höher als bei Verfütterung von z. B. Silage oder bei Grünfutterangebot. Außerdem liegt der Wasserbedarf hochträchtiger und insbesondere säugender Schafe höher als bei niedertragenden.

Grundsätzlich gilt auch für das Schaf, daß eine ausreichende **Wasserversorgung** für die Höhe der Futteraufnahme, die physiologischen Vorgänge im Körper und damit für das Wohlbefinden unerläßlich ist.

Den Tieren ist stets hygienisch einwandfreies Wasser zur Verfügung zu stellen. Deshalb sollten sie während der Weideperiode nicht gezwungen sein bzw. nicht die Möglichkeit haben, Wasser z. B. aus einem stehenden Gewässer aufzunehmen. Denn es besteht dadurch eine zusätzliche Verwurmungsgefahr.

Eine entsprechende Wasserversorgung kann auf verschiedene Art gewährleistet werden. Bei vorübergehend getrennter Haltung (z. B. Ablammboxe) verwendet man in der Regel für jedes Mutterschaf einen **Eimer.** Nur noch selten sieht man, daß Wasser über einfache **Holztröge** angeboten wird, die zur Vorbeuge von Verschmutzung außerhalb der Bucht aufgestellt werden.

Zunehmend setzt sich jedoch die Anwendung von **Selbsttränken** durch. Grundsätzlich kann man bei ihnen zwei Systeme unterscheiden, und zwar Ventiltränken und Schwimmertränken. Bei **Ventiltränken** fließt Wasser stets so lange nach, wie ein Ventil über einen Hebel (zungen- oder stabartig) gedrückt wird. Dieser Hebel kann auch als durchbrochene Zunge (Abb. 139, Modell 1) angeboten werden.

Daneben gibt es Tränkebecken, deren Ventil über eine bewegliche Schale gewichtsgesteuert so lange geöffnet bleibt, wie die Tiere Wasser entnehmen (Abb. 139, Modell 3).

Bei **Schwimmertränken** wird der Wassernachfluß über einen Schwimmer gesteuert (Abb. 139, Modell 2 und Abb. 140), wobei der jeweilige Wasserstand im »Vorratsbekken« durch eine Schraube über dem Hebelarm am Ventilkörper eingestellt werden kann. Praktisch veranlagte Schafhalter besorgen sich einen Satz eines derartigen Schwimmerventils und bauen diesen z. B. in einen kleinen Holztrog oder noch besser in eine weiße Plastikwanne ein. Dabei muß aber der Schwimmer abgedeckt sein, damit die Schafe nicht daran »spielen« können und eventuell eine Überschwemmung auslösen. Weiße Behälter eignen sich besser als dunkle, da man rechtzeitig erkennt, wann eine Reinigung der Tränke erforderlich ist.

Eine Selbsttränke reicht in der Regel für 40 bis 60 Schafe. Es ist zweckmäßig, die Tränkebecken an geeigneten Halterungen z. B. Schienen (Abb. 141) anzubringen und mit einer ca. 1,0 m langen beweglichen Wasserzuführung (z. B. druckfester Schlauch) zu versehen, um die Selbsttränke der steigenden Miststapelhöhe anpassen zu können.

Bewährt hat sich aber auch vor dem Tränkebecken ein Antritt, z. B. betonierte Stufen (Abb. 138), damit die Schafe hochsteigen müssen und das Wasser z. B. durch Kotabsetzen nicht verschmutzen können. Eine Art von Podest vor dem Becken empfiehlt sich auch deshalb, damit die Tiere nicht in der fast unvermeidbaren Feuchtstelle (z. B. bei Ventiltränken) stehen und sich dadurch möglicherweise eine sog. »Stallkrümme« ausbreitet.

Bei der Verlegung der Wasserleitungen in einen Stall sind die elektrotechnischen Schutzbestimmungen zu beachten.

In der Winterstallhaltung sollte rechtzeitig vor dem zu erwartenden Absinken der Stalltemperaturen unter den Gefrierpunkt einem Einfrieren der Anlage vorgebeugt werden:

- Das Wasser in den Zuleitungen ablassen und nur tagsüber bei vorübergehender Benutzung anschließen
- Für die sehr kalten Abschnitte vorübergehend die Becken durch Eimer, Wannen etc. ersetzen
- Im Handel sind auch beheizbare Tränkebecken erhältlich, die sich zunehmend in der Praxis durchsetzen. Sofern die Wasserzuleitungen nachträglich frei im Stall verlegt werden müssen, empfehlen sich eine Rohr-Isolierung und Niedervoltbeheizung (Trafo: 6–12 Volt).

Abb. 138 (oben rechts) Treppenmaße zu einem festeingebauten, möglichst beheizbaren Tränkebecken.

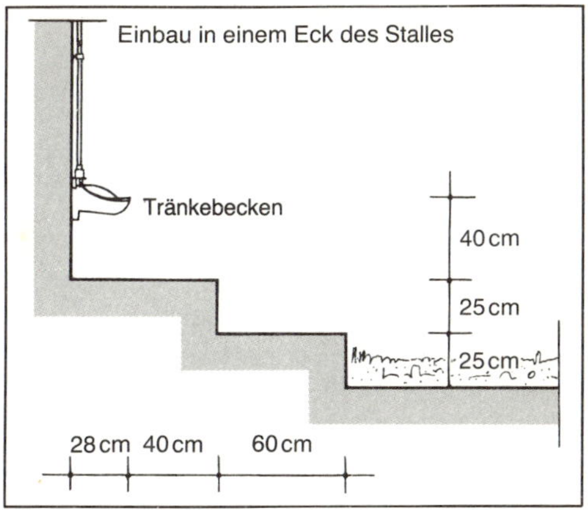

Abb. 139 (Mitte) Beispiele für Ventiltränkebecken (s. Text).

Abb. 140 (unten links) Beispiel einer Schwimmertränke mit nach vorne abklappbarem Deckel.

Abb. 141 (unten rechts) Über diese Schienen ist die Tränke höhenverstellbar und läßt sich der Höhe des Miststapels anpassen.

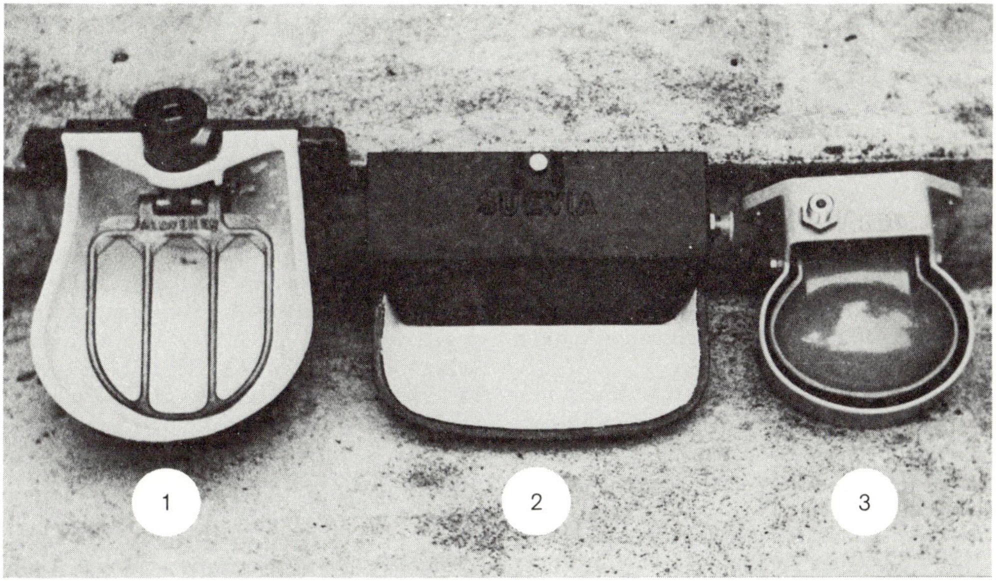

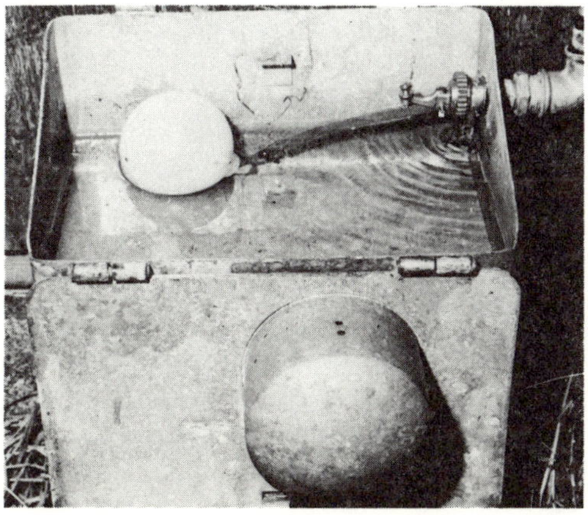

8.4.5 Aufzuchtgeräte

Für die Aufzucht von sog. Problemlämmern – d. h. in erster Linie Aufzucht von Dritt- und Viertlämmern oder Lämmern von Muttertieren mit z. B. Milchmangel – zur Verringerung der Aufzuchtverluste gibt es verschiedene Möglichkeiten zur Verabreichung einer Milchaustauschertränke.

Aus der Vielfalt sollen nur einige herausgegriffen werden. Neben der Verwendung von **Babyflaschen** für Einzeltiere werden in der Praxis entweder vom Handel angebotene Tränkebehälter oder aber auch selbstangefertigte Geräte verwendet.

Bewährt sind **Eimergeräte** zur *rationierten* Fütterung. In der Abb. 142 sind zwei Beispiele dargestellt, wobei die Zitzen unten angebracht sind. Dies setzt aber voraus, daß:

- Durch ein Rückschlagventil der Milchaustritt durch die Zitzenöffnung auch bei Nichtbenutzen des Saugers verhindert wird (Abb. 142, Modell 1)
- Sog. nichttropfende Zitzen (Abb. 142, Modell 2, bzw. Abb. 143, Typ 3) verwendet werden. Ihr Material ist sehr kräftig und hat einen dichtschließenden Schlitz, der senkrecht stehen sollte

Das Modell 2 (Abb. 142) ist aus einem Plastikeimer selbst angefertigt. Die nichttropfenden Sauger (Marke: Ripper Robots, Abb. 143, Typ 3) werden dabei einfach durch eine ca. 2 cm starke Bohrung von innen nach außen eingesetzt. Je nach Bedarf und Eimergröße können so bis zu 8 Sauger angebracht werden. Diese einfache »Lammbar« kann man entweder über der Boxe hängend oder besser stabil (z. B. auf einem im Mist »verankerten« Dreifußbock) einsetzen.

Ferner gibt es **Tränkegeräte** zum *freien Angebot* der Milch. Sofern größere Lämmergruppen aufgezogen werden sollen, werden aus arbeitswirtschaftlichen Gründen Systeme verwendet, bei denen die Lämmer die freie Wahl haben, welche Menge sie wann aufnehmen. Da die Lämmer es vorziehen, öfter kleinere Mengen aufzunehmen, kommt es auf Grund praktischer Erfahrungen kaum zu gesundheitlichen Störungen (z. B. Blähungen, Übersaufen).

Das einfachste System als Übergang von Eimertränken zur freien Aufnahme soll an einem **Beispiel** (Abb. 144) dargestellt werden. Dazu verwendet man sog. Saugerhalter, wie sie im Handel erhältlich sind (z. B. Hiko, 7900 Ulm; Tier und Technik, 6451 Hammersbach 2) und befestigt diese entweder mittels der gelieferten Metallplatte oder an den Hürden zum Futtergang hin (Abb. 144). Die Schläuche hängen von den jeweiligen Saugereinheiten aus in einen außerhalb der Boxe befindlichen, abdeckbaren Behälter.

Um den Lämmern das ständige Ansaugen der Milch aus dem tieferstehenden Eimer zu ersparen bzw. zu verhindern, daß die Milchsäule im Schlauch zurückfällt, ist z. B. im Hiko-Sauger-System eine Membran eingesetzt, die als Rückschlagventil wirkt. Ansonsten besorgt man sich Plastikrückschlagventile in Laborbedarfsgeschäften und steckt sie auf das bis zum Behälterboden hängende Schlauchende.

Als kostengünstige Kombination zum Anrühren und gleichzeitig als Vorratsbehälter sowie zum Nachmischen eignet sich auch ein sog. »Milchmixer« (Abb. 145) sehr gut, wenn man mehr als 40–50 Lämmer gleichzeitig versorgen muß. Dabei werden die Schlauchenden der einzelnen »Saugereinheiten« mit Hilfe eines Plastik-T-Stückes in einer Art Pipeline miteinander verbunden oder – bei radialer Anordnung der Boxen um den Mixer – damit verzweigt.

In einigen standortgebundenen Großschafhaltungen, in denen regelmäßig Problemlämmer anfallen, ersetzt man schon seit Jahren mit Erfolg den Milchmixer durch einen Automaten, wie sie auch z. B. in der Kälbermast eingesetzt werden. Praktisch bewährt haben sich – vor allem durch einfache Reinigungsmöglichkeit und hohe Zuverlässigkeit – Tränkautomaten der Fa. M. Förster, Gerwigstr. 27, 7707 Engen.

Grundsätzlich sollte man beachten, daß bei rationiertem Tränkeangebot für jedes Lamm eine Saugstelle zur Verfügung steht. Bei freiem Angebot dagegen kommen in der Regel 5–10 Lämmer mit einer Saugstelle aus. Zudem ist neben der Milchtränke gleichzeitig mit dem Kraftfutterangebot auch stets frisches Wasser bereitzustellen (s. »Mutterlose Aufzucht«, Seite 132)

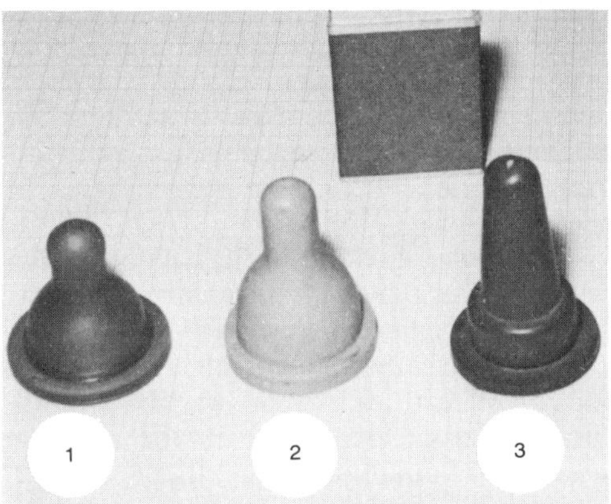

Abb. 142 (oben) Beispiele für Tränkeeimer (1 Kugelventil, 2 nichttropfende Sauger).

Abb. 143 (links) Bewährte Saugertypen (s. Text).

Abb. 144 (unten links) Eine einfache »Lammbar« zum freien Tränkeangebot.

Abb. 145 (unten rechts) Dieser Milchmixer eignet sich zum Anrühren wie als Vorratsbehälter der Tränke.

8.4.6 Sonstige Einrichtungen

Zur Unterteilung des Stallraumes – aber auch als Weidetore – werden sog. **Hürden** (regional unterschiedlich auch Hurden oder Horden genannt) verwendet. In der Regel werden sie mit einer Länge von 2,0–4,0 m je nach Stalleinteilung (Futtergang, Fütterungsgeräte etc.) und einer Höhe von 1,0 m im Eigenbau aus möglichst astfreien Latten (4 × 6 cm) hergestellt (Abb. 146). Da und dort verwendet man auch Bretter oder befestigt auf einem Holzrahmen anstelle der Querlatten ein Knotengeflecht.
Die Hürden sollten aber nicht länger als 4,0 m sein, weil sie sonst sehr schwer werden und insbesondere die Längsstabilität nicht mehr entsprechend gewährleistet ist, es sei denn, man verwendet stärkeres Material und baut die Hauptabtrennungen fest ein. Nur selten verwendet man in sich verschiebbare Hürden, um sie in der Länge jeweils unterschiedlichen Buchtentiefen anzupassen.
Der **Lämmerschlupf** dient als Abtrennung der Muttertiere von der sog. Beifutterboxe für Lämmer. Er wird in eine Hürde eingebaut, wobei die Öffnungen eine Weite von 20–25 cm haben sollten (Abb. 147). Anstelle der senkrechten Latten kann man auch Holzstabrollen verwenden, die den Durchschlupf erleichtern. Außerdem ist es zweckmäßig, eine Absperrvorrichtung als Schieber oder zum Abklappen mittels Scharnieren (Abb. 147) vorzusehen, um damit die Sauglämmer in der Beifutterboxe z. B. jeweils während der Futterzeit festhalten zu können. So können auch die Mutterschafe ohne »Belästigung« ihrer oder gar fremder Lämmer (»Milchräuber«) ihr Futter aufnehmen.
Ablammboxen sollten mindestens eine Fläche von 1,25–1,50 m² haben und werden in der Regel aus kürzeren und längeren Hürden entsprechend den Stallverhältnissen zusammengesetzt und z. B. an den Futterraufen fixiert.
Falls es nicht möglich ist, sich Hürden selbst anzufertigen, wird auf das reichhaltige diesbezügliche Marktangebot verwiesen, das aus Holz oder verzinktem Material erhältlich ist. Als Beispiel sei eine leicht zerlegbare und zu reinigende quadratische Hürdenkombination (Fa. Brust, 8750 Aschaffenburg) mit einhängbarer Raufe und einer einfachen Eimerhalterung erwähnt (Abb. 148).
Die Einrichtung einer **stationären Sortier- und Behandlungsanlage** empfiehlt sich in erster Linie bei einer standortgebundenen Herdenhaltung, um möglichst arbeitssparend regelmäßig anfallende Pflege- und Behandlungsmaßnahmen durchführen zu können. Dabei sind eine Reihe von Grundsätzen bei der Planung und Erstellung zu berücksichtigen.
Wichtig ist es u. a., den Boden des Vor- bzw. Warteplatzes so z. B. mit einer Betonplatte oder einem Betonpflaster zu befestigen, daß er leicht gereinigt werden kann. Außerdem sollten die Außeneinfriedungen möglichst glatte Innenflächen aufweisen, d. h., es sollten sich keine Pfosten an der Innenseite befinden. Beim Durchtrieb der Tiere durch den Trichter bzw. den Triebgang, durch das Klauenbad oder den Behandlungsgang sollte nämlich ein ständiges Anstoßen der Tiere vermieden werden, da dies vor allem für trächtige Schafe als »mechanische« Einwirkung möglicherweise zum Verlammen führen kann (s. Seite 156).
Neben dem Erstellen im Eigenbau werden vom einschlägigen Handel auch transportable Behandlungsanlagen angeboten.
Der Einbau eines geeigneten **Lagerraumes** für z. B. Kraftfutter bzw. Getreide, Eiweißfuttermittel in das Stallgebäude ist eine wichtige Maßnahme. Wesentliche Voraussetzungen hierfür sind:

- Trockene und geeignete Räume für die Lagerung, um einer Schimmelbildung und damit Gesundheitsschädigungen vorzubeugen
- Geschlossener Raum, um Fraßverlusten durch Mäuse oder Ratten, aber auch eine Verunreinigung durch Hunde- oder Katzenkot zu verhindern und damit einer möglichen Ansteckung der Schafe (Toxoplasmose, Sarkosporidiose) vorzubeugen

Bewährt haben sich daneben Kraftfuttersilos aus Plastik, Holz oder Metall (s. Abb. 99, Seite 75).

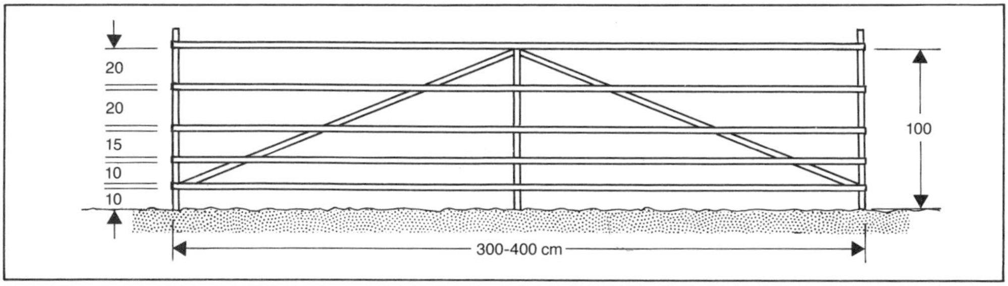

Abb. 146 Hürde aus Latten [10] (Maße in cm).

Abb. 147 Selbstgebauter Lämmerschlupf, der verschließbar ist.

Abb. 148 Industriell hergestellte Ablammbox mit Eimerhalter, Futterraufe und Kraftfuttertrog.

8.5 Errichtung einer Koppelanlage

Vor dem Errichten von Weidezäunen – insbesondere im Außenbereich – sollte **im Rahmen der Planung** zunächst unbedingt eine Reihe von Fragen abgeklärt werden, um sich von vornherein viel Ärger zu ersparen.
Dabei geht es in erster Linie um folgende Fragen:

- Bestehen **rechtliche Einwände** von Seiten der zuständigen Kreisbehörde gegen das geplante Vorhaben und gegebenenfalls welche?
- Welche **Wege-** und **Grenzabstände** sind unter den gegebenen Verhältnissen einzuhalten?
- Sind die für eine Koppelanlage vorgesehenen Grünlandflächen von ihrer Ertragsfähigkeit her (s. Seite 106) überhaupt **einzäunungswürdig**, d. h. lohnt sich eine Investition von DM 1500–2000/ha an Zaunmaterial- und Erstellungskosten?
- Handelt es sich zum Teil oder insgesamt um Grünland, das in einem **Überschwemmungsgebiet** liegt oder zeitweilig stauende Nässe aufweist (s. »Innenparasiten«, Seite 164)?

Zur Klärung der zuletzt genannten Fragen empfiehlt es sich, daß bei der Planung der zuständige Fachberater für Schafzucht zugezogen wird.

8.5.1 Pfahlmaterial

Im allgemeinen verwendet man Holzpfähle mit einer Länge von etwa 1,80 m, wovon 0,60 m unter und 1,20 m über der Bodenoberfläche gerechnet wird (Abb. 149). Der Durchmesser der Pfähle sollte zwischen 8 und 10 cm liegen, während man stärkere Pfähle für die Ecken und Zaunenden an den Weidetoren verwendet.
Holzpfähle sind am zweckmäßigsten, weil sie ohne Fundament im Boden halten, bei der Genehmigung einer Einzäunung durch die Behörden keine Schwierigkeiten machen (wie jedoch Betonsäulen oder Rohre, einschließlich Betonsockel) und weil das Knotengitter mit Krampen befestigt werden kann.
Wesentlich für die Haltbarkeit einer Koppelanlage ist die richtige **Behandlung des Pfahlmaterials.** Zunächst sollte man die Pfähle vor allem im unteren Bereich (ca. 80 cm) gewissenhaft entrinden und zuspitzen, z. B. mittels einer Kreissäge. Sodann sind die Holzteile – besonders bei Weichholzpfählen –, die im Boden stecken (60 cm) und ca. 20 cm darüber (Erd-Luft-Zone, also mindestens 80 cm von der Spitze her gerechnet) zu imprägnieren.
Das *Imprägnieren* erfolgt am einfachsten in alten Fässern (Abb. 150), worin man die Pfähle 2–3 Tage im Tauchverfahren stehen läßt. Für 200 Pfähle werden je nach ihrem Durchmesser 15–20 kg Imprägniermittel benötigt [13]. Sofern Hartholzpfähle (Eiche, auch Buche) vorhanden sind, erübrigt sich das Imprägnieren. Es empfiehlt sich jedoch ein *Anbrennen* (als eine Art von Imprägnierung) in dem Bereich, der etwa 10 cm unter und über der Bodenoberfläche liegt.
Falls kein betriebseigenes Pfahlmaterial zur Verfügung steht, muß man *beim Zukauf* mit ca. DM 5,– je fertigen Pfahl rechnen, d. h. gespitzt und imprägniert.
Der **Pfahlabstand** sollte im Durchschnitt ca. 4,0 m betragen. Auf ebenem Gelände und bei Verwendung verhältnismäßig starker Pfähle sowie guter Spannung des Drahtgeflechtes ist auch ein Abstand von 5,0 m noch vertretbar (Abb. 149). Bei unebenem, welligen Gelände dagegen kann es notwendig sein, den Abstand auf 3,0 m oder noch weniger zu verringern.
Das **Setzen der Pfähle** kann insbesondere bei schweren Böden durch den Einsatz eines Erdbohrers wesentlich erleichtert werden (Abb. 151).
Sofern die Pfahlhöhe z. B. nicht voll ausgenutzt werden kann, ist es zweckmäßig, den Pfahlkopf abzuschrägen (Abb. 152), damit Regenwasser besser abläuft, und die Schnittstelle mit Imprägniermittel zur Verbesserung der Haltbarkeit zu streichen.

Abb. 149 (oben) Vorbildliche Zaunanlage.

Abb. 150 (Mitte links) Im Tauchverfahren (hier in einem alten Faß) lassen sich die Pfähle auf einfachste Weise imprägnieren.

Abb. 151 (Mitte rechts) Ein Erdbohrer kann das Setzen der Pfähle erleichtern.

Abb. 152 (unten) Abschrägen des Pfahlkopfes mit der Motorsäge.

8.5.2 Ecken und Zaunenden

Die Festigkeit der Ecken und Zaunenden zu beiden Seiten von Koppeleingängen trägt erheblich zur notwendigen Spannung des Einzäunungsgsmaterials (Knotengitter etc.) und damit zur Vorbeugung des Ausbrechens von Tieren bei.

Bei der Anfertigung von **Zaunecken** können auf Grund der jeweiligen Art der Abstützung zwei Formen unterschieden werden [13]. Die in Abb. 153 dargestellte Ausführung zeigt oben eine waagrechte Abstützung von Pfahl zu Pfahl und unten eine Verankerung der Eckpfähle (Durchmesser mindestens 12 cm) mit verzinktem, ca. 3,5 mm starkem Draht und kurzen Pfählen im Erdboden. Die allgemein übliche schräge Abstützung (Abb. 154) ist einfacher in der Herstellung, aber es hat sich gezeigt, daß die Spezialausführung wesentlich stabiler und haltbarer ist. Vor allem kommt es im Gegensatz zur einfachen Ausführung kaum vor, daß die Eckpfosten durch die vom Frost bedingte Zugwirkung des Drahtes angehoben werden.

Zu beiden Seiten von Koppeleingängen sind die **Zaunenden** ebenfalls in einer entsprechend haltbaren Abstützkonstruktion herzustellen, um auf Dauer die Zaunspannung zu gewährleisten. Die Anfertigung erfolgt ähnlich wie bei den Eckkonstruktionen, d. h. waagrechte Abstützung und Verankerung (s. Abb. 153 und 155) oder aber mit einer möglichst langen Schrägabstützung (ähnlich Abb. 154).

8.5.3 Koppeleingänge

Die **Torbreite** der Koppeleingänge (Abb. 155) sollte mindestens 4,0 m betragen, damit nicht nur der Ein- und Austrieb der Herde, sondern auch ein eventuell nötiges Durchfahren mit Maschinen ungehindert möglich ist.

Die **Ausführung der Tore** kann auf verschiedenste Art erfolgen. Neben speziellen, sich in Angeln drehenden Toren (z. B. aus Rohrrahmen und Knotengitterbespannung) werden die Tore meist als eine Art Hürde aus Holz gefertigt (Abb. 156).

Die Befestigung der Tore bzw. des Torrahmens kann sehr einfach gehalten werden und auf der einen Seite aus 2 Drahtringen bestehen, die an dem einen Endpfosten drehbar angebracht werden (linke Torseite in Abb. 155), während auf der anderen Seite ein einzelner Drahtring zum Einhängen verwendet wird (rechte Torseite in Abb. 155).

Eine weitere Möglichkeit besteht darin, das Tor zwischen einen zweiten Pfahl, der auf jeder Torseite noch zusätzlich eingeschlagen wird, zu stellen. Dabei muß allerdings der Torrahmen auf jeder Seite mindestens 25 cm überstehen. Ein zusätzliches Festhängen mit einem beweglichen Drahtring auf einer Seite ist auch bei dieser Torart ratsam, damit der Torrahmen nicht zu einfach verschoben werden kann und ein Ausbrechen der Tiere verhindert wird.

Die **Zahl der Tore** richtet sich nach der Größe der Anlage bzw. der Art der Unterteilung. Im Zusammenhang mit der **Weidepflege** und insbesondere bei Mähweidenutzung hat es sich bewährt, zwischen den Koppeln 6–8 m breite Öffnungsmöglichkeiten vorzusehen (Abb. 157), wobei das Knotengeflecht mittels »freistehender« leichterer Pfähle in der Senkrechten gespannt bleibt. Der letzte Pfahl wird sodann am unteren Ende in einen Drahtring gesteckt und oben mit einem beweglichen Ring befestigt (ähnlich rechte Torseite in Abb. 155).

Abb. 153 Diese spezielle Eckpfostenkonstruktion sichert eine gute Verankerung und eine lange Funktionsdauer.

Abb. 154 Konventionelle Eckenausführung mit Schrägabstützung.

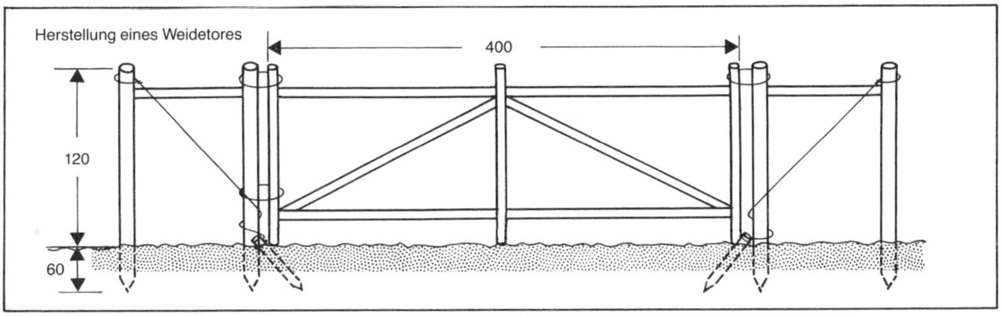

Abb. 155 Torrahmen- und Endpfostenkonstruktion. Das Tor wird durch feste Drahtringe gehalten (links) bzw. durch einen beweglichen Drahtbügel gesichert (rechts) (Maße in cm).

Abb. 156 Beispiel für ein Weidetor aus halbierten Stangen.

Abb. 157 Die Weidepflege wird durch derartige bewegliche Koppelöffnungen erleichtert.

8.5.4 Gitterdraht und Anbringung

Die gesamte Außeneinzäunung einer Koppelanlage muß schafsicher sein. In der Regel verwendet man dazu ein verzinktes **Knotengitter,** je nach Typ mit einer Höhe von 100–102 cm und mit 8–15 Querdrähten in gestaffelten Abständen. In Abb. 158 ist ein Knotengitter mit folgender Typenbezeichnung dargestellt: 100/16/15. Das bedeutet eine Gesamthöhe des Geflechtes von 100 cm, 16 Horizontaldrähte und 15 cm Abstand der senkrechten Drähte.

Dieser Geflechttyp empfiehlt sich insbesondere entlang von Hecken etc., um die Schafe nicht in Versuchung zu führen, den Kopf durch das Knotengeflecht hindurch zu zwängen (Abb. 159). Oft genug legen sich die Tiere eventuell damit selbst eine Art Schlinge an, aus der so manches Tier nur noch durch den aufmerksamen Schafhalter befreit werden konnte.

Neben einem Maschenknotengitter können auch andere Gitterarten verwendet werden, sofern sie genügend Festigkeit aufweisen und vergleichsweise preiswerter bezogen werden können.

Beim **Anbringen eines Knotengitters** sollte man u. a. beachten:

- Die engen Felder müssen unten und nicht, wie es manchmal passiert, oben sein
- Der unterste Draht soll nahe am Boden verlaufen, d. h. in einem Abstand von mindestens 5 cm und höchstens 10 cm, so daß eine Gesamthöhe der Einzäunung von ca. 105–110 cm erreicht wird
- Bei Bodenunebenheiten sollte der unterste Draht des Gitters zwischen den Pfählen etwas zum Boden hin festgepflockt werden, um bei eventuell nachlassender Zaunspannung einem Durchschlüpfen der Tiere vorzubeugen
- Die Verbindung der einzelnen Drahtrollen miteinander kann nur mit einer feststellbaren Haltezange und einem Windeeisen genau und haltbar gemacht werden (Abb. 160). Eine Verbindung durch einfaches Zusammendrehen (Abb. 161) (z. B. mit einer Kombizange) ist nicht entsprechend belastbar, und damit besteht die Gefahr, daß Tiere ausbrechen können

Das **Spannen des Drahtgeflechtes** kann auf mehrere Arten erfolgen. In der Regel setzt man zwischen zwei Gitterrollen nach je 2–4 Rollen à 50 m (= 100–200 m Zaun) je horizontalem Spanndraht einen verzinkten »Drahtspanner« ein. Um ein notwendiges Nachspannen über eine längere Zaunstrekke hin zu ermöglichen, sollten daher die Krampen an den einzelnen Pfählen nicht voll eingeschlagen werden.

Bei nur einmaligem Spannen beim Verlegen mit speziellen im Handel erhältlichen Spannvorrichtungen müssen dagegen sämtliche Querdrähte an jedem Pfahl mit Krampen gänzlich festgemacht werden. Krampen soll man generell nicht parallel, sondern möglichst quer zur Faserrichtung des Holzpfahles einschlagen. Denn bei senkrechtem Einschlagen, d. h. wenn beide Spitzen der Krampen in der gleichen Holzfaser sitzen, platzt möglicherweise der Pfahl, und die Krampen können sich im Laufe der Zeit lokkern und schließlich herausfallen.

Ein Knotengitter muß gut gespannt, aber nicht *über*spannt werden, d. h. die in den Querdrähten vorgesehenen wellenartigen Knicke sollten nicht gestreckt werden. Sie dienen als eine Art elastischer Spannungsausgleich bei zusätzlichen Zugwirkungen, z. B. Temperaturschwankungen.

Anstelle käuflicher Spannvorrichtungen sei noch auf eine verhältnismäßig einfache Möglichkeit des Spannens hingewiesen. Dabei dreht man die horizontalen Enddrähte einer Gitterrolle um einen Pfahl (4–6 cm Durchmesser), biegt jedes Drahtende zu einem Haken und hängt es mit einer Kombizange durch Herumwinden um den jeweils gleichen Horizontaldraht ein. Sodann befestigt man am oberen und unteren Pfahlende z. B. eine leichte Kette oder einen starken Strick und hängt deren Enden so an einem Zugfahrzeug fest, daß der Zugpunkt am Fahrzeug der mittleren Höhe des Knotengitters entspricht. Anschließend zieht man »gefühlvoll« nur bis zu einer solchen Spannung an, daß die Knicke im Geflecht nicht ausgedehnt werden, und läßt das Fahrzeug z. B. abgebremst bei dieser Anspannung stehen. Sodann können selbst im **»Einmannverfahren«** sämtliche Querdrähte über eine größere Strecke hin mit Krampen an den einzelnen Pfählen befestigt werden.

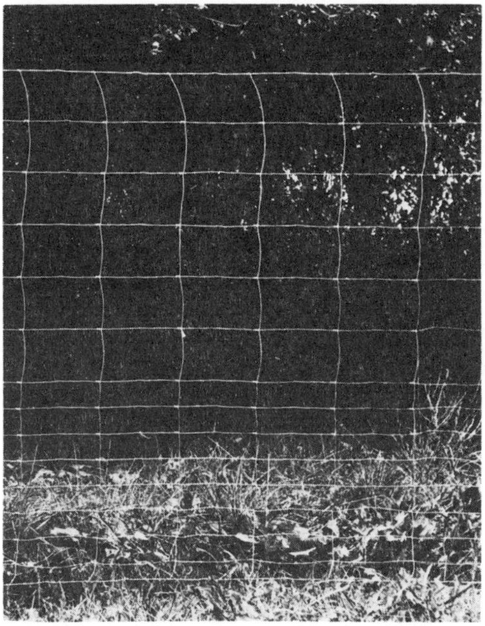

Abb. 158 Dieses absolut dichte Knotengitter hat in seinem unteren Bereich einen Drahtabstand von 5 cm.

Abb. 159 Dieses weitmaschige und schlecht gespannte Gitter verlockt die Schafe zum Durchstecken des Kopfes – oft genug eine verhängnisvolle Falle!

Abb. 160 Richtiges, dauerhaftes und belastbares Verbinden von Gitterenden mit einer Haltezange und einem Windeeisen.

Abb. 161 Diese unsachgemäße, schlampige Verbindung ist nicht belastbar.

8.5.5 Flächenbedarf und Weidenutzung

Die Zahl der Mutterschafe mit Nachzucht, die je ha Weidefläche und Jahr einschließlich Winterfuttergewinnung gehalten werden kann, ist in erster Linie abhängig vom Ertrag und der Qualität der Weide. In der Regel kann man mit 8–12 Muttertieren einschließlich 12–18 Lämmer/ha und Jahr rechnen.

Dabei ergibt sich die Frage nach der Fläche, die für die Winterfuttergewinnung (Heu, Grassilage) vorzusehen ist. Sie liegt für 8–12 Mutterschafe in etwa bei 0,20–0,30 ha. Für eine einigermaßen befriedigende Berechnung müssen folgende Daten bekannt sein:

- **Ertragsfähigkeit** des Grünlandes (Nettoertrag 3000–4000 kStE/ha)
- **Zahl der Winterfuttertage,** die je nach Standort zwischen 90–180 Tage betragen kann
- Der gesamte jährliche *Nährstoffbedarf* je Mutterschaf und Nachzucht einschließlich des Anteils für die Bockhaltung/Mutterschaf ist im Mittel wie folgt anzusetzen:

insgesamt jährlich benötigt	410 kStE
davon aus Kraftfutter (0,7 dt)	45 kStE
sowie aus Grundfutter	365 kStE

Die 365 KStE (Kilostärkeeinheiten), die demnach aus dem **Grundfutter** zur Verfügung stehen müssen, teilen sich auf in:

- Sommerfutter (225 Weidetage) = 269 kStE
- Winterfutter (140 Tage) = 96 kStE

Diese für die Winterfütterung errechneten 96 kStE könnten sich z. B. zusammensetzen aus 65 kStE über Grassilage und 31 kStE aus Heu. Dies entspricht für 140 Winterfuttertage etwa 400 kg Grassilage und 100 kg Heu bei einer Tagesration von 2,8–3,0 kg Grassilage sowie 0,7 kg Heu.

Unterstellt man ein gutes Grünland mit einem möglichen Nettoertrag über Frischgras von 4100 kStE/ha, so kann mit 2600–3000 kStE/ha aus Heuwerbung *oder* 3000–3500 kStE aus Grassilage gerechnet werden.

Das Winterfutter muß möglichst während der Hauptvegetationszeit gewonnen werden, was eine entsprechende Weidetechnik voraussetzt im Sinne einer Mähweidenutzung ähnlich der in der Rinderhaltung.

Die **Weidenutzung** wird als Portionsweide oder aber meist als Umtriebsweide durchgeführt. Die **Portionsweide** stellt die intensivste Form dar, weil den Tieren meist täglich durch Versetzen eines beweglichen Zaunes eine frische Weide geboten wird (Abb. 162). Um das Versetzen der beweglichen Zäune, z. B. Maschenknotengitter oder Elektrozaun (Seite 108 und 110) zu erleichtern, sollten die fest eingezäunten Koppeln nicht zu breit angelegt sein.

Bei der **Umtriebsweide** sollte der Weidewechsel in der Regel nach 6 – 7 Tagen (Abb. 163) durchgeführt werden, und zwar aus folgenden zwei Gründen:

- Erhaltung der Leistungsfähigkeit des Grünlandes durch ausreichend lange Ruhezeiten; um ein genügendes Nachwachsen der Weide (4–6 Wochen) sicherzustellen, sollte die Gesamtfläche mindestens in 6 (besser in 10) Koppeln unterteilt werden (Abb. 164)
- Wesentliche Vorbeugungsmaßnahmen, vor allem gegen eine verstärkte Aufnahme der Larven von Würmern (s. Seite 164), die nach ca. einer Woche wieder eine Ansteckungsgefahr darstellen. Bei größeren Koppeln sollten die Tiere daher nicht länger als ca. 6–7 Tage auf die bereits beweideten Flächen zurücklaufen können

Außerdem ist darauf hinzuweisen, daß bei zu langer intensiver Beweidung einer Koppel die Gräser zu tief verbissen werden, bis es schließlich zum Auszupfen der Wurzeln kommen kann, so daß sich dann das Wort vom sog. »giftigen Zahn« des Schafes leider bewahrheitet.

Abb. 162 Die Portionsweide wird täglich frisch zugeteilt. Um die Größe der täglich durch einen beweglichen Zaun zuzuteilenden Fläche richtig abschätzen zu können, bedarf es einiger Erfahrung.

Abb. 163 Diese Schafe warten auf den Umtrieb in eine frische Koppel.

Abb. 164 Größere Koppeln sollte man nicht als Standweide nutzen, sondern rationeller durch einen Elektrozaun in kleinere Umtriebskoppeln aufteilen.

8.5.6 Elektro-Drahtzaun

Es hat sich bewährt, die gesamte Koppelanlage unter Berücksichtigung der Geländebeschaffenheit in einige größere, nicht zu breit angelegte Parzellen mit stabilem Zaun (verzinktes Maschenknotengitter) aufzuteilen und innerhalb dieser Parzellen mit einem beweglichen Zaun (z. B. Elektrozaun) die Unterteilung vorzunehmen. Dadurch wird bei der Mähweidenutzung das Arbeiten mit Maschinen (Winterfuttergewinnung und evtl. Reinigungsschnitt) erleichtert.

Der Elektrozaun hat sich besonders zur **portionsmäßigen Unterteilung** größerer Koppeln gut bewährt, aber ebenso beim Beweiden nicht absoluter Schafweideflächen im Herbst, z. B. Stoppeläckern, Getreideaufwuchs und Wiesen.

Bei der **Aufstellung** und **Anwendung eines Elektrozaunes** aus Drahtlitzen ist u. a. folgendes zu beachten:

- Einschlagen von Holzpfählen (Durchmesser 6–8 cm) an den Enden bzw. an Ecken sowie in Abständen von ca. 15–20 m; weitere Pfähle je nach Bodenverlauf
- Anbringen von Isolatoren (2 oder 3) an jedem Pfahl in richtiger Höhe; der unterste Draht soll nur so hoch über dem Boden verlaufen, daß die Tiere nicht mit dem Nacken, sondern möglichst mit den Ohren oder der Kopfpartie an den Draht stoßen (Abb. 165). Der unterste Draht sollte demnach etwa 20 – 25 cm über der Erdoberfläche gut gespannt verlaufen, die weiteren zwei Litzen im Abstand von je 20–30 cm. Weiden kleine Lämmer mit in der Koppel, muß der untere Draht etwas tiefer liegen, als wenn nur Jährlinge und Mutterschafe geweidet werden
- Zwischen zwei Holzpfählen im Abstand von 5–7 m im Handel befindliche bodenisolierte Drahtstützen mit verstellbaren Litzenhaltern verwenden
- Gutes Spannen des Drahtes bzw. der Litzen beachten und insbesondere Erdschluß bei längerem Gras (Abb. 166) durch umgehendes Ausmähen vermeiden
- Laufend korrekte Funktion prüfen, d. h. z. B. Verwendung eines Digitalgerätes mit genauer Spannungsangabe
- Bei vorübergehender Benutzung eines E-Zaunes außerhalb des Koppelbereiches (z. B. Ackerweide) Warnschilder wie »Vorsicht Elektrozaun« anbringen

Die bewährten **Elektro-Zaungeräte** verschiedenster Firmen, wie sie im einschlägigen Handel angeboten werden, sind hinsichtlich ihrer Stromversorgung zu unterscheiden in Batterie-, Akku-, Netz- und Solargeräte.

Sofern die Koppelanlage unmittelbar an die Hofstelle anschließt, wird in der Regel ein Netzgerät bevorzugt. Bei größeren Entfernungen, die vor allem nicht mit einer entsprechenden Stromzuleitung erreichbar sind, wird das bewegliche Batterie- oder auch Akkugerät verwendet. In den letzten Jahren wurden von einigen Firmen auch Geräte für Solarbetrieb entwickelt (Abb. 167).

Erwähnenswert ist ein in **Neuseeland** entwickeltes und langjährig erprobtes Zaunsystem (»Gallagher«), bei dem ein hochdehnbarer und doppelt galvanisierter Spezialdraht (∅ 2,5 mm) verwendet wird (Abb. 168). Isolatoren (z. B. aus Porzellan) werden nur an den End- und Eckpfosten benötigt. Zwischen diesen festen Pfählen (14–16 cm Durchmesser) werden die Drähte mit Hilfe vorgeformter Drahtstücke an den sog. »Insultimber«-Pfahl (= isolierendes Hartholz) befestigt. Diese Pfähle haben in bestimmten Abständen (15/17/25/30 cm) Bohrungen und Kerben und stehen frei, d. h. ohne im Boden verankert zu sein. Sie werden lediglich durch die Spannung der 3–5 Drähte gehalten. Gleichzeitig wurden dazu extrem kurzschlußfeste Hochleistungsgeräte entwickelt, die selbst bei hohem Graswuchs im Zaunbereich durch ihre hohe elektrische Impulsenergie jeglichen Bewuchs zum Abwelken bringen.

Nach bisherigen Erfahrungen kann dieses Zaunsystem auch als Außeneinzäunung Bedeutung gewinnen, wobei zudem die Kosten sich als ca. 30% niedriger errechnen gegenüber einem Maschenknotengitter (s. Seite 104). Es empfiehlt sich aber, dafür ein entsprechend starkes Netzgerät zu verwenden. Den Alleinvertrieb für dieses Zaunsystem hat die Fa. Allié, 8760 Miltenberg.

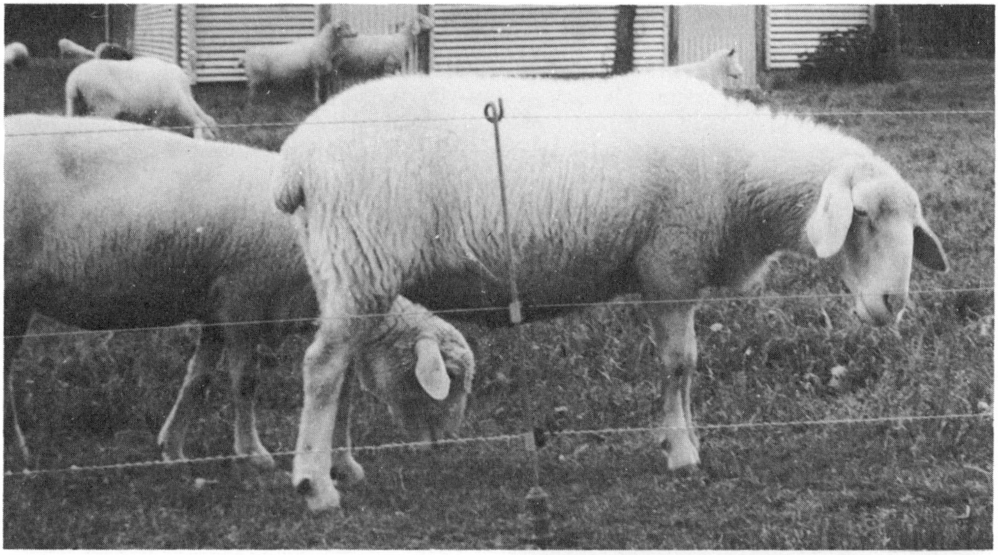

Abb. 165 (oben) Bei sachgemäßer Aufstellung, laufender Kontrolle und richtiger Handhabung respektieren die Tiere den Elektrozaun.

Abb. 166 (Mitte) Die richtige Funktionstüchtigkeit eines Elektrozaunes setzt sofortiges Ausmähen von zu hohem Bewuchs voraus.

Abb. 167 (unten links) Neben den bewährten Standardgeräten eignen sich auch Solargeräte zur Stromversorgung von Elektrozäunen.

Abb. 168 (unten rechts) Dieser vollisolierende Pfahl aus »Insultimber«-Holz wird nur von den Drähten gehalten und hat nur lockeren Bodenkontakt.

8.5.7 Elektroknotengitter

Neben den 2- bis 3litzigen Elektrozäunen haben sich Elektroknotengitter als Schafpferch (s. Seite 24) in der Hütehaltung, aber auch zur Unterteilung von Koppeln und zur vorübergehenden Beweidung von Wiesen, Feldfutterschlägen, Getreideauflauf etc. bewährt.

Vom einschlägigen Fachhandel werden mehrere Fabrikate in **unterschiedlicher Ausführung** angeboten. Zum einen sind es Viereck-Knotengeflechte (Abb. 169 und 170) und zum anderen Netze aus Horizontaldrähten mit formgepreßten senkrechten Plastikverbindungen in unterschiedlichen Abständen, so daß Rechtecke (Abb. 171) oder Quadrate (Abb. 172) entstehen.

Die **Viereck-Knotengeflechte** bestehen aus eingefärbter Kunststoffschnur mit eingearbeiteten spannungsführenden Kupferdrähten:

- Jede zweite querverlaufende Schnur ist spannungsführend (Abb. 169), jedoch nicht der untere helle Geflechtteil bis zu einer Höhe von 21 cm
- Nur im oberen Geflechtteil (Abb. 170) befinden sich die eingearbeiteten Drähte, in den dunklen Maschen, während das untere hellere Geflecht bis zu einer Höhe von 33 cm nicht stromführend ist

Diese beiden Modelle sind DLG-geprüft und anerkannt. Aus den DLG-Prüfberichten Nr. 2787 und 2788 vom Mai 1979 geht u. a. hervor: »Bei Regen oder starkem Tau wird die Zaunisolation weiter herabgesetzt, so daß je nach der Stabilität der Hütespannung des angeschlossenen Weidezaungerätes nur noch eine mechanische Hütewirkung besteht. Wenn das Elektroknotengitter ohne Strom betrieben wird, besteht die Gefahr, daß sich Lämmer und Schafe im Geflecht verfangen und zu Schaden kommen können.« Bei ordnungsgemäßer Handhabung muß es jedoch nicht dazu kommen.

Preiswerte **Knotengeflechte aus 7–9 Querdrähten** haben sich unter praktischen Bedingungen ebenfalls bewährt. Es gibt sie:

- Mit 9 Querdrähten (Abb. 171), wobei nur der unterste »Kunststoffdraht« nicht stromführend ist
- Mit nur 7 Querdrähten (Abb. 172)

Bei Verwendung stationärer Weidezaungeräte hat es sich zur **Stromversorgung der Geräte** bewährt, Wege dadurch zu »überbrükken«, daß ein isoliertes Stromkabel durch einen stabilen Wasserschlauch geschoben wird und so geschützt über den Weg verläuft (Abb. 172). Dies ist oft günstiger, als mit teilweise hinderlichen »Oberleitungen« zu arbeiten, insbesondere dann, wenn die Wege von Fahrzeugen mit z. B. hohen Aufbauten benutzt werden.

Die Funktionstüchtigkeit auch von Elektro-Knotengittern hängt nicht nur vom vorherigen Ausmähen einer entsprechend breiten »Schneise« und dem richtigen Spannen der Drähte ab. Bei Unebenheiten des Geländes (z. B. Bodenmulden) muß der unterste, nicht stromführende Draht zusätzlich zwischen den Stützpfählen festgepflockt werden, um ein Ausbrechen der Schafe zu vermeiden (Abb. 173).

Im Zusammenhang mit der Verwendung von Elektroknotengittern und dem Einbau eines Schlupfes zur Durchführung des Vorausweidenlassens der Lämmer (Creepgracing-System), kann es Probleme geben. Denn der **Lämmerschlupf** kann aus technischen Gründen nur an dem einen oder anderen Ende eines Elektroknotengitters (à 50 m) angebracht werden. Es besteht daher die Gefahr, daß Lämmer in Ruhe zwar den Schlupf zum Vorausgrasen finden und hinausschlüpfen, später aber, wenn aus welchen Gründen auch immer das Muttertier »ruft« oder vom Lamm vermißt wird, in der Aufregung den Rückweg dann nicht mehr finden. In der Regel nimmt dann das Lamm den »direkten« Weg zur Mutter, ohne zunächst auf das Elektroknotengitter zu achten, bis es sich darin verfangen hat. Sofern es sich nicht mehr selbst befreien kann oder rechtzeitig befreit wird, kann es möglicherweise zu Gesundheitsschäden oder sogar zum Verlust des Tieres kommen.

Abb. 169 (oben rechts) Elektrozaun-Knotengitter vom Typ »Perfekt« mit Diagonalmaschen (14 × 14 cm).

Abb. 170 (Mitte links) Elektrozaun-Knotengitter vom Typ »Perfekt lammsicher« mit Diagonalmaschen (8 × 8 cm).

Abb. 171 (Mitte rechts) Elektrozaunnetz vom Typ »Livestock«.

Abb. 172 (unten links) Elektrozaunnetz vom Typ »Flexinet«. Man beachte die Führung des Stromkabels über den Weg (Näheres im Text).

Abb. 173 (unten rechts) Auch Elektrozaunnetze müssen gut gespannt werden; bei Bodenunebenheiten sind zwischen den Pfählen Heringe zum Niederhalten nötig.

8.5.8 Sonstige Weideeinrichtungen

Bei ausgedehnten größeren Koppelanlagen können **Zaunübergänge** – in weiterer Entfernung von den Koppeleingängen angebracht – sehr vorteilhaft sein. Dadurch werden nicht nur dem Schafhalter z. B. beim Kontrollgang, sondern auch dem Flurhüter oder Jäger größere Umwege erspart. Zudem wird eine Beschädigung bzw. ein Herabziehen des Knotengitters beim Übersteigen vermieden. Zweckmäßig ist es, Übergänge z. B. in Form einer senkrechten Leiter mit 3–4 durch das Maschengitter laufenden Sprossen und zwei über den Zaun hinausragenden Pfählen zum Festhalten beim Übersteigen zu erstellen. Geeignet sind auch einfache Übergänge, wie sie im Forst Verwendung finden (Abb. 174).

Während der Weideperiode sind Schafe sehr dankbar, wenn sie unter Bäumen oder an Hecken entlang wenigstens zeitweilig **Schatten** finden. Diese Anpflanzungen sind jedoch vor dem »Verbiß« durch die Schafe zu schützen. Zu diesem Zweck sollte man bei Hecken in einem Abstand von mindestens 1,0 m entweder einen festen Zaun (z. B. ein möglichst engmaschiges Knotengitter) oder vorübergehend ein Elektroknotengitter (Abb. 175) aufstellen.

Ebenso wichtig ist ein sog. **Baumschutz** nicht nur für jüngere, sondern auch für alte Bäume. Aus der Vielfalt der Möglichkeiten seien nur zwei Beispiele angeführt. An 3 Pfählen mit einer Mindestentfernung vom Stamm von 50 cm wird ein Maschengitter befestigt (Abb. 176). Sehr sicher und haltbar ist eine Dreieckskonstruktion aus waagrecht an drei Pfählen angebrachten Brettern (Abb. 177), die häufig bei einem gemischten Besatz einer Weide (z. B. Schafe und Pferde) verwendet wird.

Auf einer Frühjahrsweide reicht in der Regel der natürliche Wassergehalt des Grases zur Bedarfsdeckung der Schafe aus, während bei älterem Aufwuchs oder bei sehr hohen Lufttemperaturen bis hin zu Trockenperioden ein **Wasserangebot** unbedingt erforderlich ist. Schafe dürfen vor allem aus gesundheitlichen Gründen nur sauberes, am besten stets nachfließendes Wasser erhalten, z. B. aus einer speziellen Tränkeeinrichtung (Abb. 178), sofern die Koppel oder die Schutzhütte durch eine Wasserleitung versorgt werden kann. Das Wasserangebot kann auch über regelmäßig gereinigte Tröge oder auch über entsprechend gefaßte Quellen mit ständigem Überlauf erfolgen. Da und dort verwendet man kleine fahrbare Wasserfässer, deren Auslauf ähnlich wie in der Rinderhaltung mit einem für Schafe geeigneten Tränkebecken versehen ist.

Ein alter Schäferspruch lautet: »Das Schaf sucht seinen Tod im Saufen.« Diese Erfahrung sollte auch in einer Koppelschafhaltung beherzigt werden. Dieser Spruch meint, daß man die Tiere mangels eines entsprechend regelmäßigen Wasserangebotes nicht dazu zwingen sollte, aus Gräben, Tümpel oder überständigen Regenpfützen ihren Wasserbedarf zu decken. Denn die Folge davon ist:

- Überdurchschnittlich starker Wurmbefall (Innenparasiten)
- Übelriechender Durchfall und Infektionen bei Brackwasseraufnahme
- Lungenentzündung nach überhastetem Saufen von sehr kaltem Wasser

Das Tränken an unbefestigten kleinen Bächen oder Rinnsalen sollte man ebenfalls vermeiden; denn es tritt dort unvermeidlich eine stärkere Verschmutzung des Wassers und damit eine erhöhte Gefährdung der Schafe auf.

Abb. 174 (oben links) Beispiel für einen einfachen Zaunübergang.

Abb. 175 (oben rechts) Zweckmäßiger Heckenschutz für ein Gesträuch durch ein Elektrozaun-Knotengitter.

Abb. 176 (Mitte) Baumschutz durch ein Knotengitter.

Abb. 177 (unten links) Stabiler Baumschutz durch Bretter, die auf drei Pfosten aufgenagelt werden.

Abb. 178 (unten rechts) Diese Ventiltränke wurde zum einfachen Transport auf einen selbstgebauten Schlitten montiert.

8.5.9 Weidepflege und -düngung

Eine der ersten Maßnahmen im zeitigen Frühjahr ist das **Verteilen von Maulwurfshaufen** (Abb. 179), sobald diese abgetrocknet sind. Dies sollte jedoch mit möglichst narbenschonenden Reifen- oder Ringeggen (Abb. 180) durchgeführt werden, denn jede Narbenverletzung begünstigt das Keimen und Auflaufen von Unkrautsamen, die in Grünlandflächen verhältnismäßig zahlreich vorhanden sein können.

Das **Walzen** von Grasnarben in Koppeln erübrigt sich, da dies auf natürliche Weise durch den Tritt der Schafe (»Goldene Klaue«) beim ersten kurzen Überweiden der gesamten, Weideflächen bestens übernommen wird. Erst dann wird mit dem systematischen Umtrieb begonnen, wobei selbstverständlich die für die Winterfuttergewinnung vorgesehene Fläche nicht in die Beweidung (Umtrieb) einbezogen wird.

Ein Nachmähen bzw. **Reinigungsschnitt** empfiehlt sich nach dem ersten Umtrieb, weil dadurch eine Reihe von eventuell vorhandenen Unkräutern (z. B. Ampfer) und schnellwüchsigen Gräsern (z. B. Knaulgras) am Absamen gehindert werden [43]. Dadurch können die Menge und die Qualität des zweiten Aufwuchses entscheidend beeinflußt werden.

Hinsichtlich der **Unkrautbekämpfung** auf dem Grünland trifft die im Pflanzenschutz vertretene Forderung zu, daß man versuchen sollte durch geeignete Kulturmaßnahmen – z. B. zweckmäßige Nutzungsformen (Schnitt und Weide) und entsprechende Düngung – einem Überhandnehmen von Unkräutern vorzubeugen. Teilweise lassen sich durch derartige indirekte Kulturmaßnahmen bereits verunkrautete Bestände wieder in Ordnung bringen [43].

Nur in den Ausnahmefällen, in denen es damit nicht gelingen sollte oder zu lange Zeit beanspruchen würde, sollte man chemische Maßnahmen – möglichst erst nach vorheriger Beratung durch einen erfahrenen Fachmann (z. B. Pflanzenschutztechniker) – ergreifen, um zum richtigen Zeitpunkt die zweckmäßigsten Mittel und Methoden zu verwenden.

Der Umfang und die Art der **Weidedüngung** sollte sich stets nach den örtlichen Verhältnissen richten; denn nicht nur die Beweidung mit Schafen, sondern auch die Düngung kann die botanische Zusammensetzung eines Pflanzenbestandes sehr stark beeinflussen. Ganz allgemein läßt sich sagen, daß man eine Grunddüngung (Phosphor, Kali) wie üblich im Spätherbst nach Weideabtrieb oder im zeitigen Frühjahr ausbringen sollte. Die Stickstoffdüngung dagegen etwa zur Hälfte vor Beginn der Vegetation und der Rest in zwei Gaben nach dem Reinigungsschnitt bzw. jeweiligen Umtrieb. Dabei hat sich ein Volldünger in mehreren Gaben gut bewährt (Abb. 181).

In der Regel wird kein **organischer Dünger** (Schafmist) auf Schafweiden ausgebracht. Es sei jedoch in diesem Zusammenhang die Erfahrung eines praktischen Koppelhaltungsbetriebes erwähnt, der seinen Tiefstallmist *über* zwei Jahre im Freien als Stapel lagern und dementsprechend verrotten ließ. Er wurde dann mit einem Miststreuer im Spätherbst auf einen Teil der Koppeln (abwechselnd von Jahr zu Jahr) ausgebracht; die Grasnarbe zeigte eine hervorragende Wirkung in Qualität und Ertrag. Eine sachgemäße Weidepflege ist mit eine wesentliche Voraussetzung für die Gesundheit und damit Leistungsfähigkeit der Tiere. Verwahrloste Weiden (Abb. 182) sollten der Vergangenheit angehören.

Spezielle Ausführungen dazu finden sich in dem eigenen Band »Dauergrünland« (J. B. Rieder) in der VUA-Reihe »Wissen für die Praxis«.

Abb. 179 (oben) Derartige Weiden sollten rechtzeitig abgeschleppt werden.

Abb. 180 (Mitte) Mit dieser Schleppe läßt sich eine Weide narbenschonend bearbeiten.

Abb. 181 (unten links) Ausbringen des mineralischen Volldüngers mit einem Kreiselstreuer nach dem ersten Weideumtrieb.

Abb. 182 (unten rechts) Warum haben »wir« keine gepflegte Weide?

9 Fütterung

9.1 Grundlagen der Schaffütterung

Für eine wiederkäuer- und leistungsgerechte Fütterung ist es wichtig, zum einen die Futterzusammensetzung und den jeweiligen Futterwert, zum anderen den Nährstoffbedarf unter Berücksichtigung des Zucht- und Nutzstadiums der Tiere zu kennen.

9.1.1 Futterbestandteile und Verdauung

Mittels eines speziellen Laborverfahrens (Weender-Analyse) ist es möglich, den Nährstoffgehalt eines Futtermittels festzustellen. Dabei erfolgt zunächst eine Trennung in Trockensubstanz (TS) und Wasser (Abb. 183). **Wasser** hat zwar keinen direkten Futterwert, ist aber ein lebensnotwendiger Bestandteil der Ernährung, da es vor allem als Lösungs- und Transportmittel dient.

Die **Trockensubstanz** enthält neben Mineralstoffen und Spurenelementen entsprechend der Laboruntersuchung Rohprotein, Rohfett, Rohfaser und stickstofffreie Extraktstoffe. Diese im Futter angebotenen **Rohnährstoffe** sind jedoch für das Tier nicht im vollen Umfang verwertbar; denn ein Teil davon wird nachweislich wieder mit dem Kot ausgeschieden. Die annähernde Bestimmung der tatsächlich **verdaulichen Rohnährstoffe** erfolgt über exakte Fütterungsversuche mit ausgewachsenen Hammeln durch Ermittlung der Differenz zwischen der nach Analyse aufgenommenen und wieder abgegebenen Rohnährstoffe. Die so ermittelten Daten sind in den sog. Futterwerttabellen zusammengefaßt und dienen als Grundlage für Futterberechnungen (s. Seite 122).

Die Nährstoffe der Futtermittel können nicht direkt durch die Darmwand aufgenommen werden, sondern sie müssen zunächst im Verlaufe des **Verdauungsprozesses** in einfache Bausteine zerlegt werden.

Beim Wiederkäuer kann man im wesentlichen drei Formen der Verdauung unterscheiden; die mechanische, mikrobielle und enzymatische Verdauung (Abb. 184).

Die **mechanische Verdauung** erfolgt in erster Linie durch den Kauapparat, wobei beim Wiederkäuer dem Wiederkauen eine wesentliche Bedeutung zukommt. Etwa ½ Stunde nach der Futteraufnahme beginnt das Schaf mit dem Wiederkauen. Ein Teil des Panseninhalts wird jeweils in das Maul zurückbefördert und gründlich wiedergekaut (50–80 Kieferschläge je Bissen). Mindestens 3 Stunden lang nach jeder Nahrungsaufnahme sollte dem Tier für diese Tätigkeit Ruhe gewährt werden.

Die **mikrobielle Verdauung,** die wesentliche Verdauungsarbeit bei den Wiederkäuern, findet in den Vormägen statt. Pansen, Netzmagen und Blättermagen bilden eine große Gärkammer, in der mit Hilfe von Millionen von Bakterien nicht nur Rohfaser gespalten wird, sondern auch ein großer Teil der pflanzlichen Nährstoffe in einfache, flüchtige Fettsäuren abgebaut und direkt über die Pansenschleimhaut dem Blutkreislauf zugeführt werden. Zudem werden stickstoffhaltige Substanzen von den Bakterien über Ammoniak zu Bakterieneiweiß – eine hochwertige Eiweißquelle für den Wiederkäuer – aufgebaut sowie die Vitamin-B-Versorgung sichergestellt.

Im Hinblick auf eine wiederkäuergerechte Fütterung sollte eine Futterumstellung langsam erfolgen; denn die Pansenbakterien benötigen ca. 2 Wochen, um sich auf neue Futtermittel mit anderer Zusammensetzung einstellen zu können.

Die **enzymatische Verdauung** mittels der körpereigenen Verdauungssäfte der Bauchspeicheldrüse und Leber-Gallen-Blase sowie der Darmschleimhaut vollzieht sich größtenteils im Labmagen und im Dünndarm. Die Nährstoffverdauung ist im Dickdarm weitgehend abgeschlossen.

Interessant ist ein Vergleich (Tab. 11) des Fassungsvermögens des Verdauungstraktes und insbesondere des Verhältnisses von Darmlänge : Körperlänge zwischen Schaf, Rind und Schwein.

Tabelle 11 Vergleich der Größenverhältnisse des Verdauungstraktes (in Liter) sowie des Verhältnisses von Darm- zu Körperlänge [26, 33]

	Schaf	Rind	Schwein
gesamter Verdauungstrakt:	45	330	25
davon Vormägen	20–30	150–230	–
Dünndarm	10	65	9
Dickdarm	6	40	10
Verhältnis von Darmlänge: Körperlänge	40:1	30:1	15:1

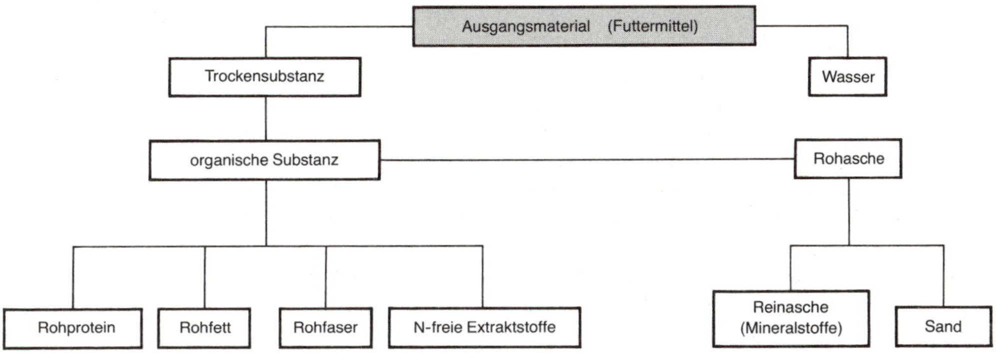

Abb. 183 Das Schema der Weender-Futtermittelanalyse zeigt die Grundstoffe eines Futtermittels.

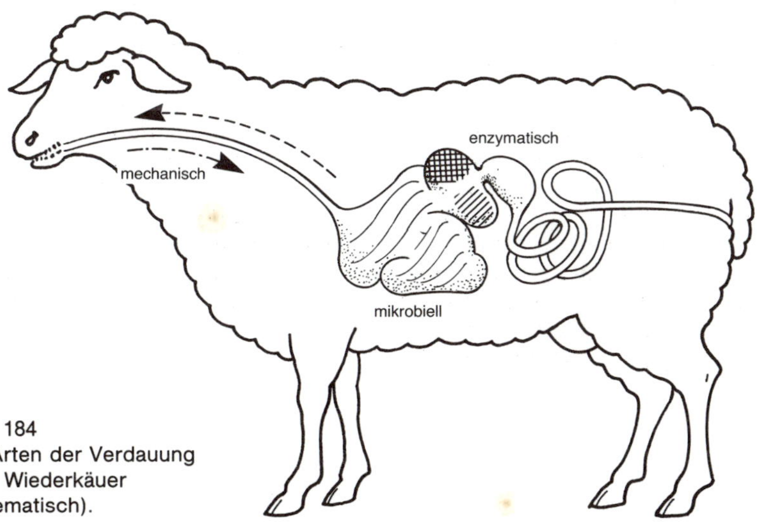

Abb. 184
Die Arten der Verdauung beim Wiederkäuer (schematisch).

9.1.2 Nährstoffbedarf

Hinsichtlich einer ausreichenden Nährstoffversorgung ist zunächst zu unterscheiden zwischen dem Erhaltungs- und Leistungsbedarf.
Der **Erhaltungsbedarf** dient lediglich der Aufrechterhaltung der lebensnotwendigen Funktionen eines Tieres (z. B. Mutterschafe leer oder niedertragend) und ist in erster Linie abhängig vom Gewicht und damit auch von der Körperoberfläche eines Tieres.
Der zusätzliche **Leistungsbedarf** richtet sich nach dem jeweiligen Zuchtstadium (hochtragend, säugend) oder nach dem Intensitätsgrad der Mast.
In der Tab. 12 sind die Bedarfswerte an Trockensubstanz, verdaulichem Roheiweiß und Stärkeeinheiten getrennt nach Tierkategorien und unter Berücksichtigung des jeweiligen Zucht- und Nutzstadiums zusammengestellt. Die Werte dienen nur als Richt- oder Anhaltswerte, um u. a. festzustellen, ob das für verschiedene Futterrationen anhand der Futterwerttabellen errechnete Trockensubstanz- und Nährstoffangebot ausreichend und im Verhältnis ausgeglichen ist.
Die Berücksichtigung der **Trockensubstanz** (TS, s. Tab. 12, 1. Spalte) ist u. a. deshalb wichtig, weil sie die Summe der Nährstoffe enthält und:

- Ein begrenzender Faktor für die Gesamtfutteraufnahme ist
- Einen Maßstab für die Sättigung eines Tieres darstellt

Das **verdauliche Roheiweiß** (verd. RP, s. Tab. 12, 2. Spalte) ist zwar energetisch in den angegebenen Stärkeeinheiten enthalten (1 g = 0,94 StE), aber es wird hinsichtlich der Bedarfswerte noch gesondert ausgewiesen, weil es durch keine andere Nährstoffgruppe (z. B. Kohlenhydrate) ersetzt werden kann. Denn Körpereiweiß bzw. eiweißhaltige Substanzen (z. B. Fleisch, Wolle) können in überwiegendem Maße nur aus dem über das Futter zugeführten Eiweiß gebildet werden.
Die lebensnotwendigen Eiweißstoffe (essentielle Aminosäuren) sind aber nicht nur Nährstoffe, sondern haben auch noch wichtige Stoffwechsel- und Schutzfunktion. Alle körpereigenen Wirkstoffe wie Hormone und Fermente sind nämlich Eiweißverbindungen; auch einige Vitamine als körperfremde Wirkstoffe sind an Eiweißkörper gebunden.
Als Vergleichs- und Bewertungsmaßstab für den Futterwert verschiedener Futtermittel wird der **Stärkewert** verwendet, ausgedrückt in **Stärkeeinheiten** (StE, s. Tab. 12, 3. Spalte). Dabei werden für die rechnerische Bewertung die Futtermittel so bewertet, als ob der wirksame Teil des Futters nur aus reinem Stärkemehl bestünde. So hat z. B. 1 kg Heu den gleichen Futterwert wie 320 g Stärkemehl, d. h. 1 kg Heu hat 320 StE.
Das **Nährstoffverhältnis** von verdaulichem Rohprotein: Stärkeeinheiten (s. Tab. 12, 4. Spalte) ist ein Maßstab für eine richtige, ausgeglichene Futterration. Zu viel Energie über einen längeren Zeitraum hat nämlich eine übermäßige Verfettung, zu viel Eiweiß z. B. Leberschädigungen zur Folge.
Im Zusammenhang mit einem wiederkäuergerechten Nährstoffangebot und einer entsprechenden Ausnutzung ist neben einem ausreichenden **Rohfaseranteil** auch die Struktur des Futters sehr wichtig, um in den sog. Vormägen günstige Säureverhältnisse zu gewährleisten. Denn ein Anteil von 10–20% an grobem, »sperrigem« Futter regt das Wiederkauen an und erhöht damit die neutralisierende Speichelbildung. Deshalb empfiehlt es sich z. B. beim Übergang von der Stall- auf die Weidehaltung, die Schafe zumindest in den ersten 8–14 Tagen nachts im Stall zu halten und ihnen zu dem jungen nährstoffreichen Gras einen Rohfaserausgleich über Futterstroh oder älteres Heu (Abb. 185) zu geben.

Tabelle 12 Richtwerte für den Nährstoffbedarf [64, 17]

Kategorie	Trocken-substanz g	verdau-liches Roh-protein g	Roh-protein g	Stärke-einheiten StE	Verhältnis verd. RP:StE 1:
Mutterschafe (75 kg)					
leer oder niedertragend	1500	65	90	550	8,5
hochtragend (5. Monat)	1500	120	170	900	7,5
säugend (1 Lamm)	1800	160	230	950	6,0
(2 Lämmer)	2000	210	300	1150	5,5
Jungschafe (4.–7. Monat)	1200	160	230	800	5,0
Mastlämmer					
(tägliche Zunahme ca. 320 g)					
20 kg Lebendgewicht	800	140	175	630	4,5
25 kg Lebendgewicht	1000	165	205	745	4,5
35 kg Lebendgewicht	1300	215	260	970	4,5
45 kg Lebendgewicht	1575	260	320	1175	4,5
Böcke					
Erhaltungsbedarf	1600	100	140	900	9,0
Deckzeit	1600	250	280	1500	6,0

Abb. 185 Zum nährstoffreichen ersten Grasaufwuchs oder zu Saftsilage ist ein Rohfaserausgleich nötig, z. B. durch älteres Heu.

9.1.3 Mineralstoff- und Vitaminversorgung

Mangelsituationen über längere Zeiträume führen bei Mineralstoffen und Vitaminen zu Leistungsminderungen oder sogar zu Krankheitserscheinungen (s. Seite 168). Die **Mineralstoffe** kann man in Mengen- und Spurenelemente einteilen.

Zu den **Mengenelementen** (Angaben in g/kg Futtermittel) werden gerechnet als die wichtigsten: Calcium, Phosphor, Magnesium und Natrium. Deshalb sind dafür in Tab. 13 Richtwerte für den täglichen Bedarf je Tier unter Berücksichtigung des Zucht- und Nutzstadiums zusammengestellt.

Calcium (Ca) dient in erster Linie zum Aufbau des Knochengerüstes, so daß der Ca-Bedarf bzw. -ansatz beim wachsenden Tier besondes hoch bzw. am höchsten ist.

Phosphor (P) wird vor allem im Skelett und in den verschiedenen Körperflüssigkeiten sowie Eiweißverbindungen benötigt. Auf eine enge Wechselbeziehung zwischen dem verwertbaren Ca und P ist hinzuweisen. Während ein *Ca:P-Verhältnis* im Futter bei Schafen mit 2:1 ausreicht, muß dieses bei intensiv mit Kraftfutter gemästeten Lämmern mindestens 3:1 betragen. Bei einem engeren Verhältnis kann es wie bei einer Ca-Unter- und P-Überversorgung zur Harnsteinbildung kommen (s. Seite 170), z. B. dann, wenn sehr phosphorreiche Futterkomponenten (z. B. Kleie) ohne entsprechenden Ausgleich (mit kohlensaurem Kalk) in Futterrationen eingesetzt werden.

Ein mangelndes Angebot an Calcium und Phosphor oder ein sehr ungünstiges Ca:P-Verhältnis und gleichzeitiger Mangel an Vitamin D kann zu einer Erkrankung des wachsenden Skeletts führen (s. Seite 168). Rachitische Erscheinungen treten weniger bei Weidetieren, sondern in erster Linie bei Stallhaltung von Lämmern und bei verhältnismäßig einseitig gefütterten Mastlämmern auf.

Natrium (Na) ist für die Funktion von Nerven und Muskeln sowie für die Regulierung des Wasserhaushaltes im Tierkörper unentbehrlich. Da der Bedarf über den Gehalt der Futterpflanzen in der Regel nicht ausreichend gedeckt wird, sollte man es in Form von Viehsalz (NaCl) möglichst als Salzleckstein den Tieren zusätzlich und ständig anbieten (Abb. 186).

Spurenelemente (Angaben in mg/kg Futtermittel) wie Kupfer (Cu), Kobalt (Co), Mangan (Mn), Zink (Zn), Molybdän (Mo), Jod (J), Selen (Se) sind ebenfalls lebenswichtige Nahrungsbestandteile. Bei ihnen ist zu beachten, daß beim Unterschreiten der Bedarfsgrenze Mangelerscheinungen (Rachitis) (s. Seite 168) und bei zu hohen Gaben z. T. Verluste durch Vergiftung auftreten können (s. Seite 170).

Eisen (Fe) findet sich u. a. im roten Blutfarbstoff, der den Sauerstoff im Körper transportiert.

Jod (J) ist ein wichtiger Bestandteil des Schilddrüsenhormons, das die Intensität des gesamten Stoffwechsels reguliert.

Neben den Mengen- und Spurenelementen sind beim Schaf aus der Gruppe der sog. **Wirkstoffe** in erster Linie die Vitamine A, D_3 und E von Bedeutung.

Vitamin A (Wachstumsvitamin) spielt vor allem beim Knochenwachstum und für den Stoffwechsel der Geschlechtshormone eine Rolle.

Vitamin D_3 (Antirachitisches Vitamin) wirkt sich auf den Stoffwechsel von Calcium und Phosphor aus.

Vitamin E ist u. a. wichtig für die Fruchtbarkeit und den Zellstoffwechsel.

In der Weideperiode reicht der natürliche Mineralstoff- und Vitamingehalt des Futters meist zur Bedarfsdeckung der Tiere aus, außer bei Natrium, welches auch auf der Weide z. B. in Form von Salzleckstein (Abb. 187) verabreicht werden sollte.

In der Winterstallfütterung wird der tägliche Bedarf eines ausgewachsenen Schafes an Mineral- und Wirkstoffen je nach Zuchtstadium durch ca. 15–30 g einer vitaminierten kupferfreien Mineralstoffmischung (Beispiel: Tab. 14) gedeckt. Am besten bietet man das Mineralfutter über einen Automaten oder über Leckschalen zur freien Aufnahme an.

Beim Kauf von vitaminierten Mineralstoffmischungen ist unbedingt das Herstellungsdatum zu beachten, da die Haltbarkeit der Vitamine nur 3–4 Monate beträgt (s. Seite 15).

Tabelle 13 Empfehlungen zur Mineralstoffversorgung von Schafen (g/Tag) [22]

	Calcium	Phosphor	Magnesium	Natrium
Mutterschafe 75 kg Lebendgewicht				
leer und niedertragend	8,5	6,0	1,0	2,0
4.–5. Trächtigkeitsmonat	15,0	7,5	1,5	2,0
säugend, 1 Lamm	17,0	9,0	2,5	2,0
2 Lämmer	20,0	10,0	3,0	2,5
Lämmer				
15–30 kg Lebendgewicht				
300 g tägliche Zunahme	12,0	4,5	1,0	1,5
400 g tägliche Zunahme	15,0	5,0	1,0	1,5
30–50 kg Lebendgewicht				
200 g tägliche Zunahme	12,0	4,5	1,0	1,5
300 g tägliche Zunahme	13,0	5,5	1,0	1,5
400 g tägliche Zunahme	17,0	6,5	1,0	1,5

Tabelle 14 Beispiel für die Angaben (Sackanhänger) eines kupferfreien, vitaminierten Mineralfutters für Schafe mit Selenzusatz

Gehalt an Inhaltsstoffen:
6 % Phosphor
9 % Natrium
18 % Calcium
3 % Magnesium

Gehalt an Zusatzstoffen je kg:
600 000 I. E. Vitamin A
75 000 I. E. Vitamin D_3
300 mg Vitamin E
4 500 mg Zink
1 000 mg Mangan
20 mg Kobalt
20 mg Jod
10 mg Selen

Verhältnis Ca:P = 3:1
Haltbarkeitsdauer für Vitamine 3 Monate nach Herstellung
Herstellungsdatum siehe Aufdruck
Nettogewicht bei Sackware 25 kg
täglich 15–30 g je Tier verfüttern!

Abb. 186 (rechts oben) Die Schafe sollten stets freien Zugang zu einem Mineralstoffangebot (Schüssel) und Salz (Leckstein) haben.

Abb. 187 (rechts unten) Auf der Weide decken Salzlecksteine den Natriumbedarf der Schafe.

9.1.4 Nähr- und Mineralstoffgehalte verschiedener Futtermittel

Die Grundfutterarten und Kraftfutterkomponenten, die für die Fütterung in der Schafhaltung vor allem in Frage kommen, haben aufgrund der **DLG-Futterwerttabellen** (19, 20) die in der Tab. 15 genannten Nähr- und Mineralstoffgehalte. Die Angaben über den Nährstoffgehalt sind jedoch nur Richtzahlen bzw. Mittelwerte, die von verschiedenen Faktoren beeinflußt werden, z. B. Bodenqualität, Vegetationsstadium, Futterwerbung. Sie können deshalb gewisse Schwankungen aufweisen.

Durch folgende Maßnahmen ist die Grundlage für eine leistungsgerechte Fütterung zu schaffen:

- Art und Menge der im Betrieb vorhandenen oder kosten- bzw. preiswürdig zu beziehenden Futtermittel feststellen, d. h. einen Futtervoranschlag aufstellen
- Beachtung der Nährstoff- und Mineralstoffgehaltswerte der verfügbaren Futtermittel auf der Grundlage der Richtwerte anhand der DLG-Futterwerttabellen für Wiederkäuer (Auszug s. Tab. 15; die Werte für Rohprotein sind mittlere Gehaltswerte der Futtermittel) unter Vermeidung einer einseitigen Futterration.
- Erstellung und Berechnung der Rationen nach dem Nährstoffgehalt der Futtermittel und Vergleich der errechneten, insgesamt enthaltenen Nährstoffe mit den Richtwerten für den Nährstoffbedarf der Tiere (s. Seite 119) in den jeweiligen Entwicklungs- und Leistungsstadien

Zum besseren Verständnis der Berechnungsart einer Futterration und für die Anwendung der Gehaltswerte (Tab. 15) ist ein praktisches Beispiel einer Tagesration für hochträchtige Mutterschafe (4.–5. Trächtigkeitsmonat) bei Stallfütterung dargestellt (Tab. 16).

Bei der **Berechnung einer bedarfsgerechten Futterration** für ein hochträchtiges Schaf geht man dabei folgendermaßen vor:

- In Spalte 1 werden zunächst die Grundfuttermittel (Beispiel: Grassilage, Wiesenheu) und darunter die vorhandenen und für eine Aufwertung der Grundfutterration erforderlichen Kraftfutterkomponenten (Hafer, Trockenschnitzel) erfaßt und eingetragen
- In Spalte 2 legt man zunächst die Futtermengen anhand von Erfahrungen bzw. Rationsbeispielen (s. Seite 125, Tab. 17) fest
- In Spalte 3, 4 und 5 werden sodann die Trockensubstanz- und Nährstoffgehaltswerte/kg des jeweiligen Futtermittels aus der Tab. 15 eingetragen
- Die Berechnung der Rationswerte (Spalte 6, 7 und 8) erfolgt durch Multiplikation der Spalten 2 × 3, 2 × 4 und 2 × 5, z. B. 3,0 kg Silage × 300 g TS = 900 g TS oder 0,2 kg Heu × 870 g TS = 174 g TS

Die jeweiligen Summen der Spalten 6, 7 und 8 ergeben einen »Schätzwert« des Nährstoffgehaltes in der täglichen Ration, der mit dem Normbedarf für ein hochträchtiges Schaf (s. Seite 119) gut übereinstimmt.

Tabelle 15 Nähr- und Mineralstoffgehaltswerte [19, 20]

Futtermittel	1000 g des Futtermittels enthalten						
	Trockensubstanz g	verd. Rohprotein g	Rohprotein g	Stärkeeinheiten StE	Ca g	P g	Na g
Grünfutter							
Weidegras (Mähweide)	185	28	40	120	1,2	0,7	0,2
Kleegrasgemisch	230	22	31	115	3,0	1,4	–
Markstammkohl	125	18	22	81	2,4	0,4	0,2
Landsbergergemenge	168	20	27	90	1,4	0,5	0,1
Gärfutter							
Wiesengras	300	27	45	165	2,2	1,0	–
Mais (mittlerer Kolbenanteil)	300	12	27	175	0,8	0,6	–
Zuckerrübenblatt	200	15	24	89	2,0	0,4	1,0
Heu und Stroh							
Wiese (in der Blüte)	870	56	100	336	6,3	2,3	0,7
Luzerne (in der Blüte)	870	118	145	294	13,6	2,3	0,4
Haferstroh	880	7	29	267	3,6	1,2	2,0
Gerstenstroh (Wintergerste)	890	21	35	202	2,6	0,7	–
Hackfrüchte							
Gehaltsrübe	189	7	12	86	0,5	0,4	0,8
Massenrübe	112	7	11	66	0,3	0,3	0,4
Getreide und Nebenprodukte							
Hafer	884	92	109	645	1,1	3,1	0,3
Gerste	870	80	102	719	0,7	3,4	0,3
Weizen	870	90	115	751	0,6	3,3	0,1
Roggen	870	60	94	727	0,8	2,9	0,2
Mais	874	53	95	746	0,3	2,8	0,2
Ackerbohnen	866	223	269	686	1,4	4,2	0,2
Sojaschrot (extrahiert)	879	421	443	704	2,7	6,2	0,2
Weizenkleie	870	107	144	437	1,6	11,3	0,5
Trockenschnitzel (melassiert)	900	48	85	610	8,8	1,0	2,2
Malzkeime	915	216	269	508	2,4	7,4	0,6
Biertreber (siliert)	265	53	65	139	0,9	1,5	0,1
Preßschnitzel (siliert)	200	12	22	117	–	–	–

Tabelle 16 Berechnung einer bedarfsgerechten Ration für hochträchtige Schafe

Futterart	Menge kg	Tabellenwerte/kg Futter TS[1]) g	verd. Rp g	StE	errechnete Werte in der Ration TS g	verd. Rp g	StE
Spalte 1	2	3	4	5	6	7	8
Grassilage (30 % TS)	3,0	300	27	165	900	81	495
Wiesenheu	0,2	870	56	336	174	11	67
Hafer	0,25	884	92	645	221	23	161
Trockenschnitzel	0,25	900	48	610	225	12	153
Nährstoffgehalt in der täglichen Ration:					1520	127	876
Nährstoffbedarf nach Norm:					1500	120	900

[1]) TS = Trockensubstanz, verd. Rp = verdauliches Rohprotein, StE = Stärkeeinheiten

9.2 Fütterung der Mutterschafe

Wesentlich ist dabei die Kenntnis, *warum* und *wann* bestimmte Ansprüche der Tiere an die Fütterung beachtenswert sind. Im Ablauf eines Zuchtjahres sind dabei im wesentlichen drei Abschnitte zu unterscheiden: Ritt- oder Paarungszeit, Trächtigkeits- und Säugeperiode.

9.2.1 Fütterung zur Paarungszeit

Die Zahl der geborenen Lämmer je Mutterschaf und Lammung (Fruchtbarkeit) ist nur in geringem Maße erblich bedingt. Sie kann durch eine überdurchschnittliche Versorgung der Zuchttiere mit Eiweiß, Energie und Mineralstoffen (beginnend etwa 4 Wochen vor der geplanten und während der Paarungszeit) wesentlich beeinflußt werden.

Das Ziel einer sog. **Vorbereitungs-** oder **Stoßfütterung** (flushing) ist:

- Eine vermehrte Eiabsonderung (Ovulationsrate) und Einlagerung befruchteter Eizellen zu erreichen
- Einer frühembryonalen Sterblichkeit wegen Mangelsituationen vorzubeugen

Es hat sich gezeigt, daß eine Stoßfütterung in der Regel umso wirksamer ist, je knapper die vorausgegangene Futterversorgung war bzw. wenn die Schafe in abgesäugter Kondition waren, so daß die Tiere als Folge einer Stoßfütterung wieder an Gewicht zulegen konnten.

Die kostengünstigste Stoßfütterung erzielt man durch Weidewechsel, wenn z. B. nach einer mageren Sommerweide Stoppelauflauf von abgeernteten Getreidefeldern oder Zwischenfruchtschläge gehütet oder frisch nachgewachsene Koppeln genutzt werden. Bei einem Grundfutterangebot mit einem niedrigen Gehalt an verdaulichen Nährstoffen (z. B. während der Stallhaltung) wird derselbe Effekt auch durch eine tägliche Kraftfutterzulage von ca. 200–300 g je Schaf erreicht.

Bei ganzjähriger Ablammung ist eine gezielte Stoßfütterung nur bei einer Einteilung der Herde in Leistungsgruppen möglich. Bereits eine Woche vor dem Absetzen der Lämmer werden die Mutterschafe zur Verringerung der Milchleistung bis hin zum Trockenstellen nach dem Absetzen der Lämmer knapp und dann bei Zuführung des Bockes zunehmend mit nährstoffreicherem Futter gefüttert.

Neben der Vorbereitung der Mutterschafe sollte man auch die Fütterung **der Zuchtböcke** nicht vergessen. Mindestens 3 Wochen vor Beginn einer möglicherweise zusammengedrängten Deckzeit (z. B. in der Koppelschafhaltung) und während der Paarungsperiode sollten Böcke ein Leistungsfutter, z. B. 1 kg Kraftfutter mit einem Eiweiß : StE-Verhältnis von 1 : 6 oder einem hohen Haferanteil erhalten, worin mindestens 3–5 % eines vitaminierten Schafmineralfutters enthalten sein sollten. Dadurch kann die Geschlechtsaktivität und vor allem die Befruchtungsfähigkeit bzw. Spermaqualität wesentlich verbessert werden (s. S. 54).

9.2.2 Fütterung der niedertragenden Schafe

Niedertragende Schafe benötigen in den ersten drei Trächtigkeitsmonaten nur geringfügig mehr an Nährstoffen als zur Deckung des Erhaltungsbedarfs notwendig sind. Dieser Bedarf kann über das Weidefutter sowie in der Winterfütterung über eine ausgeglichene Grundfutterration (Rüben, Silagen, Heu, Futterstroh usw.) voll gedeckt werden (Tab. 17).

Die Beispielrationen sind so zusammengestellt, daß die Hauptfutterarten für alle, d. h. nieder-, hochtragende und säugende Mutterschafe gefüttert werden können. Bei entsprechend steigendem Eiweiß- und Energiebedarf ist nur das Ballastfutter wie Stroh bzw. Heu durch ein ausreichendes Kraftfutterangebot teilweise auszutauschen bzw. die Ration zu ergänzen.

Die Trockensubstanz- und die Nährstoffgehalte der Beispielsration 1 (Tab. 17) errechnet sich anhand der Gehaltswerte nach der DLG-Futterwerttabelle (s. Seite 123) nach dem dargestellten Schema (Tab. 18). Es zeigt sich, daß mit dieser täglichen Ration der Nährstoffbedarf für leere und niedertragende Schafe (s. Seite 119) erfüllt wird.

Tabelle 17 Beispiele verschiedener Grundfutterrationen für leere und niedertragende Mutterschafe (Winterfütterung)

Futterart		Beispielrationen						
		1	2	3	4	5	6	7
Wiesenheu		–	1,0	–	0,5	1,0	1,0	0,5
Grassilage, 25 % TS		2,0	–	–	–	–	–	–
Futterrüben, Gehaltsrübe		–	–	–	4,0	–	–	–
Maissilage, 30 % TS		1,5	1,5	–	–	–	1,0	–
Haferstroh		0,5	[1])	0,8	0,5	–	–	0,5
Zuckerrübenblattsilage		–	–	4,0	–	–	–	–
Apfeltrestersilage, 20 % TS		–	–	–	–	4,0	2,0	–
Zuckerrübennaßschnitzel siliert, abgepreßt, 20 % TS		–	–	–	–	–	–	3,0
Trockensubstanzgehalt	g	1390	1320	1504	1451	1670	1570	1475
verd. Rohprotein	g	69	74	75	59	56	68	67
Stärkeeinheiten	StE	627	598	556	637	696	691	644

[1]) Stroh sollte stets zur beliebigen Aufnahme zur Verfügung stehen!

Tabelle 18 Berechnung der Inhaltswerte für die Beispielration 1 aus Tabelle 17

Futterart	Menge	Tabellenwerte/kg Futter			errechnete Werte in der Ration		
		TS[1])	verd. RP	StE	TS	verd. RP	StE
	kg	g	g		g	g	
Grassilage, 25 % TS	2,0	250	24	120	500	48	240
Maissilage, 30 % TS	1,5	300	12	175	450	18	262
Haferstroh	0,5	880	6	250	440	3	125
Nährstoff der Ration:					1390	69	627
Nährstoffbedarf nach Norm (DLG):					1500	60	600

[1]) TS = Trockensubstanz, verd. RP = verdauliches Rohprotein, StE = Stärkeeinheiten

9.2.3 Fütterung hochträchtiger Schafe

In den letzten 6 Wochen der Trächtigkeit steigt der Nährstoffbedarf der Mutterschafe insbesondere an verdaulichem Eiweiß und rasch verfügbarer Energie beträchtlich an. Denn über ⅔ des Fötengewichtes wird in dieser kurzen Zeit gebildet (s. »Trächtigkeit« Seite 56).
Über die Höhe der Nährstoffversorgung läßt sich direkt das **Geburtsgewicht** (Tab. 18) und damit indirekt auch die Vitalität der Lämmer beeinflussen. Lämmer mit durchschnittlichen bzw. überdurchschnittlichen Geburtsgewichten sind nachweislich lebenskräftiger als untergewichtige Lämmer. Auch die Ausbildung der Milchdrüse und die Reservestoffeinlagerung vollzieht sich zunehmend in den letzten Wochen vor der Lammung.
Neben dem erhöhten Nährstoffbedarf steigen zudem die Ansprüche an die Verdaulichkeit der Futtermittel. Denn mit der Vergrößerung der Gebärmutter wird das Pansenvolumen eingeengt, so daß das Aufnahmevermögen für voluminöses Grundfutter zunehmend verringert wird.
Auf einer guten, artenreichen Weide wird in der Regel der Bedarf des hochträchtigen Schafes ausreichend gedeckt (Abb. 188). Bei der **Winterstallfütterung** hängt es von der Qualität des Grundfutters und der Körperverfassung der Tiere ab, in welchem Umfang zusätzlich eine Kraftfuttergabe verabreicht werden muß. Meist ist eine tägliche Zulage von ca. 300–500 g Kraftfutter je Mutterschaf zur Grundfutterration ausreichend.
Ein Anteil von 30–50 % melassierter Zukkerrübenschnitzel in einer Kraftfuttermischung (Tab. 20) bewährte sich in der Praxis wegen des erhöhten Kohlenhydratsstoffwechsels insbesondere von sichtbar mehrlingsträchtigen Schafen zur Vorbeugung gegen Trächtigkeitstoxikose (s. Seite 168).
Beim Einsatz von **Silagen**, besonders aber von Maissilage, empfiehlt es sich, nicht mehr als 2–3 kg Silage zu verfüttern, und zwar ergänzt mit Heu bzw. Futterstroh, um eine einseitige Fütterung zu vermeiden. Im Vergleich zum Rind kann beim Schaf eine unausgegorene Silage und vor allem nachgärende Maissilage mit größerer Sicherheit zu gesundheitlichen Schädigungen, ja zu Verlusten z. B. durch Listeriose, führen. Deshalb sollte der Nachgärungsgefahr durch bekannte und bewährte Silierzusätze weitgehendst vorgebeugt werden.
Außerdem ist dem erhöhten **Mineralstoff-** und **Vitaminbedarf** insbesondere während der Winterstallhaltung durch das Angebot eines vitaminierten Mineralfutters für Schafe möglichst zur freien Aufnahme sicherzustellen.

9.2.4 Fütterung säugender Schafe

Die Entwicklung des Lammes hängt in den ersten Lebenswochen weitgehend von der **Säugeleistung** des Mutterschafes ab. Eine hohe Milchleistung ist demzufolge grundlegend für eine hohe Aufzuchtleistung. In den ersten Laktationswochen werden Höchstleistungen bis 2,8 kg Milch/Tag von Schafen mit Zwillingen und bis zu 2 kg Milch/Tag mit Einlingen erreicht. Für die Produktion von 1 kg Milch benötigt ein Schaf ca. 100 g verd. Rohprotein in 400 StE. Die dafür notwendigen Nährstoffmengen können aufgrund der beschränkten Aufnahmekapazität des Pansens nicht allein aus dem Grundfutter gedeckt werden, sondern sind über eine Kraftfutterzulage zu ergänzen.
Folgende fütterungstechnische Grundsätze während der Säugezeit sollten beachtet werden:

- Kein krasser Futterwechsel gegenüber den letzten Trächtigkeitswochen, sonst kommt es zu Veränderungen der Milch und damit zu Durchfällen bei den Lämmern
- Mehrlinge säugende Schafe während der Stallhaltung als Gruppe von der übrigen Herde getrennt halten, um den höheren Eiweiß- und Energiebedarf zumindest in den ersten 3–4 Wochen durch eine tägliche Kraftfuttergabe von ca. 300–400 g je gesäugtes Lamm zusätzlich zum Grundfutter decken zu können
- Eine stets hygienisch einwandfreie Wasserversorgung sicherstellen (s. Seite 94)
- Ausreichende Mineralstoff- und Vitaminversorgung

Tabelle 19 Geburtsgewichte in Abhängigkeit von der Energieaufnahme der trächtigen Mutterschafe [33]

tägliche Energieaufnahme StE	Gewichtszunahme des Mutterschafes kg	Geburtsgewicht je Lamm kg
590	0	4,4
780	1,8	4,8
880	7,2	5,1
1175	10,4	5,3

Tabelle 20 Beispiel einer Kraftfuttermischung zur entsprechenden Ergänzung einer Grundfutterration für hochträchtige und säugende Schafe

Futterart	Anteil %	TS g	verd. Rp g	StE
Hafer	0,33	292	30	213
Zuckerrübenschnitzel	0,33	297	16	201
Soja	0,33	290	139	232
Nährstoffgehalte je kg Mischung		879	185	646

Abb. 188 Mehrlingsträchtige Schafe in erwünschter Körperverfassung auf einer kräuterreichen Weide.

9.3 Fütterung der Sauglämmer

Hinsichtlich der Nährstoffart und -verwertung des Lammes kann man zeitlich drei Phasen unterscheiden:

- Ausschließliche **Milchphase:** Von Geburt an bis etwa zur 3. Lebenswoche kann das Lamm wegen der Magenentwicklung nur von flüssiger Nahrung leben
- **Übergangsphase:** Von der 3. bis etwa 6. Lebenswoche kann das Lamm neben der Milch zunehmend größere Mengen an Trockenfutter verwerten, da sich der Pansen entsprechend entwickelt
- **Wiederkäuerphase:** Ab etwa 42. Lebenstag kann das Lamm ohne größere Schwierigkeiten von der flüssigen Nahrung (Muttermilch, Milchtränke) entwöhnt werden (s. Seite 130)

9.3.1 Biestmilchperiode

Wie bei allen Säugetieren hängt auch beim Lamm das Überleben und die Weiterentwicklung entscheidend von der frühestmöglichen Aufnahme von Biestmilch (Kolostrum) nach der Geburt ab.

Die **Zusammensetzung** der gelblichen, dickflüssigen Biestmilch entspricht naturgemäß den besonderen Anforderungen des neugeborenen Lammes:

- Ein erhöhter **Trockensubstanzgehalt** (30–50 %), der um das zwei- bis dreifache über dem Wert der Normalmilch liegt, ermöglicht dem neugeborenen Lamm die Aufnahme einer Art »Nährstoffkonzentrat«
- Der hohe **Eiweißgehalt** (15–20 %) besteht im wesentlichen aus Albuminen und Globulinen, die lediglich am ersten Lebenstag unverdaut über die Darmschleimhaut direkt in den Blutkreislauf des Neugeborenen gelangen können. Eine besondere Bedeutung haben deshalb die sog. *Gammaglobuline* (γ-Globuline), die als Immunstoffträger dem Lamm den ersten und verhältnismäßig sicheren Schutz vor stallspezifischen Infektionskrankheiten gewährleisten.

Daneben ist für die Biestmilch kennzeichnend zum einen der hohe Mineralstoff- und Vitamin-A- und -B_2-Gehalt und zum anderen die das Darmpech abführende und damit lebenswichtige Wirkung. Die Zusammensetzung der Biestmilch verändert sich in den ersten 2 Tagen sehr rasch. Der TS-, Fett- und Eiweißgehalt fällt steil ab und erreicht am 4.–6. Tag nach der Geburt die Werte der sog. Normalmilch (Tab. 21).

Naturgemäß sucht ein normal entwickeltes Lamm bereits 15–30 Minuten nach der Geburt nach dem **Euter** und nimmt Biestmilch auf (Abb. 189). Stets sollte das Euter auf ungestörte Milchabgabe durch kurzes Anmelken kontrolliert werden. Es könnte ein Zitzenverschluß als Folge eines schwer löslichen »Harzpfropfens« oder einer vernarbten Verletzung vorliegen. Während sich ein Harzpfropfen als natürlicher Verschluß durch Anmelken löst, kann ein vernarbter Verschluß, wenn überhaupt, nur operativ geöffnet werden. In der Regel sind solche Mutterschafe auszumerzen.

Sind Lämmer – aus welchen Gründen auch immer – zu schwach, um selbständig in ausreichender Menge **Biestmilch aufzunehmen,** dann sollte man entweder die Biestmilch der Mutter abmelken oder eine andere aus einer sog. Biestmilchbank (s. Seite 62) entnehmen. Jedem Lamm sollten mittels einer Babyflasche ca. 50 cm^3/Mahlzeit verabreicht bzw. bei fehlendem Saugreflex mittels eines Katheters (Abb. 190) eingegeben werden. Dabei ist besonders vorsichtig vorzugehen, um den Katheter nicht in die Luftröhre statt in die Speiseröhre einzuführen. Erstickungsgefahr! Fehlt es an Biestmilch des Schafes, so kann auch frisches oder aufgetautes (39° C) Rinderkolostrum verwendet werden.

Von Praktikern wird auch ein **Kolostralmilchersatz** folgender Zusammensetzung eingesetzt: 650 cm^3 Kuhmilch, 1 Ei (verrührt), 1 Eßlöffel gelber Lebertran und 20 g Zucker.

Zur Sicherung einer rechtzeitigen und in den ersten 24–36 Lebensstunden regelmäßigen Milchaufnahme, vor allem der Mehrlingslämmer, empfiehlt sich nach wie vor die mehrtägige Haltung in Einzelboxen (Abb. 191 im Vordergrund) und sodann erst in Sammelbuchten (Abb. 191, Hintergrund), bevor größere Gruppen säugender Schafe gebildet werden.

Tabelle 21 Unterschiede in der Zusammensetzung von normaler Schaf- und Kuhmilch (in %) [9]

	Schaf	Kuh
Trockenmasse	14,3–21,8	10,0–16,0
Fett	3,3– 9,5	2,8– 4,5
Eiweiß	4,2– 7,2	3,3– 4,0
Milchzucker	4,2– 5,6	3,0– 5,5

Abb. 189 Noch vor der Geburt des zweiten Lammes nimmt das Erstgeborene bereits die Biestmilch auf.

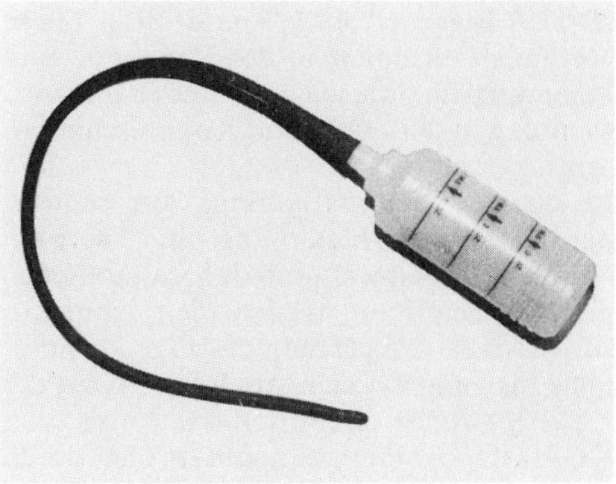

Abb. 190 Spezialflasche mit Katheter zur Milcheingabe für saugschwache Lämmer, die im Handel erhältlich ist (z. B. bei Fa. Neuweger, 6334 Asslar/Werdorf).

Abb. 191 (links) Einzelbox (vorne) und Sammelbox (hinten) für »Wöchnerinnen«.

9.3.2 Aufzucht an der Mutter

Als Aufzuchtperiode im engeren Sinne ist der Zeitraum zwischen Geburt und dem sog. Absetzen der Lämmer zu verstehen. Damit ist der Zeitpunkt gemeint, von dem ab ein Lamm in der Lage ist, sich ohne flüssige Nahrung (Muttermilch, Milchaustauschertränke) weiterzuentwickeln.
Erfahrungsgemäß dauert es ca. 6–7 Wochen, bis sich die Vormägen des jungen Schafes so weit entwickelt haben, daß der Nährstoffbedarf vom Lamm ausschließlich über pflanzliche Nahrung gedeckt werden kann. Durch ein möglichst frühzeitiges Beifutterangebot in Form von Kraft- und Rauhfutter wird die Entwicklung des Vormagenbereiches sowie der Beginn des mikrobiellen Verdauungsprozesses wesentlich gefördert.
Methode A: Normale Aufzucht der Lämmer durch das Muttertier bis zu einem Alter von 90–120 Tagen (Abb. 192 und 193). Diese Methode läßt daher in der Regel nur eine Lammung im Jahr zu und findet ihre Anwendung in der Hüte- und Koppelschafhaltung.
In der Koppelschafhaltung mit schwerpunktmäßiger Ablammung im Februar/März, d. h. noch während der Stallhaltungsperiode, empfiehlt es sich, den Lämmern zur besseren Ausnutzung des Jugendwachstums bis zum Weideaustrieb bereits ab der 2. Lebenswoche Beifutter in Form von Kraftfutter in einer gesonderten, aber durch Lämmerschlupf für die Jungtiere zugänglichen Box anzubieten.
Ebenfalls über einen sog. Lämmerschlupf (Abb. 194) erreichbar, hat sich die Beifütterung von melassierten Trockenschnitzeln als Eiweiß-Stärke-Ausgleich für die Lämmer zumindest während der ersten Wochen nach Weidebeginn (junger, eiweißreicher Grasaufwuchs) als günstig für die Gewichtsentwicklung erwiesen.
Nach dem Absetzen mit 3–4 Monaten schließt sich entweder eine Weide-, Stallend- oder Wirtschaftsmast an (s. Seite 138).
Methode B: Frühentwöhnung, d. h. Absetzen der Lämmer nach einer auf 6–8 Wochen verkürzten Säugezeit bei einem Mindestgewicht von ca. 16 kg (Abb. 192). Dieses Verfahren wird in der Regel in standortgebundenen Schafhaltungen (Familienbetriebe) mit intensiver Lämmerproduktion durchgeführt. Das Ziel ist es, durch die Frühentwöhnung der Lämmer und umgehende Wiederbelegung der Schafe mit *asaisonalem Brunstverhalten* die Zwischenlammzeit auf möglichst 8 Monate zu verkürzen und damit 1,5 Lammungen/Mutter und Jahr zu erreichen.
Dabei wird im Prinzip – fütterungs- und produktionstechnisch – folgendes **System** angewendet:

- Die säugenden Schafe werden ca. 6–8 Wochen grundsätzlich bis zum Absetzen der Lämmer im Stall bei leistungsgerechtem Futterangebot gehalten
- Die Lämmer erhalten zur besseren Ausnutzung des Jugendwachstums in gesonderten Boxen (Abb. 194) bereits ab der 2. Lebenswoche Kraftfutter, gutes Heu und stets frisches Wasser. Als Kraftfutter eignet sich entweder ein im Handel erhältliches pelletiertes Lämmermastfutter oder eine wirtschaftseigene Mischung (z. B. 40 % möglichst gequetschter Hafer, 40 % melassierte, nicht pelletierte Zuckerrübenschnitzel und 20 % Sojaschrot)
- Die übrige Mutterherde kann auf den z. T. verstreuten oder nur begrenzt vorhandenen Weideflächen ohne die säugenden Schafe leichter gehütet und zahlenmäßig sogar aufgestockt werden
- Das Absetzen der Lämmer erfolgt in der Regel abrupt und nur noch selten durch Wegsperren der Lämmer von den Mutterschafen in mehrtägig immer länger werdenden Zeitabständen
- Das »Trockenstellen« der Schafe wird durch ein stark verringertes Nährstoffangebot in den letzten 8 Tagen vor dem Absetztermin und durch mehrtägige Verabreichung nur von Futterstroh oder geringwertigem Heu beschleunigt, wobei trotzdem eine mehrmalige Euterkontrolle (Euterentzündung) unerläßlich ist

Die abgesetzten Lämmer werden mit Ausnahme der Zuchtlämmer (s. Seite 134) mit Kraftfutter und Heu (s. Seite 136) oder mit wirtschaftseigenen Futtermitteln unter Beachtung des Nährstoffbedarfes ausgemästet.

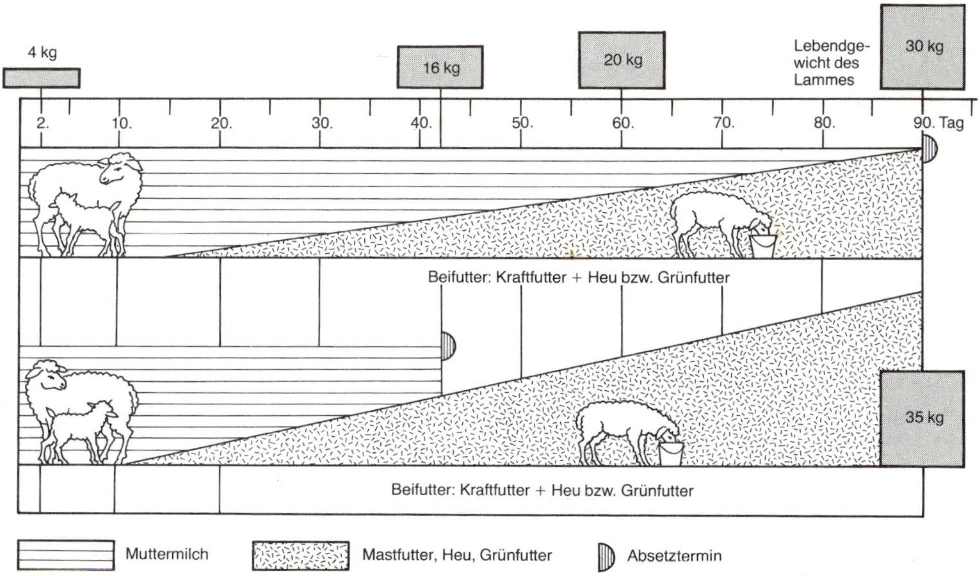

Abb. 192 Aufzuchtmethoden mit normaler (Methode A) und verkürzter Säugezeit (Methode B).

Abb. 193 Normale Aufzucht an der Mutter mit Weidegang bis zum Absetzen.

Abb. 194 Der absperrbare Lämmerschlupf (20–24 cm lichte Durchlaßbreite) ermöglicht es den Lämmern, getrennt von den Mutterschafen in einer eigenen Box Beifutter aufzunehmen.

9.3.3 Mutterlose Aufzucht

Dieses Aufzuchtverfahren sollte aus verschiedenen Gründen nur als eine *Ergänzung* der anderen Verfahren angesehen werden. D. h., daß es in erster Linie nur zur Aufzucht von Dritt- und Viertlämmern bzw. Lämmern von Muttertieren mit Milchmangel zur Verringerung der Aufzuchtverluste eingesetzt werden sollte.

Für die **praktische Anwendung** haben sich im wesentlichen folgende Punkte als bedeutsam erwiesen:

- Die Lämmer müssen mindestens 0,4 Liter Biestmilch aufgenommen haben und sollten am 2. Lebenstag abgesetzt werden; später ist das erforderliche Umgewöhnen an eine Gummizitze nur noch mit Mühe möglich
- Am 1. Absetztag sind die Lämmer mehrmals an den Sauger heranzuführen (Abb. 195); der Lerneffekt wird durch Beigabe eines bereits angelernten Lammes erhöht
- Das Verabreichen der Milchtränke erfolgt entweder mit Flaschen (Abb. 196) oder bei nur wenigen »Problemlämmern« mit einfachen Tränkebehältern bzw. mit halb- und vollautomatischen Verteilungs- und Tränkesystemen bei größeren Gruppen (s. Seite 96)
- Das Tränkesystem sollte ein möglichst geringes Saugvolumen erfordern, insbesondere in den ersten Tagen
- Nach Möglichkeit sollte man ein Milchaustauschfutter verwenden, das speziell für Lämmer hergestellt ist, sich einwandfrei bei einer Anrührtemperatur von 45–55° C (bzw. nach Angabe des Herstellers) löst und auch bei Abkühlung nicht aufrahmt; die Tränketemperatur hat bei einer einwandrei gelösten Tränke im allgemeinen keinen Einfluß auf das Wachstum, sollte aber zumindest in den ersten Tagen 35–39° C betragen
- Sofern kurzfristig kein spezielles Lämmermilchaustauschfutter zur Verfügung steht, kann vorübergehend auch ein Milchaustauscher für Kälbermast (*nicht* Aufzucht!) verwendet werden
- Die Tränkekonzentration (g Milchaustauscher/l Wasser) sollte in Anlehnung an den normalen TS-Gehalt der Schafmilch (14–18,5 %) zwischen 180 und 250 g liegen, und zwar:
  180–220 g bei freiem Angebot
  220–250 g bei rationierter Fütterung

Rationierte Fütterung (3–4 Mahlzeiten/Tag) setzt voraus, daß jedes Lamm eine eigene Saugstelle hat und die Lämmergruppe (8–12 Tiere) gewichtmäßig möglichst ausgeglichen ist.

Es besteht sonst die Gefahr, daß die schwereren Tiere sich auf Kosten der schwächeren übersaufen. In der 1. Woche rechnet man je Lamm 0,5–0,8 l Tränke täglich, in der 2. Woche etwa 1,5 l und von der 3. bis 6. Woche 2,5 l.

Die **freie Tränkeaufnahme** (ad libitum) ermöglicht es, 5–10 Lämmer je Saugstelle anzusetzen. Die Gefahr des Übersaufens (Lämmerverluste) läßt sich so erheblich verringer, und auch schwächere Lämmer können öfter kleinere Mengen aufnehmen, was sich besonders günstig auf die Verdauung (Gerinnungszeit) auswirkt. Untersuchungen [9] haben gezeigt, daß Lämmer – mit Ausnahme einer Saugpause von 5–7 Stunden um Mitternacht – in der Regel in einem Abstand von 2,5–3,5 Stunden Milchtränke aufnehmen (entsprechend ihrem Verdauungsrhythmus).

Die regelmäßige und einwandfreie Reinigung der Tränkegeräte einschließlich Sauger ist aus gesundheitlichen Gründen unerläßlich.

Neben der Milchtränke sollte wie bei dem Verfahren der Frühentwöhnung Kraftfutter und Heu sowie stets frisches Wasser angeboten werden (Abb. 197), das die Trockenfutteraufnahme und damit die Vormägenentwicklung fördert.

Das **Absetzen von der Tränke** kann bei ausreichender Beifutteraufnahme abrupt oder durch zunehmende Verringerung der Tränkemenge je Mahlzeit erfolgen. Mutterlos aufgezogene Lämmer werden in der Regel nach dem Absetzen einer intensiven Kraftfuttermast zugeführt (s. Seite 136) oder – falls es sich abstammungsmäßig um wertvolle »Zuchttiere« handelt – ab etwa 30 kg Lebendgewicht auf eine extensivere Fütterung (Wirtschaftsfutter oder Weide + 0,5 kg Kraftfutter) umgestellt.

Abb. 195 Mehrstündiges »Hungern« erleichtert das Anlernen eines Lammes an den Sauger.

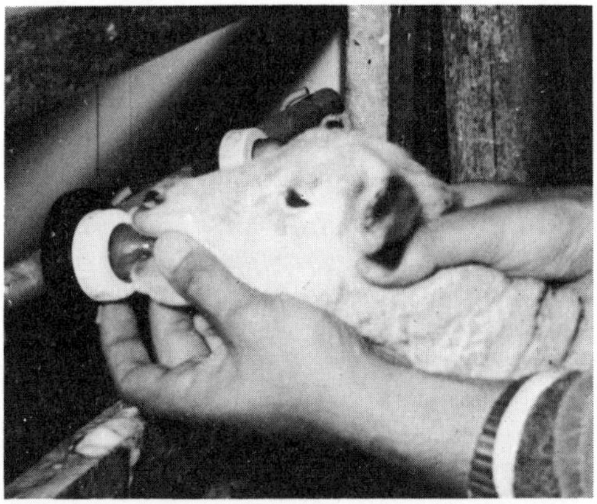

Abb. 196 Die »Flaschenbar« ist eine der verschiedenen Möglichkeiten, die Milchaustauschertränke zu verabreichen.

Abb. 197 Neben der Tränke ist das Beifüttern von z. B. pelletiertem Lämmermastfutter und stets frischem Wasser unerläßlich.

9.4 Fütterung der Zuchtlämmer

Die Geschlechts- und Zuchtreife der für die Nachzucht bestimmten **Jungschafe** hängt bei beiden Geschlechtern nicht nur vom Alter, sondern weitgehend auch vom Gewicht ab. Infolgedessen beeinflußt die Intensität der Fütterung wesentlich das Alter der Tiere bei der ersten Zulassung.

Das Gewicht bei der ersten Zuchtbenutzung sollte in der Regel ca. 75 % des für die jeweilige Rasse typischen Endgewichtes eines ausgewachsenen Tieres betragen.

Während der **Aufzuchtperiode** bis zur 8. Lebenswoche bestehen hinsichtlich der Ernährung keine Unterschiede zwischen Zucht- und Mastlämmern. Wichtig ist das frühzeitige Angebot an Rauhfuttermitteln zur Beschleunigung der Pansenverdauung.

In Betrieben mit guten Weideverhältnissen bleiben die zur Zucht geeigneten Lämmer in der Regel bis zu einem Gewicht von 30 bis 35 kg und einem Alter von 3–4 Monaten bei der Mutter; mit abnehmender Milchleistung empfiehlt es sich, die Zuchtlämmer von der Mutterherde zu trennen und das tägliche Grundfutterangebot (Weidegras oder Heu guter Qualität im Winter) durch eine Kraftfutterzulage von 0,8 kg zu ergänzen.

Ab dem 4. Lebensmonat können auch beispielsweise 1,5–2,0 kg guter Grassilage und 0,5 kg Kraftfutter unter Beachtung des zunehmenden Nährstoffbedarfs (Tab. 22) eingesetzt werden.

Sehr wichtig ist außerdem, den Zuchtlämmern vor allem bei fehlender kräuterreicher Naturweide ein **Mineralfuttergemisch** für Schafe (kupferfrei) möglichst zur freien Aufnahme anzubieten, um Mangelerscheinungen, wie beispielsweise Rachitis, vorzubeugen. Besonders gefährdet sind Bestände, in denen neben einer verhältnismäßig einseitigen Fütterung keine ausreichende Versorgung mit Calcium und Phosphat gewährleistet ist.

Dies gilt bei überwiegender Stallhaltung genauso, da durch die fehlende Sonnenbestrahlung der Tiere ihre Vitamin-D-Synthese gestört ist. Eine Auslauf- oder Weidemöglichkeit (Abb. 198 und 199) ist für eine gesunde Aufzucht daher unerläßlich.

Bei der Aufzuchtfütterung von künftigen **Zuchtböcken** sollte vor allem darauf geachtet werden, daß das Ca:P-Verhältnis in der Futterration mindestens 3:1 beträgt, um einer möglichen Erkrankung an Harnsteinen (s. Seite 170) vorzubeugen.

Erfolgreiche Zuchtbetriebe beachten bei der Bockaufzucht bis hin zur Auktion u. a. folgende ergänzende Maßnahmen:

- Absetzen auch der Bocklämmer mit etwa 4 Monaten von den Mutterschafen
- Getrennte Weidehaltung mit Beifütterung (z. B. Hafer und melassierte Rübenschnitzel; ca. 0,5–0,8 kg/Tier und Tag)
- Behandlung gegen Innenparasiten (s. Seite 164) in Abständen von ca. 8 Wochen
- Sachgemäße Klauenpflege (s. Seite 66), insbesondere Überprüfung der korrekten Beinstellung (»Korrekturschnitt«) in regelmäßigen Abständen von 3–4 Wochen
  Unter »Korrekturschnitt« versteht man, daß je nach der Beinstellung mehr oder weniger von der Innen- oder Außenklaue (s. Seite 67) weggenommen wird, um eine korrekte Stellung und damit gleichmäßige Belastung der gesamten Klaue zu erreichen. Diese Maßnahme ist gerade bei jungen, heranwachsenden Zuchttieren besonders wichtig; denn zum einen finden Zuchtböcke mit korrekter Stellung eher einen Käufer mit entsprechendem Preisgebot, zum anderen wird die Nutzungsdauer erheblich verlängert. Dabei gilt u. a. die Regel, daß bei verdrehter Stellung des Fußes auf *der* Klauenseite mehr geschnitten werden soll, wohin die Verdrehung zeigt. D. h. beispielsweise, daß bei einer Verdrehung nach außen an der Außenklaue verhältnismäßig mehr wegzunehmen ist

Tabelle 22 Nährstoffbedarf für Zuchtlämmer

Alter	Trocken substanz-Aufnahme	verdauliches Rohprotein	Stärke-einheiten
Monat	g	g	StE
3.	900	120	600
4.	1200	135	750
5.–8.	1500	150	900

Abb. 198 (Mitte) Nicht nur für weibliche Zuchtlämmer ist die Möglichkeit eines Auslaufs oder einer Weide die Grundlage einer gesunden Aufzucht.

Abb. 199 (unten) Dies gilt in gleichem Maße für Jungböcke!

9.5 Fütterung der Mastlämmer

Unter Berücksichtigung der Unterschiede in der Fütterungsintensität, der Mastdauer und des Mastendgewichtes sind im wesentlichen drei Mastverfahren zu unterscheiden: Die Kraftfutterintensiv-, Wirtschafts- und Weidemast (Abb. 200), die innerhalb eines Betriebes und im Jahrsablauf je nach saisonalen Produktions- und Absatzverhältnissen miteinander kombinierbar sind.

9.5.1 Kraftfutterintensivmast

Die Intensivmast mit Kraftfutter (Abb. 200, M_1) wird in den Betrieben angewandt, die grundsätzlich oder nur während der Winterstallhaltung die Lämmer mit 6–8 Wochen von der Mutter oder der Milchtränke absetzen. Dabei sind verdauungsphysiologische Schwierigkeiten durch diese Umstellung kaum zu erwarten, da den Lämmern während der Aufzuchtperiode bereits die gleiche oder eine ähnliche Kraftfuttermischung wie in der anschließenden Intensivmast als Beifutter über einen Lämmerschlupf angeboten wurde.

Die **Verabreichung des Kraftfutters** erfolgt:

- Zur **freien Aufnahme** über einen Futterautomaten (Abb. 201), wozu sich vor allem pelletiertes im Handel befindliches Lämmermastfutter eignet
- **Rationiert,** d.h. die Lämmer erhalten zweimal täglich eine im Verlauf der Mast nach Futterplan jeweils gesteigerte Menge, die sie innerhalb von 1–2 Stunden aufnehmen können (sog. »Fütterung auf den blanken Trog«)

Die Methode der rationierten Fütterung verwendet man in der Regel bei wirtschaftseigenen Kraftfuttermischungen (Tab. 23), um ein mögliches »Entmischen« oder selektives Aufnehmen der Komponenten zu vermeiden. Außerdem ist darauf zu achten, daß jedem Lamm ein Trogplatz zur Verfügung steht, sonst werden schwächere Lämmer ständig abgedrängt und bleiben in der Entwicklung zurück.

Der **Nährstoffgehalt** des Kraftfutters sollte mindestens 140 g verd. Rohprotein in 630 StE aufweisen (Beispiel: s. Tab. 23), um Tageszunahmen von 300 g und mehr zu erzielen. So erreichen die Lämmer mit einem Alter von 4–5 Monaten die Schlachtreife bzw. ein Mastendgewicht von 40-45 kg.

Untersuchungen [15] haben gezeigt, daß Kraftfuttermischungen mit ganzen Getreidekörnern keine Verschlechterung der Futterverwertung erbringen, während die täglichen Zunahmen im Mittel um 50-80 g niedriger lagen als bei den mit Pellets gefütterten Lämmern. Der Grund liegt darin, daß bei Mischungen mit ganzen Körnern um 150–250 g/Tier und Tag weniger aufgenommen wurden.

Auf keinen Fall sollte Getreide geschrotet verfüttert werden, da die mehligen Bestandteile nicht gerne gefressen werden. Außerdem können sie sich auf den vom Tränkewasser feuchten Nasenspiegel der Lämmer legen, u. U. antrocknen und dann die Atmung beeinträchtigen. In Versuchen zeigte sich ferner, daß diese mehligen Bestandteile des Kraftfutters leicht im Trog Krusten bilden (Abb. 202). Laboranalysen ergaben, daß diese einen verhältnismäßig hohen Eiweißgehalt aufweisen, da sie besonders aus den feinen, mehlartigen Bestandteilen bestehen, z. B. aus Sojaschrot, die dann im aufgenommenen Futter natürlich fehlen.

Grundsätzlich sollte den Mastlämmern stets frisches **Wasser** zur Verfügung stehen. Wichtig ist zudem, in der **Kraftfuttermischung** (s. Tab. 23) mindestens einen Anteil von 2 %, besser 3 % einer vitaminierten und Cu-freien Mineralstoffmischung zu berücksichtigen. Zur Vorbeugung gegen Harngrießbildung bei Bocklämmern sollte das Ca:P-Verhältnis im Kraftfutter 3:1 und mehr betragen (s. Seite 170).

Künftig wird auch der Einsatz von Preßschnitzeln zur freien Aufnahme – kombiniert mit einer konstanten Kraftfuttergabe von 0,5–0,7 kg – interessant (bisherige Versuchsergebnisse: 280–350 g tägliche Zunahme) sowie die Verwendung von Maiskolbenschrotsilage (Ca-Defizit ausgleichen!).

Zu beachten ist, daß weibliche Tiere etwa 4 bis 5 kg leichter geschlachtet werden sollten, um einem vom Markt unerwünschten Verfettungsgrad vorzubeugen.

Tabelle 23 Kraftfuttermischung für Mastlämmer (20–45 kg)

Komponenten	Anteil %	Tabellenwerte/kg verd. Rp g	StE	errechnete Werte verd. Rp g	StE
Hafer	30	92	645	28	194[1])
Gerste	20	80	719	16	144
Trockenschnitzel	22	48	610	11	134
Sojaschrot	15	421	704	63	106
Ackerbohnen	10	223	686	22	68
Mineralfutter	2	–	–	–	–
Viehsalz	1	–	–	–	–
Nährstoffgehalt/kg Mischung:				140	646

[1]) 194 StE errechnen sich aus Haferanteil (30 %) × Tabellenwert (645 StE/kg Hafer): 100

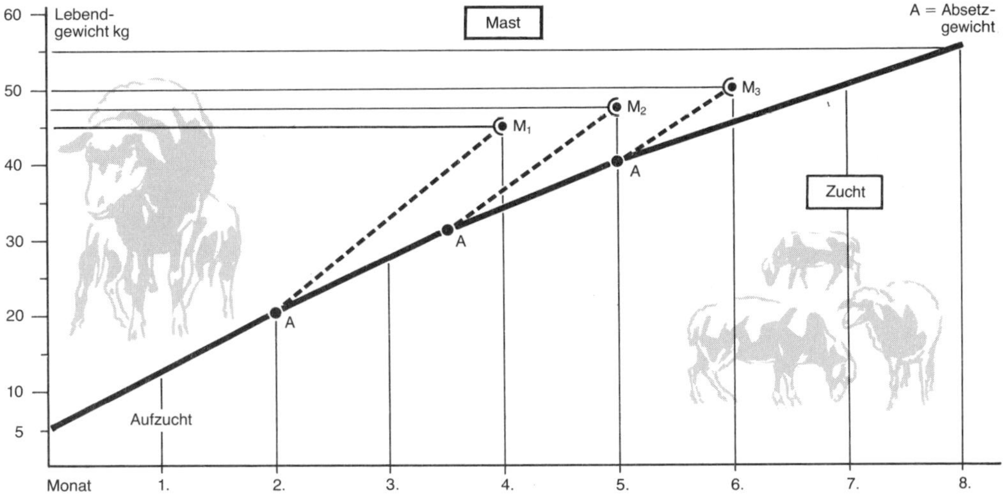

Abb. 200 Der Zeitpunkt des Absetzens und das Mastendgewicht werden von der angestrebten Mastintensität beeinflußt (M_1 = Intensivmast, M_2 = Wirtschaftsmast, M_3 = Weidemast).

Abb. 201 Bei einstreuloser Haltung neben der freien Kraftfutteraufnahme (im unteren Trog) als Rohfaserausgleich täglich Heu anbieten.

Abb. 202 Eine derartige Krustenbildung im Kraftfuttertrog (Pfeile) sollte vermieden werden.

9.5.2 Wirtschaftsmast

Nach dem Absetzen der Lämmer von der Mutter mit 3–4 Monaten und einem Lebendgewicht von 30–35 kg werden die Lämmer im Stall bis zu einem Endgewicht von 45–50 kg (6–7 Monate alt) gemästet. Sie erhalten wirtschaftseigenes Grundfutter, z. B. einwandfreie Gras- oder Maissilage, dem insgesamt nötigen Bedarf an Nährstoffen entsprechend ergänzt mit Kraftfutter bzw. Eiweißfuttermittel.

Dieses Verfahren wird in erster Linie in standortgebundenen Hütehaltungen mit Sommer- und Herbstlammung durchgeführt und mit der Möglichkeit, eigene oder gepachtete Ackerfutterflächen zur Grundfuttergewinnung zu nutzen.

Bei der **Anwendung der Wirtschaftsmast** sollte u. a. beachtet werden:

- Nur qualitativ einwandfreie Grundfuttermittel einsetzen, weil es insbesondere bei verschimmelter oder nachgärender Silage zu Verlusten durch Listeriose (s. Seite 154) kommen kann. Deshalb sind auch die Futtertröge täglich gewissenhaft von Futterresten zu reinigen, eine »Silagevorratsfütterung« sollte vermieden werden (Abb. 203)
- Das Aufnahmevermögen für Grundfutter ist begrenzt [14], Mastlämmer mit einem Lebendgewicht von 30–35 kg nehmen täglich zwischen 2,0–2,5 kg Maissilage auf, die sich bei 40–45 kg Lebendgewicht auf 2,5–3,0 kg steigert (Abb. 204); deshalb ist eine Nährstoffergänzung unerläßlich
- Beim Einsatz von Maissilage sollten mindestens 100 g Sojaschrot/kg Silage als Eiweißergänzung oder ständig mindestens 0,5 kg Kraftfutter (z. B. 40 % Hafer, 20 % Gerste, 37 % Sojaschrot und 3 % Mineralstoffmischung) verabreicht werden
- Die mittleren Zunahmen in der Wirtschaftsmast liegen bei der angeführten Nährstoffergänzung zwischen 200 und 250 g/Tier und Tag

Sowohl bei der Intensiv- als auch Wirtschaftsmast sollte man zumindest eine repräsentative Stichprobe aus den Lämmergruppen **regelmäßig wiegen** (Abb. 205), um u. a. Daten über Zuwachsleistung und Futterverwertung z. B. für eine Wirtschaftlichkeitsberechnung zu bekommen. Mangelnde Zunahmen geben auch Hinweise auf den Gesundheitszustand der Masttiere.

9.5.3 Weidemast

Dieses Verfahren wird meist in der Koppelschafhaltung mit verschiedenen **Möglichkeiten** durchgeführt:

- Die Lämmer weiden vor den Muttertieren im noch frischen, ungenutzten Aufwuchs, den sie durch einen *Lämmerschlupf* im Zaun erreichen (»Creep grazing«); sie bekommen kein Kraftfutter
- Lämmer und Mutterschafe grasen auf der gleichen Fläche, Kraftfutter steht nur für die Lämmer in Trögen bereit, die für die Muttertiere nicht zugänglich sind
- Vor allem die Bocklämmer werden zur Trennung von ihren weiblichen Geschwistern im Alter von 3–4 Monaten (30–35 kg Gewicht) abgesetzt. Sie erhalten zum Weidegang täglich 500–700 g Kraftfutter etwa folgender Zusammensetzung: 60 % Hafer, 20 % Sojaschrot, 15 % Trockenschnitzel, 5 % Mineralfutter oder ein pelletiertes Lämmermastfutter. Damit erreichen die nicht zur Nachzucht vorgesehenen Lämmer in der Regel auf der Weide bereits die gewünschte Schlachtreife mit 6–7 Monaten und ein Gewicht von etwa 50–55 kg

Abb. 203 Quellige Lämmer durch Wirtschaftsmast mit Maissilage und Eiweißausgleich.

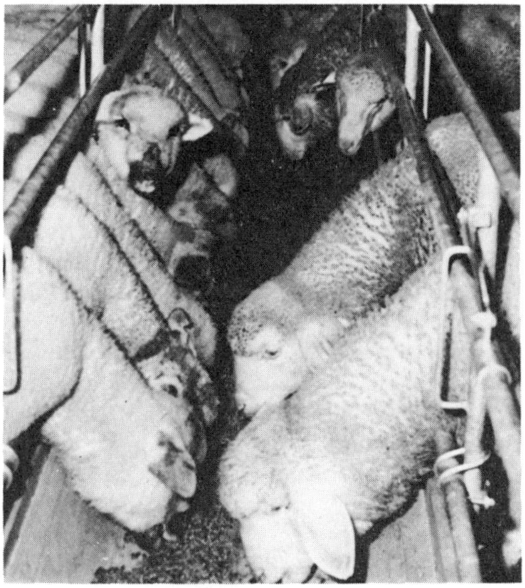

Abb. 204 Ein Futterband erleichtert die Vorlage von voluminösem Wirtschaftsfutter und der Kraftfutterzulage.

Abb. 205 Regelmäßige Gewichtskontrollen sind auch in der Lämmermast unerläßlich.

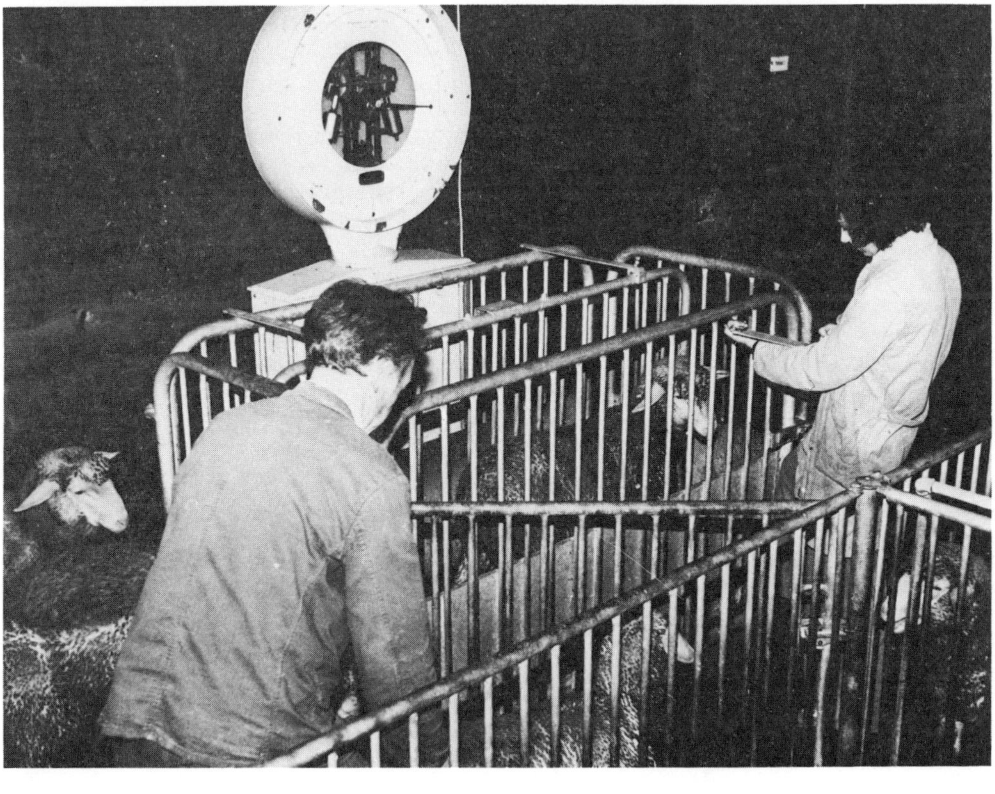

9.6 Preiswürdigkeit von Futtermitteln und Kraftfutterrationen

Unter dem Begriff »Preiswürdigkeit« versteht man den Wert eines Futtermittels aufgrund seines Nährstoffgehaltes im Vergleich zu einem anderen Futtermittel. Dabei reicht es für eine überschlägige Berechnung, wenn nur ein Hauptnährstoff (Eiweiß oder Energie) berücksichtigt wird, während Mineralstoff- und Vitamingehalt oder andere spezifische Wirkungen in der Kalkulation unberücksichtigt bleiben. Sehr wichtig bei der Berechnung der Preiswürdigkeit ist die Beurteilung bzw. die Schätzung der Qualität des vorhandenen Futtermittels, denn Tabellenwerte können beträchtlich vom tatsächlichen Futterwert abweichen, wenn andere Qualitäten zugrunde liegen.

9.6.1 Berechnung der Preiswürdigkeit

Am häufigsten benutzt man zum Preisvergleich verschiedener Futtermittel die sog. **Divisionsmethode.** Sie ist sehr einfach und trotzdem für den Praktiker völlig ausreichend für die Beurteilung der Preiswürdigkeit der auf dem Futtermittelmarkt angebotenen Ware. Bei der Berechnung bezieht man sich jeweils auf den Hauptnährstoff eines Futtermittels. Es erscheint daher sinnvoll, die in der Schaffütterung gebräuchlichsten Futtermittel nach folgenden **Nährstoffgruppen** zu unterteilen:

- **Eiweißträger:** Sojaextraktionsschrot, Akkerbohnen, Weizenkleie, Biertreber, Malzkeime, Leinschrot, Rapsschrot
- **Energieträger:** Mais, Tapiokamehl, Gerste, Weizen, melassierte Zuckerrübenschnitzel

Im **Beispiel 1** (Tab. 24) wird der als Eiweißträger bekannte Sojaextraktionsschrot mit den Malzkeimen verglichen, die gerne als Sojaersatz in Kraftfutterrationen eingesetzt werden. Als Bezugseinheit wählt man 1 kg verd. RP (verdauliches Rohprotein). Die Preise sind u.a. landwirtschaftlichen Wochenblättern zu entnehmen, die Nährstoffwerte sind Tabellenwerte (s. Tab. 15, S. 123). Unter den gegebenen Voraussetzungen kostet 1 kg verd. Rohprotein aus dem Sojaextraktionsschrot 1,14 DM, während für 1 kg verd. Rohprotein aus den Malzkeimen nur 1,06 DM errechnet werden.

Das Eiweiß aus dem Sojaschrot ist demzufolge um 0,08 DM/kg teurer. Der Preisvorteil der Malzkeime geht aber bereits dann verloren, wenn diese 0,246 DM/kg (= 0,216 × 1,14) oder 24,60 DM/dt kosten würden. Steigt der Preis für Malzkeime über 24,60 DM/dt, dann ist ihr Einsatz bei einem Sojapreis von 48,– DM/dt unwirtschaftlich.

Im **Beispiel 2** (Tab. 24) werden zwei typische Energieträger miteinander verglichen. Als Bezugseinheit wählt man 1 kStE (Kilostärkeeinheit = 1000 StE). Unter gegebenen Marktverhältnissen kostet 1 kStE aus den Zuckerrübenschnitzeln 0,46 DM, beim Körnermais dagegen belaufen sich die Kosten für 1 kStE auf 0,56 DM. Der Preisvorteil der Trockenschnitzel gegenüber Körnermais ist eindeutig. Erst bei einem Preis der Zuckerrübenschnitzel von 34,16 DM/dt (0,61 × 0,56 = 0,342 DM/kg) ginge dieser verloren.

9.6.2 Kostenberechnung einer Kraftfuttermischung

Grundvoraussetzung für eine wirtschaftliche Intensivmast von Lämmern ist eine im Nährstoffgehalt ausgeglichene Kraftfutterration. Die für eine **Kostenberechnung einer Kraftfuttermischung** im **Beispiel 3** (Tab. 25) gewählten Komponenten ergänzen sich zu einer idealen Mischung sowohl im Nährstoffgehalt, als auch im Eiweiß : Stärke-Verhältnis (1 : 4,5). In Spalte 6 der Beispielsration sind die jeweiligen Marktpreise der einzelnen Komponenten einzusetzen. Auch für hofeigenes Getreide ist der Marktwert zu verrechnen. Je nach prozentuellem Anteil der Komponenten lassen sich die anteiligen Kosten ermitteln (Spalte 7), deren Summe schließlich den Gesamtpreis der Kraftfuttermischung ergibt. Etwas billiger käme die Mischung, wenn z. B. Sojaschrot teilweise durch Malzkeime ersetzt würde.

Gegenüber industriellen Fertigfuttermischungen ergeben sich für Eigenmischungen nicht selten Preisvorteile, wenn man von den Misch-, Transport- und Lagerkosten absieht.

Tabelle 24 Berechnungsbeispiele für die Preiswürdigkeit von Eiweiß- und Energieträgern

Beispiel 1:
Vergleich von Sojaschrot mit Malzkeimen

Sojaschrot	(48 DM/dt, 421 g verd. Rohprotein/kg)		
	421 g verd. Rohprotein kosten	0,48 DM	
	1000 g verd. Rohprotein kosten	**1,14 DM**	(0,48:0,421)
Malzkeime	(23 DM/dt, 216 g verd. RP/kg		
	216 g verd. Rohprotein kosten	0,23 DM	
	1000 g verd. Rohprotein kosten	**1,06 DM**	(0,23:0,216)

Beispiel 2:
Vergleich von Zuckerrübenschnitzeln mit Körnermais

Zuckerrübenschnitzel	(28 DM/dt, 610 StE/kg = 0,61 kStE/kg)		
	0,61 kStE kosten	0,28 DM	
	1 kStE kostet	**0,46 DM**	(0,28:0,61)
Körnermais	(42 DM/dt, 746 StE/kg = 0,746 kStE/kg)		
	0,746 kStE kosten	0,42 DM	
	1 kStE kostet	**0,56 DM**	(0,42:0,746)

Tabelle 25 Kostenberechnung einer Kraftfuttermischung (Beispiel)

Komponenten	Anteil %	Tabellenwerte verd. RP g	Tabellenwerte StE	errechnete Werte verd. RP g	errechnete Werte StE	Preis je dt DM	anteiliger Preis DM
Hafer	30	92	645	28	194	37,–	11,1[1])
Gerste	20	80	719	16	144	36,–	7,2
Zuckerrübenschnitzel	25	48	610	12	153	28,–	7,0
Sojaschrot	22	400	704	88	155	48,–	10,6
Mineralstoffmischung	2	–	–	–	–	70,–	1,4
Viehsalz	1	–	–	–	–	22,–	0,2
verd. RP und StE/kg der Mischung				144	646		
Preis je dt der Mischung							37,5 DM

[1]) 11,1 errechnet sich aus (30% Haferanteil × DM 37,– : 100)

10 Produkte der Schafhaltung

Das Schaf ist nicht nur ein sehr anpassungsfähiges, sondern auch ein vielseitiges Nutztier, denn es liefert u. a. Fleisch, Wolle und Milch. Vor der Jahrhundertwende wurde mit deutschen Schafen schwerpunktmäßig Wolle erzeugt und noch vor drei Jahrzehnten betrug der Anteil der Wolle an den Verkaufserlösen einer Schafhaltung zwischen 40 und 60 %.
Dieser Anteil hat sich seitdem zunehmend zugunsten des Fleisches verschoben, so daß derzeit etwa 92 % der Gesamterlöse auf den Fleischverkauf und nur noch 8 % auf die Wolle entfallen.

10.1 Fleisch

Der jährliche »Schaffleisch«-Verbrauch je Bundesbürger hat sich in den letzten zehn Jahren vervierfacht und liegt derzeit mit leichten Schwankungen bei ca. 0,9 kg. Dabei bevorzugt der qualitätsbewußte Verbraucher das Fleisch von möglichst jungen Tieren mit verhältnismäßig geringem Fettanteil, und zwar in erster Linie der Kategorie M.
Nach dem Vieh- und Fleischgesetz (s. Seite 12) werden die **Kategorien »Lammfleisch«** mit den Bezeichnungen M und L nach folgenden Merkmalen unterschieden:

- **M** Schlachttierkörper von Lämmern nicht über 6 Monate alt mit einem Höchstgewicht von 22 kg ohne bzw. 23,5 kg mit Kopf
- **L** Schlachttierkörper von Stall- und Weidemastlämmern nicht über 12 Monate alt

Weitere **Kategorien** sind:

- **H (Hammelfleisch):** Schlachttierkörper von weiblichen Tieren, die nicht zur Zucht benutzt wurden und kastrierten männlichen Tieren, jeweils nicht älter als 2 Jahre
- **S (Schaffleisch):** Schlachttierkörper von kastrierten männlichen sowie von weiblichen Tieren, jeweils älter als 2 Jahre
- **B (Fleisch von Böcken):** Schlachttierkörper von nicht kastrierten männlichen Tieren, über 12 Monate alt.

10.1.1 Handelsklassen für Lammfleisch

Innerhalb der Kategorien gelten noch bis April 1993 die **Handelsklassen** E, I, II und III (Tab. 26). Ab diesem Termin werden die Schafschlachtkörper nach Einführung des EG-einheitlichen Handelsklassenschemas in folgende **Kategorien** unterteilt:

- ▶ Schlachtkörper von unter 12 Monate alten Lämmern
- ▶ Schlachtkörper anderer Schafe

Die Klassifikation erfolgt durch Bewertung der Fleischigkeit bzw. der Fettgewebsmenge (siehe Anhang, Tab. 33 und 34, Seite 177). Zusätzlich zum EUROP-System *können* die EG-Mitgliedsländer die Fleischigkeitsklasse S (Doppellender) verwenden.
Zur genaueren Unterscheidung hinsichtlich des **Schlachtwertes** wird die Ausbildung der wertbestimmenden Körperpartien wie Keule, Rücken, Bug und Kamm (Tab. 26, Spalte 3) bewertet. Die Unterschiede in diesen Merkmalen werden an den Schlachtkörpern (Abb. 206) deutlich.

Die Bewertung des **Fettansatzes** bzw. der Fettabdeckung (Tab. 26, Spalte 4) als Merkmal ist in der Verordnung nicht zwingend vorgeschrieben, sondern für die Handelsklassen E und I als *zusätzlich zulässig* bezeichnet, wobei unterschieden wird in gering (g), mittel (m) und stark (s).
Für die Einschätzung des Schlachtwertes ist aber diese Bewertung insofern von großer Bedeutung, als eine verhältnismäßig enge Wechselbeziehung zwischen Fettgewebe und Fleischanteil besteht. Die Rückenanschnitte zwischen der 13./14. Rippe von Lämmern (Abb. 207 und Abb. 208) lassen diese Zusammenhänge deutlich erkennen. Die Erfahrung zeigt, daß der Markt bei einer zu starken Verfettung (s. Abb. 208) zunehmend negativer hinsichtlich Preis und Abnahme reagiert als auf die weniger gute Ausbildung der wertbestimmenden Körperpartien.

Abb. 206 Beispiele für Schlachtkörper der Handelsklassen E bis III, die seit 1993 den EG-Handelsklassen E, U, R bzw. O entsprechen.

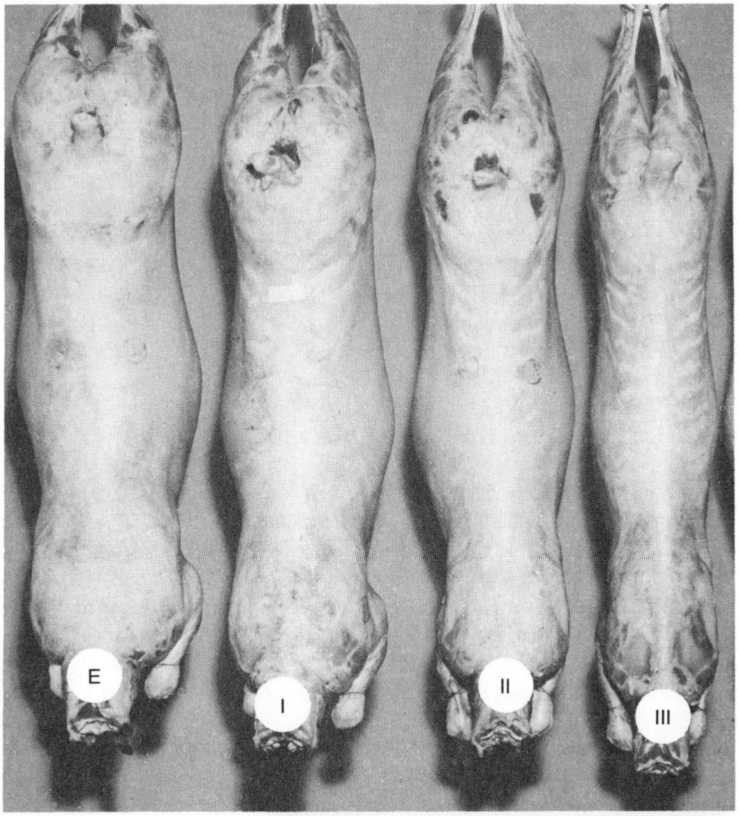

Tabelle 26 Handelsklassen für Schaffleisch und die für die einzelnen Handelsklassen erforderlichen Merkmale

Handelsklasse		Merkmale	
verbindlich anzuwendende	zusätzlich zulässige	Ausbildung der wertbestimmenden Körperpartien wie Keule, Rücken, Bug und Kamm	Fettansatz und Fettabdeckung (je nach Kategorie zu bewerten)
1	2	3	4
E	g m s	beste	gering mittel stark
I	g m s	gute	gering mittel stark
II	–	mittlere	–

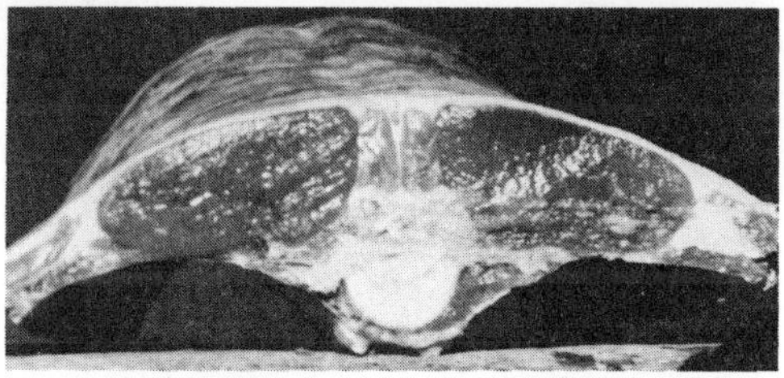

Abb. 207 Rückenanschnitt (13./14. Rippe) der Handelsklasse E g mit geringer (g) Fettabdeckung (3 mm).

Abb. 208 Rückenanschnitt (13./14. Rippe) der Handelsklasse E s mit starker (s) Fettabdeckung (über 7 mm).

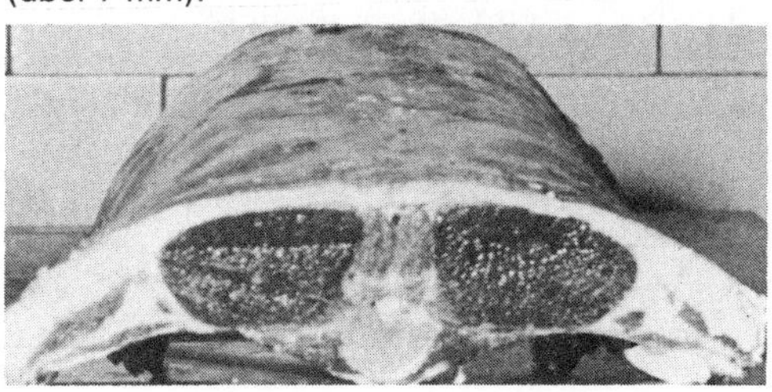

10.1.2 Schlachtkörperzusammensetzung und Qualitätsmerkmale

Die vom Markt gewünschte Schlachtkörperqualität von Lämmern wird im wesentlichen bestimmt von:

- Der Zusammensetzung des Schlachtkörpers nach Grobgewebeanteilen wie Fleisch, Fett und Knochen
- Dem Fleisch: Fett-Verhältnis
- Dem %-Anteil der einzelnen Teilstücke am gesamten Schlachtkörper
- Der Beschaffenheit des Fleisches und insbesondere des Fettes [60]

Die **grobgewebliche Zusammensetzung** beispielsweise von Lämmern unter 6 Monaten kann je nach Handelsklasse und Verfettungsgrad erhebliche Unterschiede aufweisen, d.h. Schwankungen im *Fleischanteil* von 51–71 % und im *Fettgewebeanteil* von 9 bis 30 % [48]. Der Fleischanteil wird nachweislich u. a. sehr stark durch das erblich bedingte Fleischbildungsvermögen (s. Seite 38) beeinflußt und sollte durch ein ausreichendes Eiweißangebot bei der Lämmermast (S. Seite 136) möglichst ausgeschöpft werden.

Der vom Markt noch erwünschte **Fettgewebeanteil** bzw. Verfettungsgrad (optimale Fettabdeckung) wird in der Regel mit dem Begriff der sog. **Schlachtreife** bezeichnet, die je nach Rasse bzw. Rassenkombination und je nach Geschlecht der Lämmer bei unterschiedlichem Mastendgewicht erreicht wird (s. Tab. 6, Seite 136). So erreichen bei gleicher Mastintensität weibliche Lämmer in der Regel die Schlachtreife bereits bei einem ca. 4–6 kg geringeren Mastendgewicht.

Neben der Gesamtfettmenge ist aber auch die **Fettverteilung** im Schlachtkörper von Bedeutung. Dabei unterscheidet man das sog. Beckenhöhlen- und Nierenfett, das Oberflächenfett (subkutan, unter der Haut) sowie das Fett zwischen den Muskeln (intermuskulär). Bei einem Schlachtkörper der Handelsklasse E mit einem mittleren Fettansatz (m) wurden z. B. folgende Anteile ermittelt [48]: 1,9 % Becken- und Nierenfett, 6,0 % subkutanes Fett und 10,3 % für das Fett zwischen den Muskeln, das am Rükkenquerschnitt zwischen der 5./6. Rippe (Abb. 209) erkennbar wird.

Im Zusammenhang mit der Schlachtkörperbe- und -verwertung (z. B. Teilstückvermarktung) ist neben der Ausprägung auch der **Anteil der Teilstücke** von Interesse, der nach der sog. DLG-Schnittführung dargestellt ist (Abb. 210).

Die **Fleischbeschaffenheit** (Fleischqualität) ist u.a. gekennzeichnet durch die vergleichsweise hohe Wasserhaltefähigkeit bzw. Saftigkeit und Zartheit. Beide Qualitätsmerkmale stehen in engem Zusammenhang mit der Muskelfaser (52 µm[1])); Fleisch vom Rind und Schwein weisen vergleichsweise stärkere Fasern auf [5].

Die **Beschaffenheit des Fettes** ist ernährungsphysiologisch desto günstiger, je jünger ein Schlachttier ist; denn mit zunehmendem Alter und auch Verfettungsgrad nimmt der Anteil an gesättigten Fettsäuren zu ungunsten der ungesättigten zu. Der damit verbundene Anstieg des Schmelzpunktes und der Zusammensetzung wirkt sich u. a. ungünstig auf den Geschmack des Fleisches aus. Auch und gerade deshalb wird das Fleisch möglichst junger Lämmer bevorzugt; denn es kann wegen des niedrigen Schmelzpunktes seines Fettes auch als »kalter Braten« genossen werden, ohne daß sich der Talggeschmack auf dem Gaumen einstellt.

Qualitätslammfleisch ist immer etwas Besonderes, weil es:

- Zart und leicht bekömmlich ist und sich deshalb auch als Schonkost eignet
- Neben wichtigen Vitaminen und Mineralstoffen viel Eiweiß enthält und kalorienarm ist

Die Zubereitung von Qualitätslammfleisch macht zudem keine Schwierigkeiten und kann vielfältig sein (Abb. 211); man kann es grillen, braten, schmoren und dazu noch phantasiereich würzen.

[1]) µm = 1 Mikrometer = 1/1000 mm

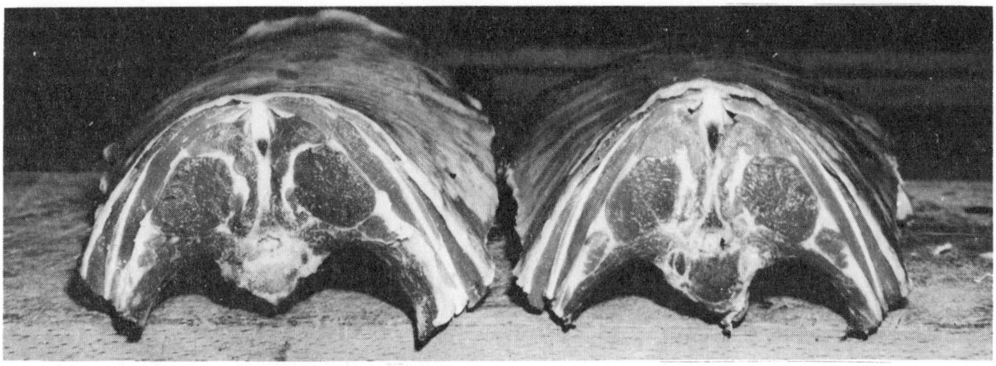

Abb. 209 Rückenanschnitte (5./6. Rippe) der Handelsklasse I g mit mittelstarker (links) und geringer (rechts) Fetteinlagerung.

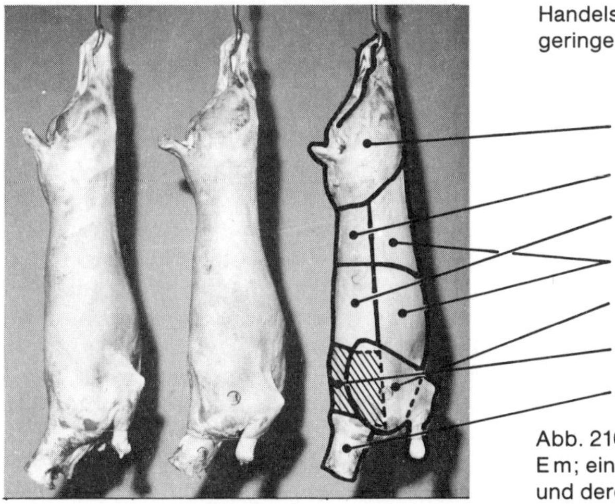

	%-Anteil
Keule	34
Lende	7
Kotelett	9
Brust/Dünnung	19
Schulter	17
Kamm	7
Hals	5

Abb. 210 Schlachtkörper der Handelsklasse E m; eingezeichnet ist die Lage der Teilstücke und deren %-Anteil am Schlachtkörper.

Abb. 211 Diese wenigen Beispiele geben einen Eindruck, wie vielfältig die Zubereitungsmöglichkeiten von Qualitätslammfleisch sind.

10.2 Wolle

Wolle – oder Flaumhaare, auch **Unterhaar** genannt – ist mehr oder minder stark gekräuselt, meist markfrei und stets büschelweise in der Haut angeordnet und in Stapeln zu einem Vlies vereint, während das sog. **Oberhaar** oder Deckhaar (Grannenhaare) meist schlichtwellig und markhaltig ist [24].

Beim **Wildschaf** besteht das Haarkleid aus Oberhaaren als Witterungsschutz und aus Unterhaaren als Wärmeschutz, die im Herbst und Frühjahr dem Haarwechsel unterworfen sind. Das Vlies des **Hausschafes,** z. B. der Merinos, soll durch eine Erbänderung (Mutation) entstanden sein, wobei nur noch das Unterhaar erhalten blieb und außerdem der »Haarwechsel« nicht mehr auftrat.

Das **Wollhaar** wird aus Eiweißkörpern aufgebaut und besteht – vereinfacht ausgedrückt – aus der *Haarwurzel* und dem *Haarschaft.* Die einzelnen Wollhaare werden durch den sog. *Woll-* oder *Fettschweiß* – eine Mischung aus Talg- und Schweißdrüsensekret – gegen Witterungseinflüsse geschützt. Außerdem werden sie durch *Querhaare* (Binder) zu Stapeln zusammengehalten, die wiederum zusammen das Vlies bilden.

Die Oberfläche eines Vlieses kann je nach Rasse eine unterschiedliche **Stapelung** aufweisen, beim Merinolandschaf z. B. spricht man von einer blumenkohlartigen Stapelung (Abb. 212). Durch das sog. *Scheiteln* (Öffnen des Vlieses, Abb. 212) erhält man einen Einblick hinsichtlich der verschiedenen Wolleigenschaften wie Feinheit, Kräuselung, Länge, Farbe usw.

10.2.1 Wertbestimmende Wolleigenschaften

Die **Feinheit** der Wolle, d. h. der Durchmesser des Wollhaares, ist mit die wichtigste Eigenschaft; sie wird gemessen in µm (1 Mikrometer = $^1/_{1000}$ mm) und ist verschieden nach Rasse (s. Tab. 3, Seite 31), Alter, Geschlecht, Klima, Fütterung und Haltung. Eine Bockwolle z. B. ist meist gröber als die der Muttertiere. Streßsituationen und insbesondere mangelhafte Fütterung können zu einer Verfeinerung führen, z. B. zur sog. »Hungerwolle«.

Die **Länge** der Wolle steht in Wechselbeziehung zur Feinheit. Gröbere Wolle ist bei z. B. gleicher Rasse in der Regel länger. Sie hängt u. a. von der Fütterung und Haltung sowie davon ab, ob es sich um eine Halb-, Dreiviertel- oder Vollschur (s. »Schur«, Seite 70) handelt.

Die **Kräuselung** der Wolle ergibt sich u. a. aus der Feinheit und Länge; d. h. je feiner die Wolle ist, desto stärker ist ihre Kräuselung, die verschiedene Arten aufweisen kann (Abb. 213).

Die Landschafrassen (z. B. Rhön- und Bergschaf) sowie das weiß- und schwarzköpfige Fleischschaf besitzen eine *flachbogige Kräuselung,* während Wollen im Merinotyp (Merinofleisch- und Merinolandschaf) in der Regel eine *normalbogige Wellung* (Abb. 213) aufweisen. Das bedeutet, daß bei dieser Kräuselung im eigentlichen Sinne die Wellung einen Halbkreis um eine gedachte Mittellinie bildet (Abb. 213).

Eine *hochbogige Kräuselung* (Abb. 213) führt zu einer stark markierten Wolle (Abb. 214), die bereits als fehlerhaft zu bezeichnen ist, weil die natürliche Spannung des Wollhaares abnimmt [24]. Bei *überbogiger Kräuselung* (Abb. 213 und 214) wird das Wollhaar starr und spröde, so daß es bei der Verarbeitung »bricht«. Dabei handelt es sich um den stärksten **Wollfehler,** dem sog. **Zwirn.** Ebenso minderwertig sind u. a. stielige Wollen (Abb. 214), wobei die einzelnen Stapel bis auf die Haut verschmutzt und bindfadenartig gedreht voneinander getrennt sind [24].

Die **Farbe** der Wolle weist in der Regel einen leicht cremigen Ton auf. Diese schwach gelbliche Verfärbung wird jedoch bei der Rohwoll-Wäsche zusammen mit dem Fettschweiß und Schmutz entfernt. Vergilbte bzw. stark gelbschweißige Wolle, d. h. solche mit nicht auswaschbarem Gelbanteil, ist kaum zu verkaufen, so daß vorbeugende Maßnahmen der Zucht und Haltung im Rahmen einer sog. »Wollpflege« unerläßlich sind (s. Seite 148).

Abb. 212 Zur Qualitätsbewertung des Vlieses ist das Scheiteln der Wolle an der Schulter, der Mittelhand und der Keule unerläßlich.

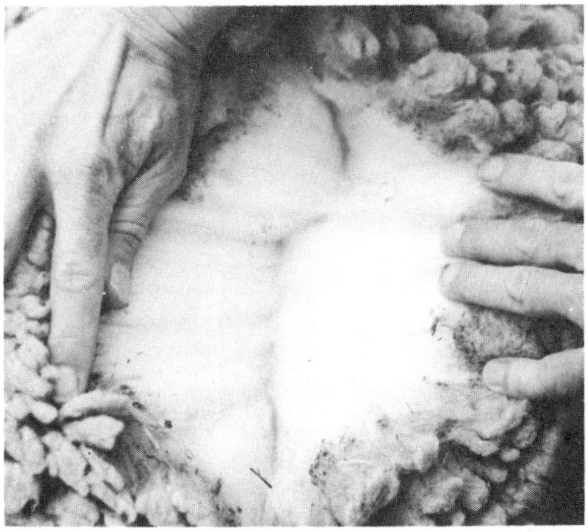

Abb. 213 Arten der Kräuselung des Wollhaares.

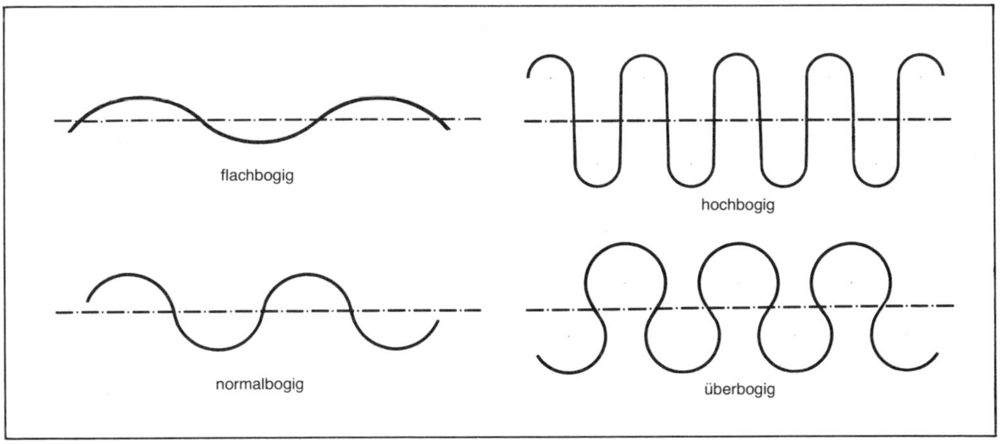

Abb. 214 Beispiele für die fehlerhafte Wollkräuselung: Hochbogige, stark markierte Wolle (links), Zwirn (Mitte) und stielige Wolle (rechts).

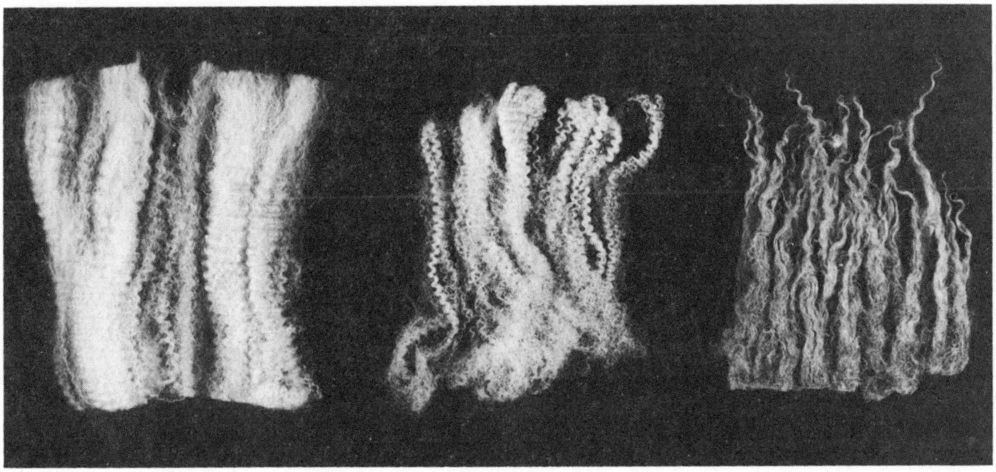

10.2.2 Wollpflege und Verwertung

Eine sachgemäße Wollpflege ist die wichtigste Voraussetzung, um nicht nur den Wollabsatz zu sichern, sondern auch befriedigende Preise erwarten zu können. Unter »Wollpflege« im weitesten Sinne sollten alle **Maßnahmen** verstanden werden, die dazu beitragen, Qualität zu erzeugen, d. h.:

- **Zuchtausschluß** aller Tiere, die erblich bedingte Wollfehler aufweisen z. B. Zwirn oder eine starke Vergilbung (Gelbschweißigkeit) der Wolle
- Sachgemäße **Fütterungstechnik,** um das sog. Einfüttern der Wolle zu vermeiden z. B. durch Nackenbretter an Sprossenraufen oder entsprechende Vorsicht beim »Aufstecken« bzw. Vorlegen von Heu (nicht über die Tiere einfüttern!) (s. Seite 88)
- Das **Zeichnen** der Schafe und Lämmer sollte nicht mit Ölfarben etc., sondern nur mit SI-RO-MARK erfolgen, weil nur damit die Garantie auf Auswaschbarkeit der Farbe vor der Verarbeitung der Wolle gegeben ist (s. Seite 46)
- Rechtzeitige Vorbeugung bzw. **Behandlung gegen Außenparasiten** durch Baden oder Sprühen (s. Seite 162), insbesondere beim Auftreten von Sandläusen und Haarlingen
- Beachtung verschiedener qualitätserhaltender Maßnahmen bei und nach der **Schur** (s. »Schur«, Seite 70): insbesondere nicht im nassen Zustand scheren lassen, das Vlies »bereißen«, d. h. stark verschmutzte Wollteile des Vlieses z. B. der Bauch- und Afterpartie abreißen und nach dem Auslüften getrennt nach Mutter- und Lammwolle sowie weißer und farbiger Wolle absacken
- Vermeiden wollschädigender **Haltungsbedingungen** im Stall und auf der Weide

Besonders zum letzten Punkt sei gesagt, daß der Stall trocken sein bzw. die Luftfeuchtigkeit 75 % nicht überschreiten sollte (s. »Stallklima«, Seite 72), denn die nicht auswaschbare Vergilbung als erblich bedingte Veranlagung wird insbesondere durch feuchtwarme Umweltbedingungen gefördert. Außerdem sollte nur langfasriges Stroh, keinesfalls Häcksel oder Sägespäne verwendet werden, um einer Anreicherung der Wolle mit »Fremdstoffen« vorzubeugen. Ähnliches gilt bei Weidegang, wobei im Rahmen der Weidepflege vor allem Disteln beseitigt werden sollten. Im Frühjahr – kurz vor der Schur – kann es bei ständigem Aufenthalt der Schafe auf grasfreien Flächen nach Regenfällen oder durch das Pferchen auf Grünland zu stärkerer Verschmutzung der Wolle mit tief verklebten Dreckspitzen kommen.

Herdenhalter mit größerem Wollanfall bestellen rechtzeitig vor der Schur die erforderlichen Leersäcke bei der Deutschen Wollverwertung (DWV, s. Seite 20), die kostenlos und frachtfrei überlassen werden. Koppelschafhalter haben zunehmend die Möglichkeit, auf dem Weg über sog. **Wollsammelstellen** und Wollerzeugergemeinschaften ihre Wolle an die DWV abzusetzen.

Die DWV lagert die Lose (Abb. 215) in Hallen und unternimmt alles, um sie auf dem Wege über Auktionen entsprechend der Qualität zum jeweils höchstmöglichen Preis zu verkaufen. Daneben unterhält die DWV Textilfachgeschäfte in Neu-Ulm, Ulm, Paderborn und Senden, in denen Spitzenprodukte (Abb. 216) nur von solchen Herstellern angeboten werden, die auch deutsche Schurwolle verarbeiten.

Das sog. **Wollsiegel** (Abb. 217) wurde vom Internationalen Wollsekretariat (IWS) in über 100 Ländern eingeführt. Es ist ein eingetragenes Garantiezeichen, z. B. für »Reine Schurwolle«. Zudem ist als weiteres Qualitätszeichen das sog. Combi-Wollsiegel (Abb. 217) für Mischungen mit überwiegendem Schurwollgehalt eingeführt, wobei die Gehaltsangabe deutlich erkennbar eingewebt oder an dem Textilerzeugnis angebracht sein muß (z. B. Reine Wolle = 100 %, Wolle = 70 %, Wollgemisch = 51 % Wollgehalt).

Eine weitere Verwertung der Wolle insbesondere in Kleinschafhaltungen ist die eigene Be- und Verarbeitung der Wolle, d. h. wieder selbst zu spinnen (Abb. 218) und in erster Linie aus gröberer Wolle Wandbehänge oder Teppiche zu weben (Abb. 219).

Abb. 215 (oben links) Die DWV lagert, sortiert und bonitiert die Wollose vor dem Versteigern.

Abb. 216 (oben rechts) Die DWV bietet Spitzenprodukte aus deutscher Wolle preiswert an.

Abb. 217 (Mitte) Internationale Qualitätsgarantien sind das Wollsiegel (links) und das Combi-Wollsiegel (rechts).

Abb. 218 (unten links) Wer erst wirklich »spinnen« kann, hat auch Freude daran.

Abb. 219 (unten rechts) Stricken oder Weben mit eigener Wolle fördert das schöpferische Erleben.

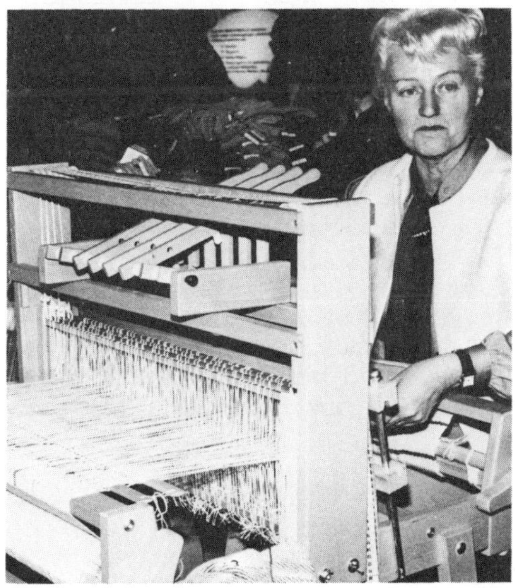

10.3 Milch

Der Fett- und Eiweißgehalt steigt in der Regel gegen Ende der Laktation an, während der Milchzuckergehalt abnimmt. Bezüglich der weiteren Inhaltsstoffe ist neben den bekannten Vitaminen A, B_1, B_2, B_{12} und C auf den 4fachen Gehalt der Schafmilch an Orotsäure (350–450 mg/l) gegenüber ca. 100 mg/l Kuhmilch hinzuweisen. Dieser Säure werden spezielle Wirkungen zugeschrieben, so z. B. beim Aufbau von hochwertigem Zellkerneiweiß, so daß daraus u. a. auch eine regenerierende Wirkung beim alternden Menschen und beim Wiederaufbau zerstörter Organe (z. B. Leber) abgeleitet wird [52].

Die **Milchgewinnung** läßt sich ähnlich wie bei der Kuh unterteilen in:

- Die **Melkvorbereitungen,** d. h. gründliches Reinigen der Hände und des Melkgerätes (Eimer), Säubern des Euters und der Zitzen mit einem angefeuchteten Spezialpapiertuch (= Anrüsten), Prüfen des Euters auf Knotenbildung und der Zitzen auf Verletzungen, Abmelken des ersten Strahles in eine sog. Vormelkschale zur Kontrolle, daß die Milch »flockenfrei« bzw. eine einwandfreie Beschaffenheit aufweist
- Das **Melken,** ist in der Regel bei einem Milchschafbestand unter 25 Tieren ein Handmelken; angewandt wird die sog. »Allgäuermelkmethode«: Umfassen der Zitze und Herausdrücken der Milch durch aufeinanderfolgendes (peristaltisches) Schließen der Finger von oben nach unten, angefangen vom Zeigefinger bis zum kleinen Finger. Das sog. *Strippen* (= Ausstreifen) und *Knebeln* ist vor allem wegen möglicher Zitzenschädigungen abzulehnen

Das Melken erfolgt bei Milchschafen in der Regel von der Seite, während z. B. in den Mittelmeerländern bei zum Teil leichtgewichtigen und nicht sehr milchergiebigen Landschafen unterschiedliche Methoden des Melkens nach oder von hinten Anwendung finden (Abb. 220).

Bei leistungsfähigen Beständen von über 25 bis 30 Milchschafen hat sich in einigen Ländern (z.B. Frankreich, Israel) der Einsatz von Melkmaschinen durchgesetzt (Abb. 221), die bei Kleinstbeständen unwirtschaftlich sind.

Die richtige **Milchbehandlung** zur Erhaltung der Qualität erfordert u. a.:

- Sofortiges Filtern und Verbringen aus dem Stall in einen möglichst gut gelüfteten, geruchfreien Raum; denn Schafmilch ist im Vergleich zu Kuhmilch geruchsempfindlicher
- Umgehende Kühlung auf eine Temperatur von 2–4 °C, z. B. mittels Kaltwasserbad, Kannenkühler oder Kühlschrank

Die Schafmilch kann danach ohne Beeinträchtigung der Geschmacksqualität tiefgefroren werden, z. B. in einem Tiefgefriergerät mit Schockgefriereinrichtung (–30 bis –35 °C). Die Lagerungsdauer kann sodann auf 6–9 Monate ausgedehnt werden.

Die Verwendung bzw. **Milchverarbeitung** reicht von der frischen Trinkmilch über die Zubereitung von Joghurt, Kefir bis hin zu den verschiedensten Käsesorten [52].

10.4 Schafmist

In zunehmendem Maße wird der Dünger- und Humuswert des Schafmistes, insbesondere von fortschrittlichen Landwirten, erkannt und durch spezielle Abkommen mit Herdenschafhaltern – sei es durch Pferchen, gekoppelt mit Hütegenehmigung, oder Strohlieferung gegen Überlassung des Tiefstallmistes – genutzt.

Der Schafmist ist, abgesehen vom Geflügeldünger, der nährstoffreichste tierische Dünger (Tab. 28). Auch der Gehalt an organischer Substanz ist beim Schafdung mit durchschnittlich 29 % um fast ein Drittel höher als bei Rindermist.

Tabelle 27 Mittlere Zusammensetzung von Schafmilch [24] im Vergleich zu Kuhmilch [6] (Schwankungsbreite der Angaben in Klammern)

	Trocken-substanz %	Fett %	Eiweiß (gesamt) %	Milch-zucker %	Mineral-stoffe %
Schafmilch	18,6 (14,3–21,8)	6,4 (3,3–9,5)	5,7 (4,2–7,2)	4,9 (4,2–5,6)	0,9 (0,8–1,2)
Kuhmilch	13,0 (10,0–16,0)	3,75 (2,8–4,5)	3,70 (3,3–4,0)	4,80 (3,0–5,5)	0,75 (0,7–0,8)

Abb. 220 Einfaches Handmelken eines Schafes durch Fixieren zwischen den Beinen des Melkers und leichtes Anheben des Tieres (Griechenland, 20. Jahrhundert).

Abb. 221 Das moderne Melkkarussell erleichtert in Verbindung mit entsprechenden Melkzeugen die Arbeit erheblich.

Tabelle 28 Nährstoffgehalt (kg/dt) von Schafdünger (im Vergleich zu Rindermist)

Nährstoffe	Nährstoffgehalt kg/dt Schafmist	Rindermist
N	0,85	0,45
P	0,33	0,25
K	0,80	0,55

11 Krankheiten, Gesundheitsmaßnahmen

Anstelle der systematischen Abhandlung der einzelnen Schafkrankheiten, das speziellen Lehrbüchern im Detail überlassen bleibt, geht es in diesem Zusammenhang vor allem um die Behandlung folgender Fragen:

- Woran erkennt man das gesunde und das kranke Lamm bzw. Schaf?
- Welche Erkrankungen können in einem praktischen Schafhaltungsbetrieb im Jahresablauf eintreten?
- Welche vorbeugenden Maßnahmen sind möglich und unerläßlich für die Gesunderhaltung eines Bestandes?

11.1 Das gesunde und kranke Schaf

Dem interessierten Anfänger und zunehmend erfahrenen Schafhalter wird es durch regelmäßiges Beobachten möglich sein, auf Grund von Anzeichen und Verhaltensweisen bei den Tieren innerhalb seines Bestandes zu erkennen, ob und wann ein »krankhaftes« Abweichen von der gesunden »Norm« vorliegt.

Einige wesentliche Erkennungsmerkmale normaler Verhaltensweisen wurden solchen gegenübergestellt, die von der Norm abweichen (Tab. 29). Die einzelnen Merkmale können jedoch verschiedene Ursachen haben, so daß gewisse ergänzende Ausführungen erforderlich sind.

Das **Absondern** einzelner Tiere z. B. (Tab. 29) kann dadurch bedingt sein, daß:

- Ein mehr oder minder sichtbar trächtiges Schaf kurz vor dem Lammen ist und sich ein »Nest« sucht (s. Seite 56)
- Tiere als Folge von Verdauungsstörungen, Fieber etc. zur Futterzeit dem Trog sichtlich fern bleiben

Die **Kotbeschaffenheit** reicht von der normalen »Bohnenstruktur« bis hin zum verschieden gefärbten und mehr oder minder übelriechenden Durchfall.

Verhältnismäßig dünner Kot bei Mutterschafen kann u. a. verursacht sein durch:

- Krassen Futterwechsel insbesondere auf Futtermittel bzw. -rationen mit zu geringem Rohfaseranteil (s. Seite 116)
- Starken Befall mit Magen-Darm-Parasiten (s. Seite 164)

Durchfall bei Lämmern kann verursacht sein durch:

- Verdauungsstörung z. B. Veränderung der Muttermilch als Folge eines krassen Futterwechsels
- Erkrankung an z. B. Kokzidiose (blutiger Durchfall) oder Coliruhr (hell-graugelber Kot) [54]

Eine wesentliche und **vorbeugende Maßnahme** zur Gesunderhaltung eines Schafbestandes besteht darin, den Tierzukauf auf ein notwendiges Mindestmaß (z. B. nur gekörte Zuchtböcke) zu beschränken. Ist jedoch eine Herde kurzfristig aufzustocken, so sollten Zuchtschafe nur aus nachgewiesen gesunden Beständen gekauft werden.

Grundsätzlich empfiehlt sich, zugekaufte oder getauschte Tiere zunächst mindestens 3–4 Wochen in einer sog. **Quarantäne** getrennt von der eigentlichen Herde zu halten, bis ein entsprechender Gesundheitsbefund vorliegt. In Zweifelsfällen besteht die Möglichkeit, bei den Tieren anhand einer Blutuntersuchung (s. Seite 20) eine Unbedenklichkeit (Freisein) hinsichtlich z. B. der Erreger eines ansteckenden seuchenhaften Verlammens (s. Seite 156) oder Q-Fieber feststellen zu lassen.

Außerdem sollte eine **vorbeugende Behandlung** zumindest gegen Innenparasiten (s. Seite 164) und – falls erforderlich – auch gegen Außenparasiten (s. Seite 162) durchgeführt werden. Um einer Einschleppung von Moderhinkeerregern (s. Seite 158) vorzubeugen, ist eine gründliche Klauenpflege (s. Seite 66) und Klauendesinfektion unerläßlich, z. B. mit einer 3- bis 5%igen Formalinlösung.

Tabelle 29 Wichtige Erkennungsmerkmale für kranke Schafe

Merkmale	normal/gesund	abweichend/krank
allgemeines Verhalten	ungehinderte Bewegungen aufmerksame Reaktion u. a. auf Geräusche Verteidigungshaltung (Stampfen etc.) Herdentrieb	schleppender oder hinkender Gang Teilnahmslosigkeit Absonderung von der Herde gekrümmter Rücken Festliegen
Ohren	Ohrenspiel warme Ohren	Hängenlassen oder Zurücklegen der Ohren Zähneknirschen kalte Ohren
Atmung	ruhiges und gleichmäßiges Atmen (9–18mal/Minute)	Flankenschlagen pumpende, ruckartige Atmung
Auge	Schleimhäute des Auges sowie Augapfel gut durchblutet (schwach rosa)	Augenbereich blaß-weiß Augapfel matt oder gelblich
Futteraufnahme	Freßlust regelmäßiges Wiederkauen	Freßunlust bzw. Abseitsstehen zur Futterzeit Hungergrube (stark eingefallene Flanken) kein Wiederkauen zu beobachten Futteraufnahme in kniender Stellung
Kot/Harn	strukturierter Kot je nach Rohfasergehalt des Futters	dünner Kot oder Durchfall fehlender Kotabgang blutiger Harn
Kondition	angefleischt je nach Zuchtstadium	abgemagert, gratig
Wolle/Vlies	fettig, weich geschlossenes Vlies	trocken, farblos-matt unterschiedlich starker Wollausfall
Körpertemperatur	38,5–40,0° C	unter 38,5 und über 40,0° C
Haut	rosa	blaß

11.2 Bakterielle Infektionskrankheiten

Einleitend erscheint es zum besseren Verständnis zweckmäßig, anhand einer Übersicht (Tab. 30) den möglichen Zeitpunkt für das Auftreten von Krankheiten insbesondere im Leben von Lämmern darzustellen.

11.2.1 Breinierenkrankheit

Die Breinierenkrankheit (Enterotoxämie) wird da und dort auch als »Übergälligkeit« (prallgefüllte Gallenblase) oder »Gsücht« bezeichnet und tritt in der Regel bei sehr gut genährten Sauglämmern, gelegentlich aber auch bei Jährlingen und Mutterschafen auf. Die überall (Erdboden, Staub etc.) und auch in einem gesunden Tierkörper (Pansen) vorkommenden Bakterien (Clostridien) vermehren sich insbesondere bei fütterungsbedingter Verdauungsstörung in einem Übermaß und gelangen in den Dünndarm. Dort scheiden sie ihre Stoffwechselgifte (Toxine) in solchen Mengen aus, daß eine Erkrankung und meist der plötzliche Tod des »Wirtstieres« die Folge sind [54].
Verdauungsstörungen, und damit auch diese Erkrankung, werden durch ein zu eiweißreiches, rohfaserarmes Futter ausgelöst (deshalb fälschlich auch »Eiweißvergiftung« genannt) z. B. zu junges Weidegras im Frühjahr oder zu hoher Eiweißgehalt im Lämmer-Beifutter (»Starter«) im Verhältnis zur Muttermilch. Eine ausreichende Rohfaserversorgung ist stets **vorbeugend** gegen Verdauungsstörungen zu beachten (s. »Verdauung«, Seite 116). In Betrieben mit alljährlich regelmäßig (z. B. Weidebeginn) auftretenden Verlusten sollte rechtzeitig 3–4 Wochen vor Weideaustrieb eine vorbeugende **Impfung** veranlaßt werden.

11.2.2 Lämmerlähme

Verschiedene Bakterienarten können vor allem bei verschmutzter Einstreu durch den bei frischgeborenen Lämmern noch nicht völlig eingeschrumpften Nabelstumpf in den Körper eindringen. Sie können dann bereits wenige Tage nach der Geburt eine sog. Nabelentzündung oder im Alter von 2 bis 4 Wochen eine Gelenkentzündung auslösen, die zu Verlusten führt. Deshalb ist eine entsprechende Nabeldesinfektion (s. Seite 62) als Vorbeugung unerläßlich.

11.2.3 Wundstarrkrampf

Der Starrkrampfbazillus (*Clostridium tetani*) kommt in Form von sehr widerstandsfähigen Dauerformen (Sporen) im Erdboden vor. Die **Ansteckung** erfolgt durch Verunreinigung von Wunden mit Erde oder Kot, z. B. nach Kupieren, über den Nabelstumpf oder bei Schurverletzungen [21].
Die Tiere zeigen zunächst einen steifen Gang und sodann Saug- und Kaubeschwerden bis hin zur Mundsperre und »sägebockartiger« Stellung (Abb. 222). In besonders gefährdeten Betrieben bzw. Gebieten empfiehlt sich eine vorbeugenden **Schutzimpfung**, die in der Regel mit einer Impfung gegen die Breinierenkrankheit verbunden wird.

11.2.4 Listeriose

Die beim Schaf fast ausschließlich als Gehirnerkrankung auftretende Listeriose wird durch überall verbreitete Bakterien (*Listeria monocytogenes*) hervorgerufen und ist **meldepflichtig** (s. Seite 17). Die in verunreinigtem Futter – insbesondere verdorbener oder nachgegorener Silage – gehäuft enthaltenen Bakterien können über die Schleimhäute des Nasen-Rachen-Raumes und des Darmes in das Gehirn gelangen. Dort rufen sie besonders bei zusätzlichen Streßsituationen der Tiere eine Entzündung hervor [2].
Anzeichen sind u. a. Freßunlust, Hängenlassen eines oder beider Ohren, schwankende Drehbewegungen und schließlich Festliegen mit seitlich angelegtem Kopf (Abb. 223).
Selbst eine frühzeitige **Behandlung** ist in der Regel erfolglos. Treten Fälle auf, ist umgehend ein Verfüttern der »verdächtigen« Futterkomponenten zu unterlassen. Eine rechtzeitige, vorbeugende Impfung ist möglich.

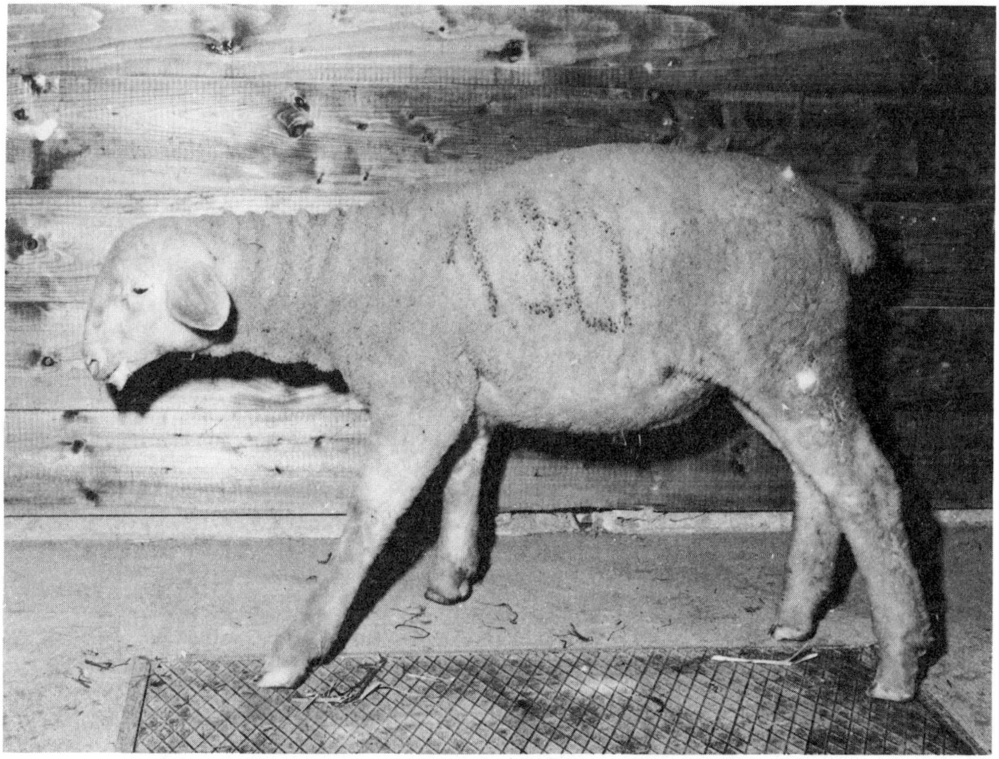

Abb. 222 Die typische »Sägebockstellung« bei Wundstarrkrampf.

Tabelle 30 Möglicher Beginn der häufigsten Lämmererkrankungen [63]

Erkrankung	Woche 1.	Woche 2.	Woche 3.	Woche 4.	Monat 2.	Monat 3.	Monat 4.	Monat 5.
Infektiöse Nabelgelenkentzündung	▶	→						
Lippengrind	▶	→	→	→				
Pasteurellose		▶	→	→	→			
Breinierenkrankheit				▶	→	→	→	→
Wundstarrkrampf			▶	→	→	→	→	
Listeriose			▶	→	→	→	→	→
Weißmuskelkrankheit				▶	→	→	→	
Gehirnerweichung ($Vitamin-B_1$-Mangel)						▶	→	→
Harnsteinerkrankung							▶	→
Kokzidiose		▶	→					
Bandwurmbefall					▶	→		
Magen-, Darm-Lungenwurmbefall					▶	→		

Abb. 223 Die nach hinten abgewinkelte Haltung des Kopfes ist typisch für Listeriose.

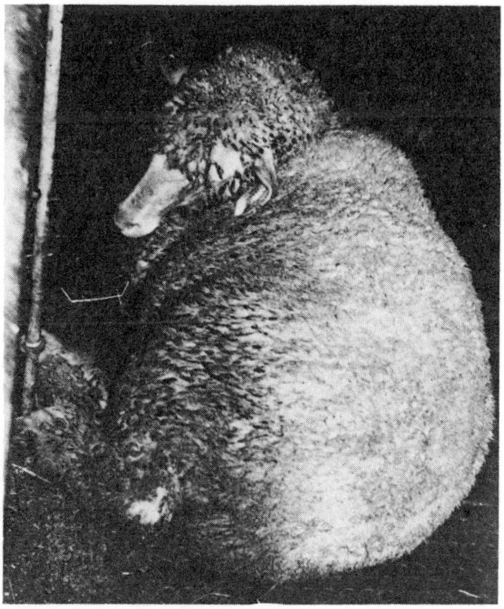

11.2.5 Verlammen

Unter Verlammen ganz allgemein versteht man das Auftreten von Frühgeburten (Aborte) meist in der zweiten Hälfte der Trächtigkeit sowie die Geburt toter oder lebensschwacher Lämmer [54].

Ursachen für Verlammen können u. a. sein:

- Verschiedene Erreger, z. B. Chlamydien, Salmonellen, Brucellen, Listerien
- Das Verfüttern von verdorbenen, insbesondere verschimmelten oder gefrorenen Futtermitteln
- Äußere »mechanische« Gewalteinwirkungen wie Stoßen, starkes gegenseitiges Drücken (z. B. beim Ein- und Austrieb, bei unzureichender Freßplatzlänge/Tier) oder durch unsachgemäßes Umsetzen (Klauenschneiden, Schur) von hochträchtigen Schafen; auch übermäßiges Springen der Muttertiere (z. B. von zu hohem Miststapel oder gehetztes Überspringen von Gräben) kann bereits innerhalb von 1–2 Stunden zum Verlammen führen (Abb. 224)

Beim **ansteckenden, seuchenhaften Verlammen** verursachen Erreger eine Entzündung vornehmlich der Eihäute und bewirken damit Ernährungsstörungen des ungeborenen Lammes (Fetus), so daß es schließlich zum »Abstoßen« der toten Frucht kommt.

Während die **anzeigepflichtige Brucellose** (s. Seite 16) kaum noch vorkommt, werden heute Verluste verhältnismäßig häufig durch **Chlamydien-** und **Salmonellenaborterreger** verursacht. Um die tatsächlichen Ursachen im Hinblick auf Gegenmaßnahmen feststellen zu können, sind umgehend mindestens eine »verworfene« Frucht (möglichst mit Nachgeburt) sachgerecht verpackt (d. h. wasserdicht in einem Plastikbeutel und in einer kräftigen Schachtel) an die jeweils zuständige Veterinäruntersuchungsstelle (s. Seite 20) einzusenden (den Absender nicht vergessen!). Nur so ist es möglich, umgehend einen *herdenspezifischen Impfstoff* (Vakzine) herzustellen. Sowohl bei Chlamydienabort (Virusabort) als auch bei Salmonellenabort sollte der Tierarzt bzw. zuständige Tiergesundheitsdienst schnellstmöglich eine sog. **Notimpfung** aller trächtigen Schafe vornehmen.

Bei Salmonellenabort läßt sich das Verlammen sichtlich eindämmen, wenn im Abstand von 8–14 Tagen eine zweite Impfung mit herdenspezifischer Vakzine erfolgt [30]; im folgenden Jahr sollten dann alle Muttertiere einschließlich Erstlingsschafen (Zutreter) etwa 3–4 Wochen nach der Paarungszeit geimpft werden.

11.2.6 Euterentzündung (Mastitis)

Die Gefahr einer ansteckenden Euterentzündung (Mastitis) besteht vor allem für milchreiche Schafe nach der Lammung oder nach dem Absetzen der Lämmer. Die **Ansteckung** erfolgt in der Regel dadurch, daß verschiedene Bakterien (Staphylokokken, Pasteurellen etc.) durch kleinste Verletzungen oder durch den Strichkanal in das Euter eindringen [54]. Das Auftreten wird u. a. gefördert durch ungünstige Verhältnisse (z. B. Zugluft, Platzmangel, unsaubere Einstreu) sowie durch sog. Milchräuber (Abb. 225).

Vorbeugung: Absperren der Lämmern während der Hauptfutterzeit mittels eines verschließbaren Lämmerschlupfes, damit sie nicht fremde Mütter von hinten ansaugen.

Anzeichen einer Euterentzündung sind u. a. verminderte Freßlust, Nachziehen oder Anheben eines Hinterbeines. Die erkrankte Euterhälfte ist angeschwollen, warm, schmerzempfindlich und gerötet. Die Milch ist mit eitrigen Flocken durchsetzt.

Behandlung: Schafe sofort von der Herde trennen, die erkrankte Euterhälfte gründlich ausmelken, aber in ein Gefäß und nicht in die Streu (Ansteckungsgefahr!). Anschließend eine antibiotikahaltige Eutersalbe in die Zitze drücken und nach oben streichen und diese Behandlung 24 Stunden später bzw. nach Anweisung des Tierarztes wiederholen. Wird zu spät behandelt, kommt es zum Ausfall der Euterhälfte durch Knotenbildung [54] (Abb. 226) oder zu einem nicht ausheilenden »Steineuter« (ständige Infektionsgefahr).

Schafe verlieren nach überstandener Euterentzündung in der Regel flächenweise das Vlies (Abb. 227), da die Wollhaarwurzel brüchig wird.

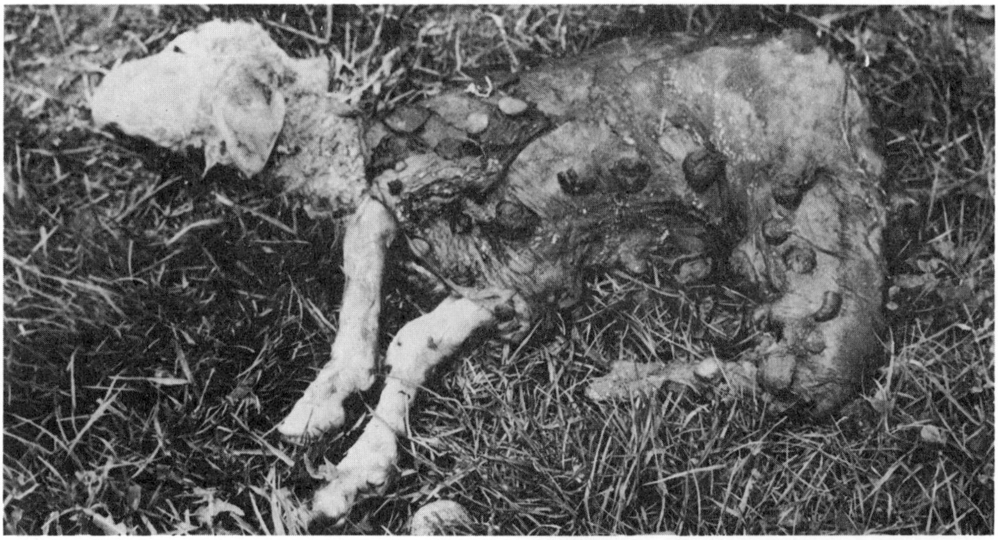

Abb. 224 (oben) Dieses Lamm wurde mitsamt der losgerissenen Fruchthaut als Frühgeburt abgestoßen, weil die Mutter von einem 50 cm hohen Miststapel auf den Gang sprang. Deutlich sind die Knoten der Fruchthaut zu sehen.

Abb. 225 (Mitte) Dieses Saugen von hinten ist typisch für sog. Milchräuber; es führt leicht zu einer Euterentzündung.

Abb. 226 (unten links) Die linke Euterhälfte zeigt eine deutliche Knotenbildung als Folge einer Euterentzündung.

Abb. 227 (unten rechts) Nach einer überstandenen Euterentzündung wird oft Wollausfall beobachtet.

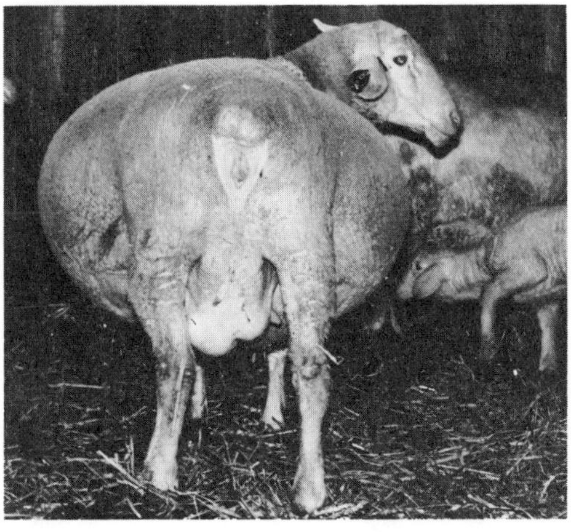

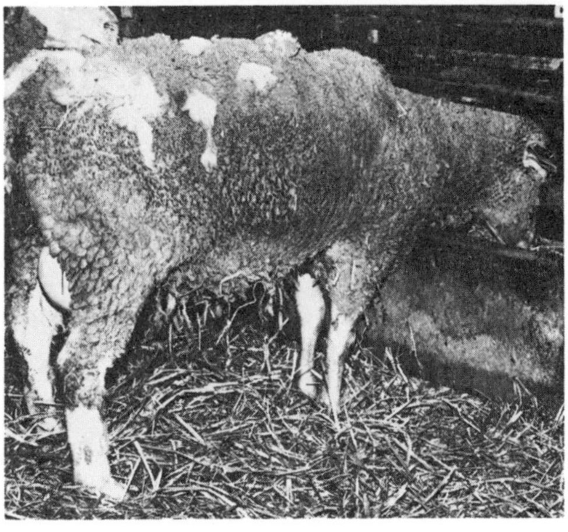

11.2.7 Moderhinke

Die Moderhinke, auch Krümme genannt, ist eine hochgradig ansteckende Klauenentzündung. Sie wird durch Krankheitserreger **verursacht**, die sich über längere Zeit nur unter Luftabschluß (anaerob) erhalten und vermehren können. Außerhalb erkrankter Klauen können sie sich nur etwa 2–3 Wochen am Leben erhalten, so daß langfristig in erster Linie klauenkranke Schafe eine ständige Ansteckungsquelle für die übrige Herde darstellen [54].

Die **Ansteckung** erfolgt in der Regel dadurch, daß zunächst die Moderhinkeerreger (sog. Primärerreger: *Fusiformis nodosus)* in aufgeweichte, schlecht gepflegte oder verletzte Klauen eindringen, einen Entzündungsherd entwickeln und sich anschließend vor allem Nekrose- und Eiterbakterien als sog. Begleiterreger (Sekundärerreger) mit ansiedeln, so daß es zu mehr oder minder schweren Entzündungserscheinungen kommen kann (Abb. 228).

Als erste **Anzeichen** lahmen die Tiere. Unter dem hohlen, eingerollten Klauenrand bildet sich eine schmierige, stinkende Masse. Im fortgeschrittenen Stadium belasten die Schafe wegen der starken Schmerzen die erkrankten Klauen nicht mehr, so daß sie z. B. nur noch kniend Futter aufnehmen (Abb. 229). Dies führt zunehmend zu einer Leistungsbeeinträchtigung bzw. Abmagerung der Tiere. Erfolgt nicht rechtzeitig eine entsprechende Behandlung der erkrankten Tiere, so kommt es zu einer Loslösung des Klauenhorns und dem sog. Ausschuhen der Klauen.

Eine Ansteckung kann je nach Witterung sehr rasch um sich greifen nach dem Spruch »Heute eins, morgen fünf«. Es sollte daher jedes erkrankte Tier sofort von der Herde getrennt und auf einem trockenen, unbewachsenen Boden oder in einer sog. Krankenboxe z. B. mit Spalten- bzw. Lochblechboden (s. Seite 84 und 86) zur intensiven Behandlung gehalten werden, bis es völlig ausgeheilt ist.

Eine wirksame **Behandlung** erfordert:

- Gründliches Ausschneiden und Entfernen des kranken oder bereits losgelösten Klauenhorns (s. »Klauenpflege«, Seite 66)
- Ausschneiden der Tiere nicht im Stall oder auf der Weide, sondern auf einem befestigten Platz oder über einer Plane, damit alles, was abgeschnitten wird, anschließend verbrannt bzw. beseitigt werden kann
- Behandlung der ausgeschnittenen Klauen z. B. mit Chloromycetin-Spray oder mit einer 5%igen Formalinlösung (0,3 Liter 37%iges Formalin auf 2 Liter Wasser)
- Kontrolle und eventuell nochmalige Behandlung nach 2–3 Tagen

Die wichtigsten **Vorbeugungsmaßnahmen** sind:

- Bei Zukauf von Tieren die Klauen gründlich kontrollieren; falls notwendig, diese schneiden und die Tiere erst nach mehrmaligem Behandeln bzw. Durchlaufen durch ein Formalinbad (Abb. 230) zur Herde lassen
- Klauenschneidegeräte wegen der Übertragungsgefahr regelmäßig desinfizieren
- Bei Krankheitsfällen die noch nicht befallenen Tiere sofort und in Abständen von einigen Tagen durch das mit einer 3–5%igen Formalinlösung (ca. 3 cm tief) gefüllte Becken (s. Abb. 230) laufen lassen, um anhaftende Erreger zu beseitigen. Die genannte Konzentration ist mit 1,8–3,1 Liter eines 37%igen Formalins auf 20 Liter Wasser herzustellen
- Der Boden hinter dem Durchlaufbad ist zu befestigen (sonst Morastbildung), die Tiere sollten nach dem Bad zur Erhöhung der Wirksamkeit noch einige Zeit auf einem befestigten Platz stehen, z. B. dem Auslauf (Abb. 231) vor dem Stall
- Genügend und trockene, nicht verschimmelte Einstreu verwenden
- Morastbildung im Stall (z. B. vor Tränkebecken), vor dem Stall und auf den Triebwegen vermeiden

Die Moderhinke wird manchmal auch als sog. »Schäferkrankheit« bezeichnet, weil häufig aus Unachtsamkeit (s. »Quarantäne« Seite 152) oder wegen nicht rechtzeitiger oder unsachgemäßer Klauenpflege (s. Seite 66) eine rasche Verbreitung im Bestand möglich ist.

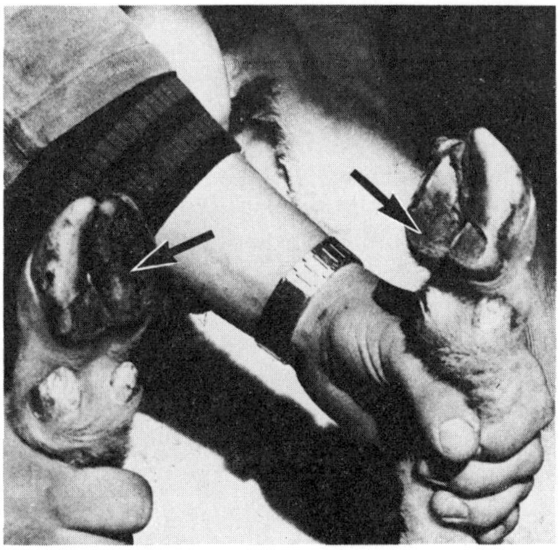

Abb. 228 (oben links) Schlecht gepflegte Klauen; unter dem eingerollten Tragrand des Hinterfußes beginnt die Moderhinke (Pfeil).

Abb. 229 (oben rechts) Die Moderhinke zwingt dieses Schaf in die Knie.

Abb. 230 (Mitte) Ein einfaches, selbstgebautes Klauenbad (Maße in cm).

Abb. 231 (unten) Ein Auslauf vor dem Stall sollte befestigt und leicht zu reinigen sein, um so einer Morastbildung vorbeugen zu können.

11.3 Virusbedingte Infektionskrankheiten

In der praktischen Schafhaltung ergeben sich u. a. Probleme durch das Auftreten des Lippen- und Maulgrindes sowie da und dort auch durch die sog. Lungenadenomatose.

11.3.1 Lippen- und Maulgrind

Das Virus des Lippengrinds wird zur Pokkenvirusgruppe gerechnet. Dafür empfänglich sind Schafe, Ziegen und Gemsen; auch der Mensch kann sich anstecken [54]. Es handelt sich um eine Hautkrankheit (Dermatitis) im Bereich wollfreier Körperstellen, die nach einer Inkubationszeit von 3–8 Tagen in drei Formen auftreten können [30]:

- Der **Lippengrind** (labiale Form) tritt – dem Namen entsprechend – vorzugsweise an den Lippenrändern und in den Maulwinkeln (Abb. 232) auf, wobei 1–4 Monate alte Lämmer am empfänglichsten sind. Neben dieser meist gutartigen Form kann es zu Lämmerverlusten kommen, wenn der Erreger auch in der Maulhöhle und auf der Zunge (Abb. 233) Blasen verursacht [54] (Maulgrind) und in die aufgebrochenen Bläschen bei mangelhafter Stallhygiene z. B. Eitererreger oder Nekrosebakterien (s. »Moderhinke«, Seite 158) eindringen
- Die sog. **Fußform des Lippengrindes** (podale Form) kann gleichzeitig oder unabhängig von der Lippenform am Kronenrand, an der Fessel oder im Klauenspalt auftreten (Abb. 232)
- Die **Euterform** (genitale Form) wird meist durch saugende Lämmer ausgelöst, wobei nicht nur an den Zitzen (Abb. 234), sondern auch auf der übrigen Euterhaut Bläschen und Krusten entstehen können, die möglicherweise zu einer Euterentzündung führen können

Während man bei der meist gutartigen Lippenform mittels geeigneter Salben und Sprays (z. B. Mirfulan-Wundsalbenspray, Jodtinktur) zu einer verhältnismäßig raschen Heilung beitragen kann, sollte man bei der sog. bösartigen Form (Maulgrind) unbedingt und rechtzeitig einen Tierarzt hinzuziehen.

11.3.2 Lungenadenomatose

Diese übertragbare Krankheit wird vermutlich durch Viren ausgelöst, wobei es sich um krebsartige Veränderungen in der Lunge handelt [21]. Als Krankheitserscheinungen dieser unheilbaren Erkrankung zeigen sich u. a. Atmungsschwierigkeiten und zunehmende Abmagerung trotz Futteraufnahme (Abb. 235).

Da zwischen der Ansteckung und dem Ausbruch der Krankheit (Inkubationszeit) eine verhältnismäßig lange Zeit liegen kann (3–12 Monate) und leider noch keine sichere Methode zur Früherkennung vorhanden ist, sind:

- Kranke und krankheitsverdächtige Tiere umgehend auszumerzen
- Nur aus »garantiert« gesunden Herden, wenn überhaupt notwendig, Tiere zuzukaufen

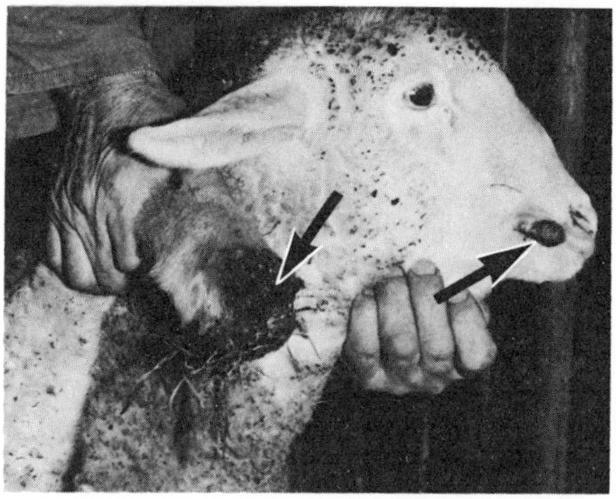

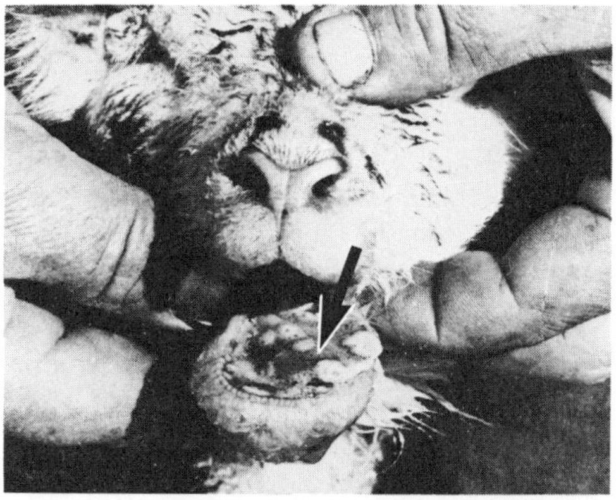

Abb. 232 (oben links) Lippengrind (labiale Form) und seine Fußform (podale Form).

Abb. 233 (oben rechts) Maulgrind (labiale Form).

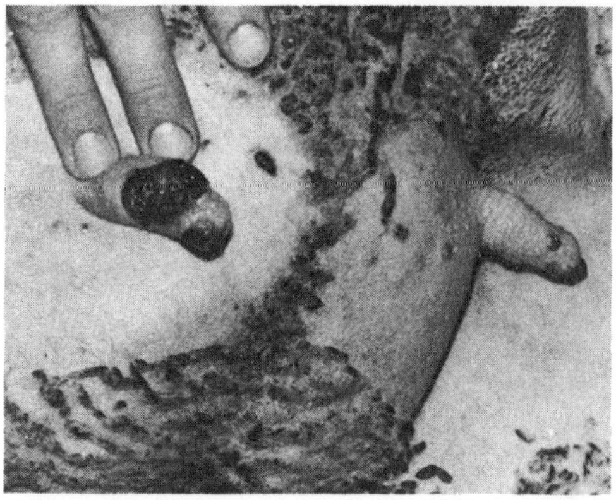

Abb. 234 (Mitte) Grind am Euter (genitale Form).

Abb. 235 (unten) Dieses stark abgemagerte Schaf ist adenomatoseverdächtig, da es den Kopf zusätzlich gesenkt hält und den Hals weit vorstreckt.

11.4 Parasitäre Erkrankungen

11.4.1 Außenparasiten

Auf der Haut und im Vlies der Schafe können verschiedene Arten von Außenparasiten (Ektoparasiten) auftreten, die das eine gemeinsam haben, daß sie bei den befallenen Tieren einen mehr oder minder starken Juckreiz hervorrufen und es zu Wollschädigungen kommt. So sollte man sofort Verdacht schöpfen, wenn Schafe damit beginnen, sich z. B. an Hürden zu scheuern (Abb. 236). Im Gegensatz zu den Schaflausfliegen und Zecken, die den Tieren Blut entziehen, leben die Haarlinge oder Sandläuse von Hautschuppen. Als Folge des Juckreizes kommt es u. a. zum Wollerupfen und zur zunehmenden Auflösung der Vliesstapelung (Abb. 237).

Unter den **Milbenarten** gibt es neben der Saugmilbe (Räudeerreger):

- **Schuppenfressende Milben**, die eine sog. **Fußräude** (auch Mauke genannt) verursachen und vornehmlich Schafböcke bei Stallhaltung befallen; sie sitzen vorwiegend an den Füßen. Typisch ist das Stampfen der vom Juckreiz geplagten Tiere [54]
- **Haarbalgmilben** verursachen zwar keinen Juckreiz, als Folge der Schuppenbildung mit Krusten kommt es aber zu kleineren wollfreien Stellen

Zur wirksamen **Bekämpfung** von Außenparasiten steht eine Reihe bewährter Präparate zur Verfügung (siehe Tab. 31 im Anhang, Seite 176). In jedem Fall empfiehlt es sich, bei Verdacht oder festgestelltem Befall sich mit dem zuständigen Herdengesundheitsdienst (s. Seite 19 bzw. Anhang Seite 173) oder Haustierarzt in Verbindung zu setzen. Durch sie kann man im Zweifelsfall die Parasitenart sicher feststellen lassen und dabei gleich ein geeignetes Bekämpfungsmittel zur sofortigen Behandlung beziehen.

Je nach Tierzahl bzw. Herdengröße gibt es verschiedene **Behandlungsmöglichkeiten:**

- Die sog. **Sprühbehandlung** wird meist in Einzel- und Kleinschafhaltungen angewendet. Dazu werden die Schafe mit Hürden möglichst eng auf einer befestigten Fläche zusammengestellt. Das Besprühen der Tiere mit der vorschriftsmäßig konzentrierten Lösung erfolgt am einfachsten und wirksamsten mit einer Rückenspritze, womit auch die Bauchseite und die Beine gut eingesprüht werden können
- Das **Duschen** mit einer fahrbaren Einrichtung – z. B. eines Schafgesundheitsdienstes – ermöglicht mit verhältnismäßig geringem Aufwand die Behandlung größerer Herden, wobei gleichzeitig 25–30 Tiere von oben und unten besprüht werden (Abb. 238). Im Gegensatz zum Baden sollten bei diesem Verfahren die Tiere eine nur etwa 2–4 cm abgewachsene Wolle aufweisen, um das Eindringen der Sprühlösung bis auf die Haut sicherzustellen. Deshalb erfolgt das Duschen in der Regel auch als vorbeugende Behandlung etwa 6–8 Wochen nach der Schur
- Das **Baden** oder Tauchverfahren bietet die sicherste Gewähr für eine wirksame Behandlung gegen Außenparasiten und ist z. B. im Rahmen der Räudebekämpfung (s. Seite 16) unerläßlich, wobei sogar im Abstand von 7 Tagen ein zweites Mal gebadet werden muß [2]

Neben der Benutzung einer fahrbaren Badeeinrichtung sind vor allem standortgebundene Herdenschafhalter dazu übergegangen, in **selbstangefertigten stationären Badeanlagen** zeitlich unabhängig die Tiere zu behandeln. Wichtig ist dabei eine ausreichende Tiefe (1,30–1,50 m), um bei einer Füllhöhe von ca. 0,90 m durch das Einspringen der Tiere ein Überschwappen bzw. ständige Verluste an Badelösung zu vermeiden. Die Länge der Unterkante sollte 4–6 m, die Oberkante 6–8 m betragen. Eine »Abtropfplatte« (Abb. 239) mit einem Bodengefälle zum Bad hin ist unerläßlich (Rücklauf der abgetropften Badelösung).

Nach der Behandlung sollten die Tiere nicht der prallen Sonne ausgesetzt werden. Bei manchen Mitteln sind vom Gesetzgeber sog. Wartezeiten bis zum Schlachten behandelter Tiere vorgeschrieben, die unbedingt zu beachten sind, um sich nicht strafbar zu machen. Der Nachweis der Mittel kann im Fleisch durch Rückstandsuntersuchungen zuverlässig geführt werden.

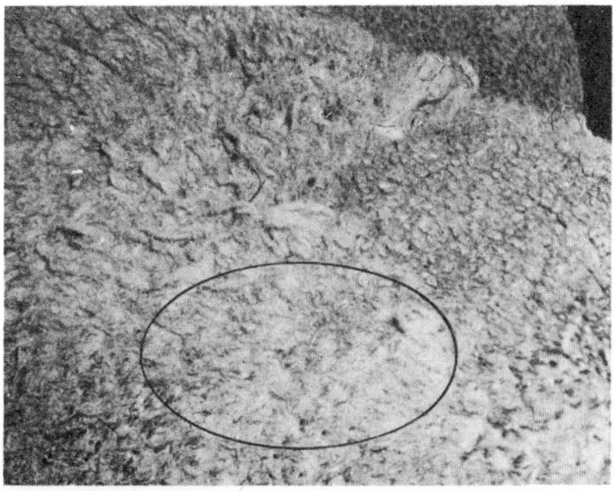

Abb. 236 (oben links) Diese Abstützung wird wegen des Juckreizes als »Scheuerbalken« genutzt – ein Hinweis auf Hautparasiten!

Abb. 237 (oben rechts) Die zunehmende Auflösung der Vliesstapelung und die dadurch entstehende Wollschädigung sind durch Haarlingsbefall verursacht.

Abb. 238 (Mitte) Fahrbare Duschanlage im Einsatz.

Abb. 239 (rechts) Der »Ausstieg« aus einer selbstgebauten Badegrube (Weite: unten 0,60 m, oben 0,80 m) mit der anschließenden Abtropfplatte.

11.4.2 Innenparasiten

Magen-Darm-Parasiten werden als Larven mit Gras aufgenommen. Diese siedeln sich im Labmagen oder in den anschließenden Abschnitten des Dünndarms an, wo sie über die Schleimhaut Blut saugen und zudem Entzündungen verursachen können. Deshalb zeigen Tiere mit zunehmendem Befallsgrad u. a. geringe Gewichtszunahmen, dünnen Kot (stark verschmutzte Hinterhand), mehr oder minder starke Abmagerung (Abb. 240), blasse Haut und Lidbindehäute (Abb. 241) oder eine Schwellung im Bereich des Unterkiefers (sog. Flasche, Abb. 242). Während ältere Tiere eine gewisse Widerstandskraft *(Immunität)* haben, sind Lämmer besonders gefährdet und können daran eingehen.

Die von geschlechtsreifen Würmern im Magen oder Darm abgelegten Eier gelangen mit dem Kot ins Freie. Besonders in feuchter Umwelt und entsprechender Wärme entwickeln sie sich innerhalb von 5–14 Tagen [54] zu erneut ansteckungsfähigen Larven; diese wandern bei Tau zu den Grasspitzen hoch und werden dort wieder aufgenommen. Deshalb vermeidet der erfahrene Herdenschafhalter das sog. »Tauhüten«.

Müssen in einer Koppelhaltung die Schafe auch nachts auf der Weide bleiben, ist deshalb einer starken Verwurmung systematisch **vorzubeugen**:

- 2–4 Wochen *vor* dem Weideaustrieb im Frühjahr ist nach einer Kotprobenuntersuchung (s. Seite 166) und
- spätestens im Herbst *vor* dem Aufstallen eine Behandlung (s. Seite 166) mit geeigneten Medikamenten durchzuführen (siehe Tab. 32 im Anhang, Seite 176). Während der Weideperiode (z.B. im Juli) kann je nach dem Weidebesatz und den Witterungsverhältnissen eine zusätzliche »Wurmkur« erforderlich sein.

Lungenwurmbefall löst bei den Tieren einen trockenen quälenden Husten aus, vor allem beim Austreiben. Bei schlechten Haltungsbedingungen kann zusätzlich eine Lungenentzündung (Infektion) auftreten.

Im Gegensatz zu dem **kleinen** braucht der **große Lungenwurm** keinen Zwischenwirt. Die in der Luftröhre und deren Ästen (Bronchien) lebenden großen Lungenwürmer scheiden Eier aus, die hochgehustet und dann abgeschluckt werden. Noch im Körper des Schafes entwickeln sich aus den Eiern Larven, die mit dem Kot ausgeschieden werden und bereits nach 5–6 Tagen wieder ansteckungsfähig sind.

Deshalb sollte neben einer rechtzeitigen Behandlung als **Vorbeugung** ein systematischer Weideumtrieb (s. Seite 106) durchgeführt werden.

Der **große Leberegel** kann erheblichen wirtschaftlichen Schaden verursachen, der von Abmagerung (chronische Erkrankung) der Tiere bis hin zu Todesfällen (akute Form) reicht. Es handelt sich um einen »Plattwurm«, der in den Gallengängen der Leber sitzt. Die über den Kot ausgeschiedenen Eier (bis zu 20000 täglich) benötigen einen Zwischenwirt (*Zwergschlammschnecke*), um sich in 3 Monaten zu ansteckungsfähigen Leberegellarven entwickeln zu können. Die vom Schaf mit dem Futter aufgenommenen Larven gelangen über den Darm durch das Lebergewebe in die Gallengänge (Abb. 242).

Vorbeugend sollten deshalb Schafe von stets feuchten Weideflächen, Überschwemmungsgebieten, Gräben etc. insbesondere im Spätsommer und Herbst ferngehalten werden.

Der **Schafbandwurm** kann Schafe jeden Alters befallen, wobei besonders Lämmer gefährdet sind. Sein Zwischenwirt ist die *Moosmilbe*, in der sich die ansteckungsfähigen Finnen entwickeln [54]. Die Moosmilben kommen besonders an feuchten Stellen insbesondere an Waldrändern vor, so daß sich Schafe und selbst Lämmer auch über Heu von solchen Flächen im Stall anstecken können.

Etwa 6–8 Wochen nach Weideaustrieb sind in gefährdeten Gebieten Lämmer mit beginnender Ausscheidung von sichtbaren weißlichen Bandwurmgliedern einer **Behandlung** zu unterziehen (notfalls wiederholen!).

Abb. 240 Durch starken Wurmbefall verursachte Abmagerung.

Abb. 241 So werden Augenlider hochgeschoben, um den Farbton der Augenbindehäute prüfen zu können.

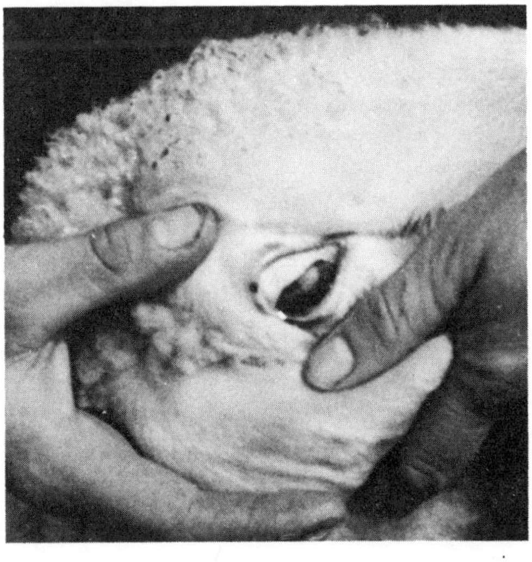

Abb. 242 Eine sog. »Flasche« oder ein Wasserkropf am Unterkiefer [1,2].

11.4.3 Kotuntersuchung und Verabreichung von Medikamenten

Eine gezielte Behandlung gegen Innenparasiten setzt eine genaue Kenntnis der Parasitenart und des Befallsgrades voraus. Deshalb sollten mindestens einmal jährlich ca. 3 Wochen vor dem Weideaustrieb von einer repräsentativen Stichprobe (10–15 %) eines Bestandes **Kotproben** an die zuständige Untersuchungsanstalt (s. Seite 20) eingeschickt werden. Dazu muß je Tier eine etwa walnußgroße Kotprobe *direkt aus dem After* (Abb. 243) (nicht vom Boden einsammeln!) entnommen, in eine numerierte Pergamenttüte o.ä. gesteckt und sachgemäß verpackt (deutlich lesbaren Absender nicht vergessen!) abgeschickt werden.

Die **Verabreichungsart von Medikamenten** wird vom Wirkungsort und der Handelsform (z.B. Bolus, Pulver, Flüssigkonzentrat) der verwendeten Präparate bestimmt.

Grundsätzlich unterscheidet man hinsichtlich des Verabreichens:

- Die **subkutane** Injektion (Einspritzen unter die Haut), die nur vom Tierarzt oder unter tierärztlicher Aufsicht durchzuführen ist
- Die **orale** Verabreichung (Eingeben über den Mund bzw. das Maul), wobei verschiedene Geräte Verwendung finden

Beispiele für die am meisten gebräuchlichen Geräte zum oralen Verabreichen:

- Eingebestab für Tabletten, Kapseln oder Pillen
- Ballonspritze nach Dr. Endrejat
- Kolbenspritzen, bei denen man mittels einer Schraube den Kolbenhub verlängern oder verkürzen und damit die Dosierung regeln kann

In sehr kleinen Beständen verwendet man in der Regel den **Eingabestab** (Abb. 244) oder Pilleneingeber, der meist von den Herstellern mitgeliefert wird. Der Kopf des Tieres wird durch Umfassen (Abb. 244) des Unterkiefers nur leicht angehoben. Das Eingebegerät wird seitlich im »Mundwinkel« vorsichtig bis hinter den Zungengrund eingeführt (Abb. 245) und die Pille ausgedrückt. Das Abschlucken ist mittels der am Kehlkopf liegenden linken Handfläche zu kontrollieren.

Das Einführen des »Stabes« direkt von vorne ist falsch: Es ist für das Tier unangenehm und führt zu heftigen Abwehrreaktionen. Dabei besteht die Gefahr, daß die Pille nicht hinter, sondern vor dem Zungengrund bzw. in der Backentasche abgelegt wird. Das Tier schluckt nicht ab und läßt – oft unbemerkt – nach einiger Zeit das teilweise schon zerkaute Präparat wieder aus der Maulhöhle fallen.

Das Einführen des Mundstückes von **Eingebespritzen** (Abb. 246, vorne) erfolgt in gleicher Weise, d.h. seitlich bis zum Zungengrund (Abb. 247). Nach dem vorsichtigen Einführen wird der flüssige Balloninhalt unter gleichmäßigem Druck zügig, aber nicht hastig entleert, sonst besteht die Gefahr, daß Flüssigkeit in die Luftröhre gelangt und dadurch möglicherweise eine Lungenentzündung verursacht wird.

Es ist in jedem Fall darauf zu achten, daß der Flüssigkeitsstrahl aus der Spritze auf den Zungengrund und nicht etwa in die Backentaschen trifft, da sonst ein Teil der verabreichten Medikamente wieder aus der Maulhöhle abfließt und demzufolge die Dosierung zu ungenau ist.

Zur rationellen Behandlung von größeren Schafbeständen verwendet man **Kolbenspritzen** (z.B. Abb. 248, linkes Modell). Ihr Spritzenteil ist durch einen Schlauch mit einem z.B. auf dem Rücken getragenen Vorratsbehälter verbunden, aus dem der Kolbenzylinder stets automatisch mit der eingestellten Menge aufgefüllt wird.

In jedem Schafhaltungsbetrieb sollte eine **Stallapotheke** (Abb. 249) vorhanden sein, um nicht nur die Pflegegeräte (z.B. Klauenschere, Eingebegeräte), sondern vor allem auch verschiedene Medikamente sowie Fieberthermometer, Desinfektionsmittel etc. jeweils griffbereit unterzubringen. Die Stallapotheke muß verschließbar sein, damit kein Unbefugter (z.B. Kinder) an die Medikamente herankommen kann. Wichtig wäre, auf den Medikamenten (Behälter, Schachteln) das Bezugsdatum zu vermerken und regelmäßig den Inhalt der Stallapotheke auf Vollständigkeit bzw. auf die Verfalldaten der Medikamente hin zu überprüfen. Dies sollte insbesondere vor Beginn der Lammzeit erfolgen.

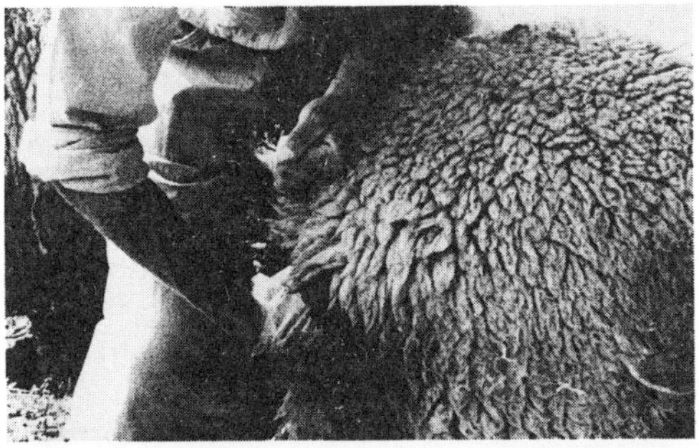
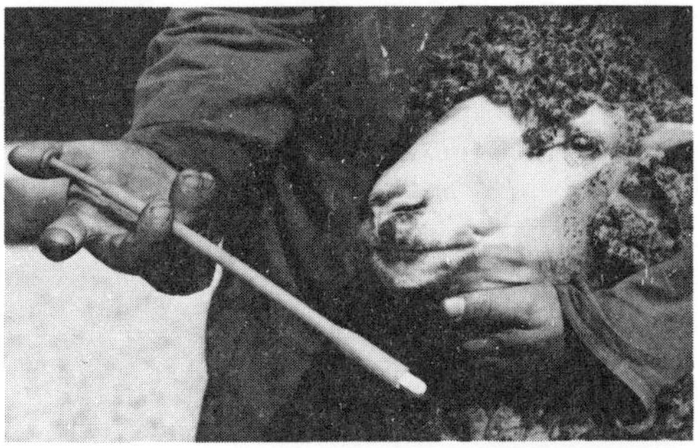
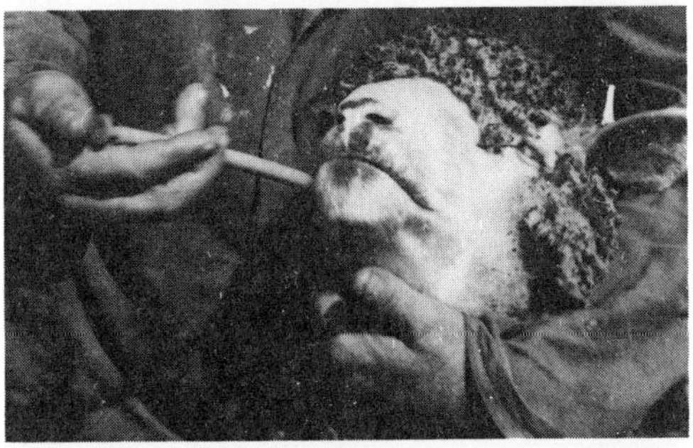
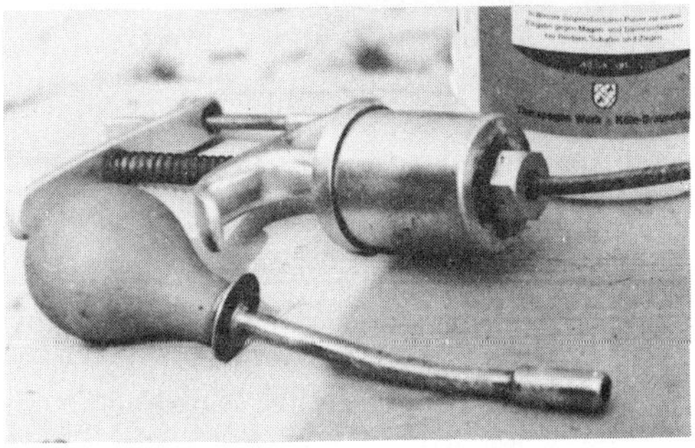

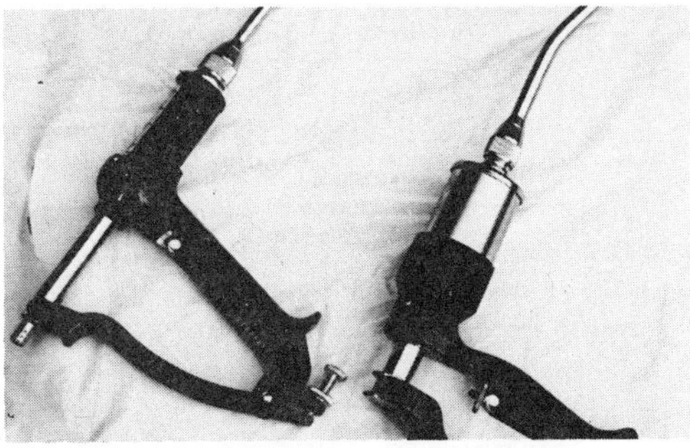

Abb. 243 (oben links) Die Entnahme einer Kotprobe muß direkt aus dem After erfolgen.

Abb. 244 (oben rechts) So werden Pilleneinleger und Schaf richtig gehalten.

Abb. 245 (Mitte links) Richtige Stellung des Pilleneinlegers vor dem Ausschieben der Pille; die linke Hand kontrolliert das Abschlucken.

Abb. 246 (Mitte rechts) Ballonspritze (vorne) und Kolbenspritze.

Abb. 247 (unten links) Richtige Stellung für das vorsichtige Einspritzen flüssiger Medikamente.

Abb. 248 (unten rechts) Zwei Modelle moderner Kolbenspritzen.

Abb. 249 (rechts unten) Die Stallapotheke soll stets aufgeräumt und zudem verschließbar sein.

11.5 Ernährungsbedingte Krankheiten

11.5.1 Blähsucht

Das Aufblähen, auch Tympanie oder Trommelsucht genannt, ist die Folge einer starken Gasansammlung in den Vormägen oder einer schaumigen Gärung des Panseninhaltes. Sie tritt nach überhasteter Aufnahme großer Mengen von rohfaserarmen, eiweißreichen Futtermitteln (z. B. Rotklee, Luzerne, Getreideauflauf) sowie angewelkten, warm gewordenen oder angereiften Grünfutters auf [21].

Sofortmaßnahmen bei einem geblähten Tier (Abb. 250) sind:

- Weitere Futteraufnahme verhindern
- Nicht hetzen
- Durch leichte Pansenmassage an der linken Flanke (vorgewölbte »Hungergrube«) bei hochgestellter Vorhand ein »Rülpsen« (Aufstoßen) auslösen
- Eingeben eines schaumabbauenden Medikaments, z. B. eine Prillösung
- Im äußersten Fall (Festliegen) bleibt nur noch der nicht immer rettende Pansenstich mittels eines Trokars. Er wird in der *linken* »Hungergrube« etwa je eine Handbreite unter der Lende und vor dem Hüfthöcker angesetzt. Eingestochen wird nicht senkrecht, sondern schräg auf einer zum rechten vorderen Karpalgelenk (oft fälschlich als Knie bezeichnet) gedachten Linie. Wichtig ist, daß die Trokarhülse an den »Metallzungen« fest auf die Haut gepreßt wird, wenn man den »Trokarstift« herauszieht.

11.5.2 Trächtigkeitstoxikose

Dabei handelt es sich um eine Störung des Kohlenhydrat- und Fettstoffwechsels insbesondere bei mehrlingsträchtigen Schafen in den letzten Trächtigkeitswochen. Wegen der zunehmend raschen Entwicklung der Föten in diesem Zeitraum (s. Seite 56) kann es durch Streßsituation (z. B. krasser Futterwechsel, bewegungsarme Haltung), aber insbesondere durch eine Nährstoffunterversorgung (Energiedefizit) zu einem verstärkten Abbau des Körperfetts und damit vermehrter Ketonbildung mit hirnschädigender Wirkung kommen [21].

Die Folge ist u. a. schwankender Gang, schlechte Futteraufnahme, Teilnahmslosigkeit und schließlich ein Festliegen der Tiere.

Zur **Behandlung** vor allem im fortgeschrittenen Stadium sollte unbedingt ein Tierarzt eingeschaltet werden, der notfalls die Geburt einleitet.

Zur **Vorbeugung** empfiehlt es sich, den sichtbar mehrlingsträchtigen Tieren vor allem während der Winterstallhaltung in den letzten 4–6 Wochen die Grundfutterration durch Kraftfutter (s. Seite 126) mit einem Anteil von ca. 30 % melassierten Zuckerrübenschnitzeln, d. h. verhältnismäßig rasch verfügbaren Kohlenhydraten, zu ergänzen.

11.5.3 Rachitis

Ein mangelndes Angebot an Calcium und Phosphor oder ein sehr ungünstiges Ca:P-Verhältnis und gleichzeitiger Mangel an Vitamin D (s. Seite 120) kann zu einer Erkrankung des wachsenden Skeletts führen (Abb. 251). Rachitische Erscheinungen treten weniger bei Weidetieren, sondern in erster Linie bei Stallhaltung von Lämmern und bei verhältnismäßig einseitig gefütterten Mastlämmern auf. Besonders gefährdet sind Bestände, in denen keine ausreichende Sonnenbestrahlung (Vitamin-D-Synthese) der Tiere gewährleistet ist.

11.5.4 Kupfermangel

Neben der bei neugeborenen Lämmern da und dort auftretenden Frühform eines Kupfermangels mit allgemeiner Lebensschwäche ist die ab der 3. Lebenswoche (bis 6. Monat) schleichend verlaufende **Spätform** der Erkrankung gekennzeichnet durch Bewegungsstörungen der Hintergliedmaßen sowie Drehung der Hinterhand (Abb. 252). Bei der Spätform treten in der Regel keine Todesfälle auf [2].

In Betrieben mit gehäuftem Auftreten sollten **vorbeugend** bereits den trächtigen Schafen Salzlecksteine mit 5 % Kupfergehalt angeboten werden [54].

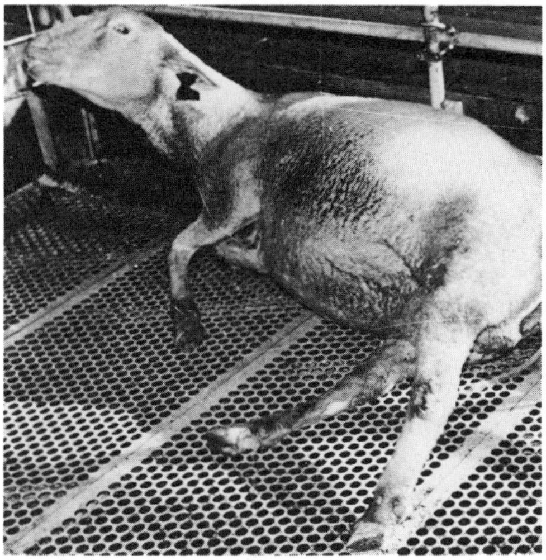

Abb. 250 Dieses geblähte Schaf liegt bereits fest.

Abb. 251 Ein Mastlamm mit hochgradigen rachitischen Veränderungen der Gliedmaßen; an den Gelenken zeigen sich bereits Verdickungen.

Abb. 252 Durch Kupfermangel in der Hinterhand bereits stark geschwächtes Lamm.

11.5.5 Kupfervergiftung

Eine Cu-Vergiftung ist durch kurzfristige, hohe Kupfergaben oder durch langfristige Zufuhr von Mengen innerhalb der Toleranzgrenze (subtoxisch) möglich. Ein Cu-Überschuß wird in der Leber gespeichert, was zu einer Anhäufung bis zu einer vergiftend wirkenden Cu-Menge führt. Eine plötzliche Abgabe z. B. infolge von Streß in das Blut wirkt dann als **akuter Krankheitsverlauf** tödlich.
Bei **chronischem Krankheitsverlauf** zeigen die Tiere Freßunlust, Mattigkeit, geben braunen Harn als Folge einer Auflösung der roten Blutkörperchen ab und weisen in der Regel eine hochgradige Gelbsucht auf. (Augenlid hochschieben: Das Weiße des Augapfels ist deutlich gelb gefärbt). Es sei deshalb davor gewarnt, über einen längeren Zeitraum kupferhaltige Mineralstoff- und Kraftfuttermischungen für Rinder zu verfüttern, wobei vor allem Texelschafe wegen des höheren Speichervermögens von Kupfer in der Leber besonders gefährdet sind.

11.5.6 Harnsteinerkrankung

Zur Bildung von Harnsteinen bzw. Harngrieß (Urolithiasis) kann es in erster Linie bei intensiv mit Kraftfutter gemästeten Lämmern als Folge eines zu engen Ca:P-Verhältnisses (unter 3:1) in der Ration kommen. Dies geschieht u. a. durch einen hohen Anteil an P-reichen Futtermitteln in der Ration, z. B. Kleie, Malzkeime (s. Seite 122).
Während weibliche Tiere meist keine **Krankheitserscheinungen** zeigen, kommt es bei Bocklämmern in der längeren, geschwungenen Harnröhre durch Harngrieß zu Entzündungen. Anfangs (Abb. 253) zeigen die Tiere verminderte Freßlust, zurückgelegte Ohren, Zähneknirschen, leicht angehobenen Schwanz, tropfenweises Absetzen von Harn in bockartiger Stellung und zunehmende Schwellung des Unterbauches.
Nach mehrtägiger Krankheitsdauer kommt es im Endstadium (Abb. 254) infolge der verschließenden Entzündung in der Harnröhre zu einem Harnrückstau, dem Platzen der Blase und schließlich zum Verenden. Bei einer Notschlachtung im Anfangsstadium kann das Tier eventuell noch verwertet werden, keinesfalls aber im fortgeschrittenen Stadium (Uringeruch des Fleisches).
Zur **Vorbeugung** sollte das Ca:P-Verhältnis im Gesamtfutter 3:1 und mehr betragen. Außerdem empfiehlt es sich, dem Futter 1–2 % Viehsalz/kg Kraftfutter beizumischen oder Salzlecksteine anzubieten; denn damit wird die Tränkwasseraufnahme gefördert und die Harnkonzentration verringert.

11.5.7 Hirnrindennekrose

Die Ursache für diese Erkrankung (Cerebrale Nekrose) ist ein Thiamin-(Vitamin-B_1-)Mangel im Blut, der bei jungen Lämmern durch eine Unterversorgung über die Nahrung auftritt. Bei älteren Tieren sind u. a. bei einer rohfaserarmen Fütterung die Pansenbakterien nicht in der Lage, ausreichend Thiamin zu erzeugen [54]. Daneben kann durch thiaminzerstörende Substanzen im Futter (z. B. bestimmte Pilze im Rauhfutter) die Nutzung des Thiamins durch das Tier stark vermindert werden.
Die **Krankheitserscheinungen** sind erhöhte Erregbarkeit, Zähneknirschen, zielloses Im-Kreis-Gehen, Krämpfe. Der Kopf wird angehoben (Abb. 255) oder zurückgebogen (sog. »Sterngucker«) (Abb. 256).
Ohne sofortige **Behandlung** mit Vitamin-B-Komplex-Präparaten oder mit Thiamin verenden die Tiere nach wenigen Tagen.

11.5.8 Weißmuskelkrankheit

Als Folge von Vitamin-E- und Selenmangel zeigen 1–3 Monate alte Lämmer Bewegungsstörungen, einen gekrümmten Rücken sowie eine hundesitzige Stellung, Abmagerung, Festliegen. Ohne sofortige Injektion eines Vitamin-E- und Selenpräparates sterben sie nach mehrtägiger Krankheitsdauer.
In gefährdeten Beständen empfiehlt es sich, **vorbeugend** hochträchtige Schafe sowie Lämmer im ersten Lebensmonat mit Vitamin-E und Selen zu behandeln oder vitaminierte Mineralstoffmischungen für Schafe frei anzubieten.

Abb. 253 (oben) Typische Stellung eines an Harnsteinen erkrankten Bocklammes (Anfangsstadium).

Abb. 254 (Mitte) Harnsteinerkrankung (Endstadium).

Abb. 255 (unten links) Hirnrindennekrose (»Sternguckerkrankheit«, mittleres Stadium).

Abb. 256 (unten rechts) Hirnrindennekrose im Endstadium.

Anhang

1 Anschriften der Schafzuchtverbände und Schafgesundheitsdienste

Vereinigung Deutscher
Landesschafzuchtverbände e. V. (VDL)
Godesberger Allee 142
5300 Bonn 2, Tel. 02 28 / 37 53 51

Baden-Württemberg

Landesschafzuchtverband
Baden-Württemberg e. V.
Heinrich-Baumann-Straße 1–3
Tel. 07 11 / 28 49 43

Staatliches Tierärztliches Untersuchungsamt
Azenbergstraße 16
W-7000 Stuttgart 1
Telefon 07 11 / 2 02 33 34

Staatliches Tierärztliches Untersuchungsamt
Löwenbreite Straße 18
W-7960 Aulendorf
Telefon 0 75 25 / 2 02 71

Tierhygienisches Institut Freiburg
Haydnstraße 11
W-7800 Freiburg (Brsg.)
Telefon 07 61 / 1 60 11

Bayern

Landesverband Bayerischer Schafhalter e. V.
und
Bayerische Herdbuchgesellschaft für
Schafzucht e. V.
8000 München 2
Telefon 0 89 / 53 62 26–27

Tiergesundheitsdienst
Senator-Gerauer-Straße 23
W-8011 Grub / Post Poing
Telefon 0 89 / 9 09 12 60

Vertrags-Untersuchungsanstalten:
Landesuntersuchungsamt für das
Gesundheitswesen Südbayern,
Fachbereich Veterinärmedizin
Veterinärstraße 2
8042 Oberschleißheim
Telefon 0 89 / 31 56 01

Landesuntersuchungsamt für das
Gesundheitswesen Nordbayern,
Fachbereich Veterinärmedizin
Flurstraße 20
8500 Nürnberg
Telefon 09 11 / 33 02 51

Berlin-Brandenburg

Schafzuchtverband Berlin-Brandenburg e. V.
Mentzelstraße 17/18
O-1500 Potsdam
Telefon Potsdam 47 81 / 00 37 33-47 81*

Bezirksinstitut für Veterinärwesen,
Schafherdengesundheitsdienst
Pappelallee 2
O-1560 Potsdam-Bornstedt

Hessen

Hessischer Schafzuchtverband e. V.
Kölnische Straße 48–50
3500 Kassel
Telefon 05 61 / 7 29 92 64

Staatliches Veterinäruntersuchungsamt
Marburger Straße 54
W-6300 Gießen
Telefon 06 41 / 3 20 51

Staatliches Veterinäruntersuchungsamt
Druseltalstraße 61
3500 Kassel
Telefon 05 61 / 3 10 10

Staatliches Veterinäruntersuchungsamt
Deutschordenstraße 48
6000 Frankfurt/Main
Telefon 0 69 / 67 80 82

Mecklenburg-Vorpommern

Landschafzuchtverband
Mecklenburg-Vorpommern e. V.
Krischanweg 21

* Durchwahl aus den alten Bundesländern

O-2510 Rostock
Telefon Rostock 8 22 08 / 00 37 31-8 22 08*

Landesveterinär- und
Lebensmitteluntersuchungsamt Rostock
Schafherdengesundheitsdienst
Postfach 2064
Thierfelderstraße 18/19
O-2500 Rostock 1
Telefon Rostock 3 76 21

Niedersachsen

Landesschafzuchtverband
Niedersachsen e. V.
Johannssenstraße 10
3000 Hannover
Telefon 05 11 / 32 97 77

Stader Schafzuchtverband e. V.
Albert-Schweitzer-Straße 19
2160 Stade
Telefon 04 41 / 6 07 90

Landesschafzuchtverband Weser-Ems e. V.
Mars-la-Tour-Straße 13
2900 Oldenburg
Telefon 04 41 / 8 21 23

Verband Lüneburger
Heidschnuckenzüchter e. V.
Wilhelm-Seedorf-Straße 3
3110 Uelzen
Telefon 05 81 / 7 40 96

Tiergesundheitsamt
Vahrenwalder Straße 133
W-3000 Hannover
Telefon 05 11 / 3 66 56 18

Tiergesundheitsamt
Mars-la-Tour-Straße 1–13
W-2900 Oldenburg
Telefon 04 41 / 80 16 44

Rheinland

Vereinigung Rheinischer Schafzüchter
und -halter e. V.
Endenicher Allee 60
5300 Bonn 1
Telefon 02 28 / 63 66 82

Herdengesundheitsdienst des
Tiergesundheitsamtes Bonn
Siebengebirgsstraße 200
5300 Bonn 3
Telefon 02 28 / 43 43 13

Rheinland-Pfalz

Landesverband der
Schafhalter Rheinland-Pfalz e. V.
Burgenlandstraße 7
6550 Bad Kreuznach
Telefon 06 71 / 79 30

Landesveterinäruntersuchungsanstalt
Blücherstraße 34
5400 Koblenz
Telefon 02 61 / 40 40 50

Saarland

Landesverband der
Schafzüchter im Saarland e. V.
Lessingstraße 144
6600 Saarbrücken
Telefon 06 81 / 66 50 50

Staatliches Institut für Gesundheit und
Umwelt
Helwigstraße 8–10
W-6600 Saarbrücken

Sachsen

Sächsischer Schaf- und
Ziegenzuchtverband e. V.
Bornaische Straße 31/33
O-7113 Markkleeberg
Telefon Leipzig 32 60 80 / 00 37 41-32 60 80*

Staatliches Veterinäruntersuchungs- und
Tiergesundheitsamt Leipzig
Goldschmidtstraße 21
O-7010 Leipzig

Staatliches Veterinäruntersuchungs- und
Tiergesundheitsamt
Jägerstraße 10a
O-8060 Dresden

Sachsen-Anhalt

Landesschafzuchtverband
Sachsen-Anhalt e. V.
Angerstraße 3a
O-4050 Halle
Telefon Halle 34 00 22 / 00 37 46-34 00 22*

Veterinäruntersuchungs- und
Tiergesundheitsamt
Freiimfelderstraße 66/68
O-4020 Halle

Veterinäruntersuchungs- und
Tiergesundheitsamt
Hafenbreiter Weg 132–135
O-3500 Stendal

Schleswig-Holstein

Landesverband Schleswig-Holsteinischer
Schafzüchter e. V.
Steenbeker Weg 151
2300 Kiel 1
Telefon 04 31 / 33 26 08

Institut für Tiergesundheit der
Landwirtschaftskammer Schleswig-Holstein
Gutenbergstraße 77
W-2300 Kiel
Telefon 04 31 / 1 69 04-0

Thüringen

Landesverband Thüringer Schafzüchter e. V.
Mittelhäuser Straße 74
O-5060 Erfurt
Telefon Erfurt 71 34 03 / 00 37 61-71 34 03*

Institut für Veterinärwesen
O-5820 Bad Langensalza

Westfalen

Landesverband
Westfälischer Schafzüchter e. V.
Bleichstraße 41
4790 Paderborn
Telefon 02 51 / 3 25 61

Institut für Tiergesundheit Münster
Nervinghoff 40
4400 Münster
Telefon 02 51 / 23 76-6 86

2 Tabellenanhang

Tabelle 31 Zur Ektoparasitenbekämpfung beim Schaf vom Bundesgesundheitsamt Berlin zugelassene Präparate (Auswahl, nach C. BAUER, 1992) [62]

Gruppe	Präparat	Art der Anwendung[1]	Wirksamkeit gegen Räude-milben	Wirksamkeit gegen Haarlinge/Läuse	Wirksamkeit gegen Schaflaus-fliegen
1	Neguvon	B, S	++	++	++
	Sebacil[2]	B, S	++	++	++
2	Alugan	P, B, S	++	++	++
3	Pecusanol[2]) Triplexan[2]) Chorhexol[2])	B, S	++	++	++

++ sehr gut wirksam
[1]) B = Baden, S = Sprühen, P = Pudern
[2]) Einsatz bei Milchschafen nicht erlaubt!

Tabelle 32 Zur Bekämpfung des Wurmbefalls beim Schaf vom Bundesgesundheitsamt Berlin zugelassene Präparate (Auswahl, nach C. BAUER, 1992) [62]

Gruppe	Präparat	Wirksamkeit gegen geschlechtsreife Stadien: Magen-Darm-Rund-würmer	Lungenwürmer: Große	Lungenwürmer: Kleine[1])	Band-würmer	Großer Leber-egel	Warte-zeit für Milch (Tage)
1	Thibenzole	++	–	–	–	–	0 (3)[4])
	Ovitelmin	++	+	–	+	–	–[5])
	Panacur	++	++	–	(+)[2])	–	3
	Systamex Synanthic	++	++	–	++	–	5
	Rintal	++	++	–	–	–	2
2	Concurat-L Citarin-L Ripercol	++	++	–	–	–	3
	Banminth-S	++	–	–	–	–	0
3	Mansonil	–	–	–	++	–	1
4	Raniden	–[3])	–	–	–	++	–[5])
	Diplin	–	–	–	–	++	4
	Diplin-Kombi	++	++	–	–	++	4

++ sehr gut wirksam
\+ gut wirksam
– nicht oder ungenügend wirksam oder Wirksamkeit nicht geklärt
[1]) Kein (!) Präparat ist gegen alle Arten Kleiner Lungenwürmer gut wirksam.
[2]) Erst in doppelter (!) Dosis gegen Bandwürmer wirksam.
[3]) Gegen den Roten Magenwurm (Haemonchus) wirksam.
[4]) Wartezeit bei Käseherstellung: 3 Tage.
[5]) Einsatz bei Milchschafen nicht erlaubt!

Tabelle 33 Fleischigkeit: Entwicklung der Schlachtkörperprofile, insbesondere der wesentlichen Teile (Hinterviertel, Rücken und Bug)

Fleischigkeitsklasse	Beschreibung
S erstklassig	alle Profile äußerst konvex; außergewöhnliche Muskelfülle mit doppelter Bemuskelung (Doppellender)
E vorzüglich	alle Profile konvex bis äußerst konvex; außergewöhnliche Muskelfülle
U sehr gut	Profile insgesamt konvex; sehr gute Muskelfülle
R gut	Profile insgesamt geradlinig; gute Muskelfülle
O mittel	Profile geradlinig bis konkav; durchschnittliche Muskelfülle
P gering	Profile konkav bis sehr konkav; geringe Muskelfülle

Tabelle 34 Fettgewebe: Fettbedeckung auf der Außenseite und in der Brusthöhle des Schlachtkörpers

Fleischigkeitsklasse	Beschreibung
1 sehr gering	keine bis sehr geringe Fettabdeckung
2 gering	leichte Fettabdeckung; Muskulatur fast überall sichtbar
3 mittel	Muskulatur mit Ausnahme von Hinterviertel und Schulter fast überall mit Fett abgedeckt; leichte Fettansätze in der Brusthöhle
4 stark	Muskulatur mit Fett abgedeckt, an Hinterviertel und Schulter jedoch noch teilweise sichtbar; einige deutliche Fettansätze in der Brusthöhle
5 sehr stark	Schlachtkörper dick mit Fett abgedeckt; starke Fettansätze in der Brusthöhle

3 Literaturverzeichnis

1. BEHRENS, H., SCHEELJE, R. und WASSMUTH, R., 1983: Lehrbuch der Schafzucht. Paul Parey, Berlin und Hamburg, 6. Aufl.
2. BEHRENS, H., 1979: Lehrbuch der Schafkrankheiten. Paul Parey, Berlin und Hamburg.
3. BIRNKAMMER, H., 1977: Zur Wirtschaftlichkeit von Bau- und innerbetrieblichen Mechanisierungsmaßnahmen in der Schafhaltung. Vortragsmanuskript der DLG, Best. Nr. 028.
4. BLANKEN, G., KÜHNER, H. und SEBASTIAN, D., 1970: Arbeitsverfahren in der Schafhaltung. KTBL-Flugschrift Nr. 20, Neureuter-Verlag, Wolfratshausen.
5. BOGNER, H. und P. MATZKE, 1964: Fleischkunde für Tierzüchter. BLV, München.
6. BOGNER, H., 1987: Die Landwirtschaft. Band II: Tierische Erzeugung. BLV, München.
7. BORCHERT, K. L., 1978: Neue Untersuchungsergebnisse zur Klimabeeinflussung in Kaltställen. Dt. Schäferzeitung *70*, 17–19.
8. BOSTEDT, H., 1974: Probleme der tierärztlichen Fruchtbarkeitsüberwachung in Mutterschafbeständen. Tierärztl. Umschau *7*, 385–390.
9. BURGKART, M., 1971: Die mutterlose Lämmeraufzucht. Kartei f. Rationalisierung, Bredeneek/Holstein.
10. BURGKART, M. und B. MITTRACH, 1984: Schafställe. Arbeitsblatt, ALB-Bayern 0,502,01.
11. BURGKART, M., 1973: Kreuzungsverfahren in der Schafzucht. In: Moderne Schafhaltung, Schrift der Sonderschau der Grünen Woche, Berlin.
12. BURGKART, M., BAUER, J. und F. RAUE, 1973: Mutterlose Aufzucht – intensive Lämmermast. DLG-Verlag, Frankfurt/Main.
13. BURGKART, M. und F. SEUFFERTH, 1973: Leitfaden für die Koppel-Schafhaltung. Polykopie BLT, Grub, 3. Aufl.
14. BURGKART, M. und A. SCHWINGHAMMER, 1978: Maissilage in der Lämmermast. D. wirtschaftseig. Futter, *24*, 156–164.
15. BURGKART, M. und A. SCHWINGHAMMER, 1978: Pelletiertes Fertigfutter und wirtschaftseigenes Kraftfutter in der Lämmermast. D. wirtschaftseig. Futter *24*, 165–170.
16. BURGKART, M. und E. DEUTER, 1979: Untersuchungen zur Verkürzung der Zwischenlammzeit. Schule und Beratung Nr. 7–8.
17. BURGKART, M., 1991: Lammfleisch erzeugen. AID-Broschüre Nr. 129, 7. Aufl.
18. BURGKART, M. und Mitarbeiter, 1981: Die Mastleistung und Schlachtkörperqualität von Lämmern verschiedener Gebrauchskreuzungen. D. Bayer. Schafhalter *5*, 1, 3–5.
19. DLG, 1982: DLG-Futterwerttabelle für Wiederkäuer. DLG-Verlag, Frankfurt/Main, 5. Aufl.
20. DLG, 1973: DLG-Futterwerttabellen Mineralstoffgehalte in Futtermitteln. DLG-Verlag, Frankfurt/Main, 2. Aufl.
21. DLG, 1977: Schafkrankheiten. DLG-Merkblatt 134.
22. DLG, 1978: Empfehlungen zur Mineralstoffversorgung. DLG-Verlag, Frankfurt/Main.
23. DOEHNER, H., 1944: Handbuch der Schafzucht und Schafhaltung Bd. I Die Zucht des Schafes. Paul Parey, Berlin.
24. DOEHNER, H. 1954: Handbuch der Schafzucht und Schafhaltung. Bd. IV: Die Leistungen des Schafes. Paul Parey, Berlin und Hamburg.
25. FAO Production Yearbook 1989, Rom FAD 1990.
26. GFRÖRER, F. und P. HOFMANN, 1987: Die Landwirtschaft, Band II: Tierische Erzeugung, BLV, München.
27. GLIMP, A. und Mitarbeiter, 1975: The sheepman's production handbook. Abegg-Verlag, Denver, 2. Aufl.
28. GRAUNKE, W. D., 1980: Impfungen gegen die wichtigsten Verlammungskrankheiten der Schafe. D. Bayer. Schafhalter *4*, 2, 13.
29. HARING, F., 1980: Schafzucht. Verlag Eugen Ulmer, Stuttgart.
30. HIEPE, Th. und Mitarbeiter, 1975: Schafkrankheiten. VEB Gustav Fischer Verlag, Jena.
31. ISSLER, N. und G. BIVETTI, 1970: Zucht und Haltung des Schafes. Verl. Landw. Lehrmittelzentrale, Zollikofen, Schweiz.
32. JUNGEHÜLSING, H. und J. LEIFERT, 1975: Formen der Grünlandnutzung, AID-Broschüre Nr. 309 (Neuauflage).
33. KIRCHGESSNER, M., 1982: Tierernährung. DLG-Verlag, Frankfurt/Main, 5. Aufl.
34. KLIESCH, J., 1953: Schafzucht. In: Hdb. d. Ldw., Bd. IV, 242–244, Paul Parey, Berlin und Hamburg.
35. KOLLER, G. und Mitarbeiter, 1981: Rindviehställe. BLV, München, 2. Aufl.
36. KÖNIG, K. H. und Mitarbeiter, 1968: Schafe – Zucht, Haltung, Fütterung. Dt. Landwirtschaftsverlag, Berlin.
37. KRÜGER, D. und WASSMUTH, R., 1974: Untersuchungen über den Schwergeburtenanteil verschiedener Schafrassen und Rassenkreuzungen. Ztschr. f. Tierz. u. Züchtungsbiol. *91*, 138–144.
38. LAMMERS, E., 1981: Koppelschafhaltung. DLG-Verlag Frankfurt/Main.
39. MEYN, K., 1981: Möglichkeiten und Grenzen der Schafzucht in den Entwicklungsländern. Dt. Schafzucht, *73*, 260.
40. MOTHES, E., 1981: Technologie der Tierproduktion. VEB Gustav Fischer Verlag, Jena.
41. RADEMACHER, B., 1963: Die Bedeutung der

Schafhaltung im Pflanzenschutz. Südd. Schäferzeitung Nr. 21.
42. RICHTER, W., WERNER, E. und BÄHR, H., 1979: Grundwerte der Tiergesundheit und Tierhaltung. VEB Gustav Fischer Verlag, Jena.
43. RIEDER, J., 1976: Dauergrünland – Kap. Produktionstechnik. In: Die Landwirtschaft, Band I, BLV, München.
44. SCHLOLAUT, W. und G. WACHENDÖRFER, 1992: Handbuch Schafhaltung. DLG-Verlag, Frankfurt/Main, 5. überarb. u. erweiterte Aufl.
45. SCHMIDT, L., 1957: Untersuchungen über die Milchleistungsfähigkeit der Merinolandschafe. Bayer. Ldw. Jahrbuch *34*, 2, 208–228.
46. SCHÖN, I., 1975: Qualitätskriterien von Lammfleisch. VDL, Bonn.
47. SCHÖN, L., 1961: Schlachttierbeurteilung – Schlachtkörperbewertung. DLG-Verlag, Frankfurt/Main.
48. SCHÖN, L., 1976: Handelsklassen für Schaffleisch. AID-Broschüre Nr. 325.
49. SCHULZ, H., 1977: Eine billige Ganzdachkonstruktion aus Rundholz und Rundholzverbindern für die Schafhaltung. D. Bayer. Schafhalter *1*, 2, 3–6.
50. SCHULZ, H., 1978: Selbstbaukonstruktionen aus Holz für die Schafhaltung. Dt. Schäfereizeitung. *70*, 225–228.
51. SCHWARK, H. J., JANKOWSKI, ST. und VERESS, L., 1981: Internationales Handbuch der Tierproduktion – Schafe. Dt. Landwirtschaftsverlag, Berlin.
52. SCHWINTZER, I., 1976: Das Milchschaf. Verlag Eugen Ulmer, Stuttgart.
53. SEUFFERTH, F., 1963: Stallsuper im Schafstall. Dt. Schäfereizeitung *55*, 1, 4.
54. STRAITON, E. C., 1987: Schafkrankheiten. BLV, München.
55. TELSCHOW, V., 1911: Grundriß der neuzeitlichen Schafzucht. M. und H. Schaper-Verlag, Hannover.
56. VDL, Geschäftsbericht der VDL, Bonn, für 1968.
57. VDL 1991: Schafproduktion 1990 in der Bundesrepublik Deutschland. VDL, Bonn.
58. WASSMUTH, R., 1973: Die Bedeutung der Schafhaltung in der Welt und in der Bundesrepublik Deutschland. Schrift d. Sonderschau Grüne Woche, Berlin.
59. WEISHEIT, H., 1975: Lämmeraufzucht und Mast. Stocker-Verlag, Graz–Stuttgart.
60. WENIGER, J., SCHMIDT, K. H. und L. SCHÖN, 1961: Begriffe bei der Bewertung von Schlachtkörpern landwirtschaftlicher Nutztiere, Züchtungskd. *33*, 394–399.
61. WILKE, E., 1980: Schafe aktuell – in Landwirtschaft und Landschaftspflege, VDL, Bonn, 4. Aufl.
62. WILKE, E., 1992: Deutscher Schäfereikalender. Verlag Eugen Ulmer, Stuttgart.
63. ZETTL, K., 1980: Tierärztliche Aufgaben und Maßnahmen in der Schafhaltung. 2. Mitt.: Krankheiten der Lämmer. Tierärztl. Praxis, *8*, 21–47.
64. Anonymus, 1989: Grundlagen zur Futterberechnung für Milchkühe, Zucht- und Mastrinder, Schafe. Broschüre, Bayer. Staatsministerium f. ELuF; bearbeitet BLT, Grub Ref. 5.3. 12. Aufl.

4 Stichwortverzeichnis

Lesen - wissen - profitieren

Wichtige Arbeitshilfen aus dem Bereich der tierischen Produktion

R. Abelein
Praktische Hühnerhaltung

F. Bierschenk
Enten, Gänse, Spezialgeflügel
Der praktische Ratgeber für den Nebenerwerb

F. Bierschenk
Hühner und Puten
Der praktische Ratgeber für den Nebenerwerb

H. Bogner
Wirtschaftliche Milchviehhaltung und Rindermast

G.v. Bothmer
Kälberaufzucht für Milch und Mast

M. Burgkart
Praktische Schafhaltung

C.H. Clemente
Klauenpflege beim Rind

K.-O. Eich
Handbuch Schweinekrankheiten

A. Eßl
Statistische Methoden in der Tierproduktion

D. Heller/ V. Potthast
Erfolgreiche Milchviehfütterung

M .W. Rüsse
Bessere Fruchtbarkeit beim Rind
Störungen sind vermeidbar

M.W. Rüsse
Geburten im Stall

W. Schlolaut/
G. Wachendörfer
Handbuch Schafhaltung

F. Schmitten u. a.
Handbuch Schweineproduktion

E.C. Straiton
Rinder und Kälberkrankheiten
erkennen - behandeln - vermeiden
+ Geburtshilfe

E.C. Straiton
Schweinekrankheiten
erkennen – behandeln – vermeiden

E.C. Straiton
Schafkrankheiten
erkennen-behandeln-vermeiden

W. Wallner
Imker-Praxis
Das Grundwissen für die Bienenwirtschaft

Tierische Erzeugung
Band 2 des Lehrwerkes "Die Landwirtschaft" (nur bei BLV, München und LVH, Münster-Hiltrup erhältlich)

VERLAGSUNION AGRAR

Arbeitsgemeinschaft

BLV Verlagsgesellschaft München
DLG-Verlag Frankfurt (Main)
Landwirtschaftsverlag Münster-Hiltrup
Österreichischer Agrarverlag Wien
Bugra Suisse Wabern-Bern